"十三五"国家重点出版物出版规划项目

国家出版基金项目
NATIONAL PUBLICATION FOUNDATION

高超声速科学与技术丛书

超燃冲压发动机风洞试验技术

刘伟雄　吴颖川　王泽江　毛雄兵　著

U0271226

国防工业出版社

·北京·

内 容 简 介

本书旨在引导读者从基本理论出发,熟悉超燃冲压发动机风洞试验的目的、流程及试验设备,掌握超燃冲压发动机风洞试验的方法。同时,通过所提供的典型试验数据使读者对超燃冲压发动机风洞试验特性有较为全面的了解。

全书共9章,依次为绪论、超燃冲压发动机风洞试验研究的基本理论与相似准则、常用超燃冲压发动机风洞试验设备、脉冲式燃烧加热高温高超声速风洞设计、暂冲式燃烧加热高温高超声速风洞设计、超燃冲压发动机风洞试验、超燃冲压发动机测试技术、典型试验及其结果、风洞试验发展与展望。

本书可作为试验流体力学专业研究生基础教材,也可供从事风洞试验研究的工程技术人员参考。

图书在版编目(CIP)数据

超燃冲压发动机风洞试验技术 / 刘伟雄等著. —北京:国防工业出版社,2019.6
(高超声速科学与技术丛书)
ISBN 978-7-118-11931-2

Ⅰ.①超… Ⅱ.①刘… Ⅲ.①冲压喷气发动机-风洞试验 Ⅳ.①V235.21

中国版本图书馆 CIP 数据核字(2019)第 128426 号

※

*国防工业出版社*出版发行
(北京市海淀区紫竹院南路 23 号 邮政编码 100048)
天津嘉恒印务有限公司印刷
新华书店经售
*
开本 710×1000 1/16 印张 20¾ 字数 388 千字
2019 年 6 月第 1 版第 1 次印刷 印数 1—1500 册 定价 145.00 元

(本书如有印装错误,我社负责调换)

国防书店:(010)88540777 发行邮购:(010)88540776
发行传真:(010)88540755 发行业务:(010)88540717

丛书编委会

顾问委员　乐嘉陵　刘大响

编委会主任　于达仁

编委会委员（按姓氏笔画排序）

序

高超声速飞行器是指在大气层内或跨大气层以马赫数 5 以上的速度远程巡航的飞行器,其巡航飞行速度、高度数倍于现有的飞机。以超燃冲压发动机为主的高超声速飞行器,其燃料比冲高于传统火箭发动机,能实现水平起降与重复使用,从而大大降低空间运输成本。高超声速飞行器技术将催生高超声速巡航导弹、高超声速飞机和空天飞机等新型飞行器的出现,成为人类继发明飞机、突破音障、进入太空之后又一个划时代的里程碑。

在国家空天安全战略需求牵引下,国家自然科学基金委员会分别于 2002 年、2007 年启动了"空天飞行器的若干重大基础问题""近空间飞行器的关键基础科学问题"两个重大研究计划,同时我国通过其他计划(如 863 计划、重大专项等),重点在高超声速技术领域的气动、推进、材料、控制等方面进行前瞻布局,加强中国航天航空科技基础研究,增强高超声速科学技术研究的源头创新能力,这些工作对我国高超声速技术的发展起到了巨大的推动和支撑作用。

由于航空航天技术涉及国防安全,美国航空航天学会(American Institute of Aeronautics and Astronautics, AIAA)每年举办的近 30 场系列国际会议大都仅限于美国本土举办。近年来,随着我国高超声速技术的崛起,全球高超声速业界都将目光聚焦中国。2017 年 3 月,第 21 届国际航天飞机和高超声速系统与技术大会首次在中国厦门举办,这也标志着我国已成为高超声速科学与技术领域的一支重要力量,受到国际同行高度关注。

高超声速技术作为航空和航天技术的结合点,涉及高超声速空气动力学、计算流体力学、高温气动热力学、化学反应动力学、导航与控制、电子信息、材料结构、工艺制造等多门学科,是高超声速推进、机体/推进一体化设计、超声速燃烧、热防护、控制技术、高超声速地面模拟和飞行试验等多项前沿技术的高度综合。高超声速飞行器是当今航空航天领域的前沿技术,是各航空航天强国激烈竞争的热点领域。近年来国内相关科研院所、高校等研究机构广泛开展了高超声速相关技术的研究,取得了一大批基础理论和工程技术研究成果,推动了我国高超声速科学技术的蓬勃发展。

在当前国际重要航空航天强国都在全面急速推进高超声速打击武器实用化发展的时代背景下,我国在老中青几代科研工作者的传承和发展下,形成了具有我国自主特色的高超声速科学技术体系,取得了举世瞩目的成果。从知识传承、人才培养和科技成果展示的视角,急需总结提炼我国在该领域取得的研究成果,"高超声速科学与技术丛书"的诞生恰逢其时。本套丛书的作者均为我国高超声速技术领域的核心专家学者,丛书系统地总结了我国近20年高超声速科学技术领域的理论和实践成果,主要包括进排气设计、结构热防护、发动机控制、碳氢燃料、地面试验、组合发动机等主题。

相信该丛书的出版可为广大从事高超声速技术理论和实践研究的科技人员提供重要参考,能够对我国的高超声速科研和教学工作起到较大的促进作用。

"高超声速科学与技术丛书"编委会

2018 年 4 月

本书序

飞得更快、更高、更远，是人类永恒的追求。从莱特兄弟开创了人类飞行新纪元以来，人类飞行先后跨入了亚/超声速时代，目前已迈入高超声速飞行时代。

高超声速飞行器主要是指飞行速度大于马赫数 5 的飞行器。高超声速飞行器融合"高超速、高机动"特点于一体，具有发射模式灵活、载荷多样以及"速度即隐身"带来的突防成功率高、生存能力强等优点，将主要用作远程快速精确打击、全球力量快速投送、天地往返运输以及拦截弹道导弹、摧毁太空系统等的平台，兼具战略威慑和实战应用功能，已成为大国打破战略平衡、打赢未来战争的新型杀手锏。

按照动力装置不同，高超声速飞行器可分为火箭推进高超声速飞行器和以超燃冲压发动机或者超燃冲压组合动力为推进的吸气式高超声速飞行器。吸气式高超声速飞行器具有直接从大气中吸取氧气而不需携带氧化剂的特点，可降低空中运输费用，提高有效载荷量，特别适宜在大气层或跨大气层中长时间续航飞行。吸气式高超声速飞行器可衍生出包括高超声速巡航导弹、高超声速无人机、高超声速飞机和空天飞机在内的多种新型飞行器，具有很强前瞻性、战略型和带动性，对未来军事发展、空间技术、武器系统构建乃至整个科学技术的进步都会产生重大影响，是改变未来战争模式的颠覆性武器。

众所周知，超燃冲压发动机和机体/推进一体化是吸气式高超声速飞行器研制的两大核心技术，需要综合运用空气动力学的三大手段（风洞试验、数值计算和飞行试验）予以解决。其中飞行试验主要用于设计方法验证。过去 40 年以来，数值计算取得了长足发展，风洞试验量大大降低。但是，从风洞试验获取数据仍然十分重要和关键，且不能被其他手段替代。特别是超燃冲压发动机性能评估、机体/推进一体化性能预测（用于解决"推阻屏障"这一世界公认难题）以及 CFD 算法校准等，这些都需要以高精度的风洞试验数据为基础。因此，如何获取高精度的超燃冲压发动机风洞试验数据，是吸气式高超声速飞行器发展过程中必须解决的首要问题。

《超燃冲压发动机风洞试验技术》一书，从风洞试验原理、风洞设备设计和风洞试验技术3个层面，系统全面地阐述了与超燃冲压发动机风洞试验相关的基本原理、相似准则、风洞设备、试验方法和未来发展，具有高度的综合性、科普性，包含了作者多年研究工作的经验与积累，可作为试验流体力学专业基础教材，也可供从事风洞试验研究的工程技术人员参考。

在世界高超声速技术竞争日益剧烈的今天，十分高兴应邀为这样一本极具时代特色的书作序。我深信该书的问世，将拓展我国高超声速技术研究思路，加速我国吸气式高超声速技术的发展。

2019 年 5 月

乐嘉陵，中国工程院院士

前 言

　　吸气式高超声速飞行器具有直接从大气中吸取氧气而不需携带氧化剂的特点,可降低空中运输费用、提高有效载荷量,重复使用,特别适宜在大气层或跨大气层中长时间续航飞行,具有远程快速响应、大机动性、大生存概率和自由进入空间的潜在优势。吸气式高超声速飞行器还可衍生出包括高超声速巡航导弹、高超声速无人机、高超声速飞机和空天飞机在内的多种新型飞行器,具有很强前瞻性、战略型和带动性,对未来军事发展战略、空间技术、武器系统的构建乃至整个科学技术的进步都会产生重大影响。因此,吸气式高超声速飞行器作为一种高速、高机动的临近空间飞行器被世界各国广泛关注,是国内外军事强国研究热点。美国、俄罗斯等军事强国均致力于吸气式高超声速飞行器的研制工作。

　　在乐嘉陵院士带领下,中国空气动力研究与发展中心(CARDC)从 1996 年开始开展吸气式高超声速技术研究,形成了具有中国特色的高超声速飞行器设计-试验-评估综合研究体系。在风洞试验设备方面,拥有从引导型脉冲燃烧风洞到大型脉冲燃烧风洞群及配套的测量手段,具有多座国内领先的风洞试验设备,包括流量 $1\sim10\text{kg/s}$ 氢氧燃烧加热直连式试验设备、$\phi600\text{mm}$ 脉冲燃烧风洞、$\phi600\text{mm}$ 高温高超声速风洞、大尺度脉冲燃烧高温高超声速风洞以及变马赫数高超声速高温风洞。在试验技术方面,取得在国际上首次实现超燃冲压发动机煤油自点火稳定燃烧,在国内首次用风洞试验验证飞行器获得正推力等重大技术突破。为加快我国吸气式高超声速技术从跟跑向并跑、领跑发展做出了应有贡献。

　　空气动力学是吸气式高超声速技术的五大关键技术之一。众所周知,风洞试验、数值计算、飞行试验是解决空气动力学问题的三大手段。其中飞行试验主要用于飞行器设计方法验证。40 多年以来,数值计算取得了长足发展,风洞试验量大大降低。但是,从风洞试验获取数据仍然十分重要和关键,且不能被其他手段替代。为了减少研制风险,开展大量风洞试验研究,准确预测高超声速飞行器的气动/推进性能,验证相关技术的可实现性,既是空气动力学研究的首要目标,也是风洞试验的主要任务。

本书旨在向从事超燃冲压发动机风洞试验的工程技术人员讲授脉冲燃烧风洞试验的基本理论、介绍超燃冲压发动机风洞试验的基本设备以及相关的试验技术、讲述前人解决空气动力学问题的基本知识和技能,引导读者从基本理论出发,熟悉超燃冲压发动机风洞试验的目的、流程及试验设备,掌握超燃冲压发动机风洞试验的方法,同时,通过所提供的典型试验数据使读者对超燃冲压发动机风洞试验特性有一个较为全面的了解,以便他们能有效地应用上述技术解决工程中的各种问题,引导他们去发现新现象、新问题,并寻求解决这些问题的新技术、新方法,创造吸气式高超声速流体动力性能研究的新水平、新高度。考虑到内容的系统性和篇幅限制,本书主要以模拟准则、风洞设计、风洞试验方法和典型试验为主线介绍超燃冲压发动机风洞试验技术,但所述内容对其他吸气式高超声速飞行器的风洞试验同样适用。

全书共分 9 章,第 1 章简要介绍了超燃冲压发动机发展情况;第 2 章介绍了超燃冲压发动机风洞试验所涉及的基本理论及相似准则;第 3 章介绍了常用超燃冲压发动机风洞试验设备;第 4 章和第 5 章分别叙述了两类主要开展超燃冲压发动机风洞试验的设备及其设计,即脉冲式和暂冲式燃烧加热高温高超声速风洞设计;第 6 章主要介绍了常用的几种超燃冲压发动机风洞试验;第 7 章主要介绍了超燃冲压发动机风洞试验测试技术;第 8 章则是典型试验及其结果;第 9 章简要介绍了超燃冲压发动机风洞试验技术发展与展望。

本书是由乐嘉陵院士指导、中国空气动力研究与发展中心组织,联合中国科技大学相关专家共同完成的。刘伟雄任主编,吴颖川、王泽江、毛雄兵任副主编;邢建文、何粲、张顺平编写了第 1 章;王泽江、毛雄兵、杨基明编写了第 2 章;毛雄兵、邢建文编写了第 3 章;毛雄兵编写了第 4 章;王振锋、毛雄兵、李向东、蒲旭阳、蒋劲编写了第 5 章;第 6 章内容涉及谭宇、毛雄兵、余安远、李宏斌、任虎、王西耀、杨大伟、王泽江、林其等多年的工作成果;伍军、于时恩、任虎、王铁军编写了第 7 章;谭宇、余安远、李宏斌、任虎、杨大伟编写了第 8 章;黄生洪编写了第 9 章;全书由王泽江、毛雄兵审查。裴崇志作为编写组秘书,承担了大量的工作。

本书编写过程中,得到了中国空气动力研究与发展中心领导、机关和同仁们的鼓励和指导,以及出版社的大力支持,并参考了大量国内外文献。在此,谨向各位领导、同仁及文献作者表示衷心感谢。

由于作者的技术水平和工作经验有限,时间紧迫,书中内容难免存在不妥和疏漏之处,敬请广大读者和同行批评指正。

作者

2019 年 1 月

目　录

第1章 绪 论

1.1 概 述

回顾航空航天技术的百年发展历程,人类始终以飞得更高、更快、更经济为目标,不断改进飞行器推进系统。早期太空探索的经历丰富了人们对于火箭推进的认识与经验,火箭基飞行器基本能满足全球多数地方到达和空间进入等各类飞行任务的要求。但以火箭为动力的飞行器都面临着主要部件回收困难和重复使用率很低的难题,火箭推进的高额成本使得真正意义上的高超声速时代并未来临。

20世纪50年代,研究人员提出了吸气式高超声速飞行器的概念。飞行器采用超燃冲压发动机及其组合发动机作为推进系统来完成高超声速远程飞行。超燃冲压发动机可视为非常成功的亚燃冲压发动机循环的拓展,其具有快速、灵活、不需携带氧化剂、可重复使用等优点,可以说是当前最适于高超声速巡航飞行的吸气式发动机。无论是火箭基组合循环(Rocket Based Combined Cycle,RBCC)发动机、涡轮基组合循环(Turbo Based Combined Cycle,TBCC)发动机,还是新概念高度集成的外骨架发动机,都在运行过程的某一段中以超燃冲压发动机为动力。

经过半个多世纪的发展,美国、俄罗斯、法国、德国、日本、印度、澳大利亚等国家自20世纪90年代以来已在吸气式高超声速推进技术方面陆续取得了重大进展[1],并相继进行了风洞试验或飞行试验[2]。国内针对超燃冲压发动机的研究起步较晚,近年来也在各预研项目支持下取得了较多成果。吸气式高超声速推进技术已经从概念和原理探索阶段进入了以高超声速巡航导弹、高超声速飞机、跨大气层飞行器和空天飞机为应用背景的技术开发阶段。

超燃冲压发动机研究涉及空气动力学、热力学、燃烧学、材料学等多门学科,是超声速燃烧、机体/推进一体化设计、热防护等多项前沿技术的高度综合[3]。目前超燃冲压发动机研究主要有三种基本手段:风洞试验、数值模拟和飞行试验,其中风洞试验是发动机研究发展乃至评估验证的基础[4]。

在超燃冲压发动机研究中,飞行试验可以提供真实飞行环境,但成功概率低、可重复性差、测量数据有限且成本高、风险大。因此飞行试验一般属于验证性试验,通常要在风洞试验取得足够的成果后才能进行。数值模拟也是超燃冲压发动机研究的重要方式。发动机燃烧流场包含波系、涡系、附面层及其相互耦合等复杂流动现象。复杂三维流动过程、化学非平衡效应和输运系数的不确定性等均对计算流体力学(Computational Fluid Dynamics,CFD)模拟提出了很高的要求[5]。而风洞试验是遵循一定的模拟准则开展的,可较好模拟真实运行状态。通过风洞试验可以获得与气体物理过程和化学过程相关的基本信息,提供具有基准性质的数据,验证 CFD 模型,发展改进发动机设计的技术基础。风洞试验可以说是验证确认并发展数值模拟的有力手段,是成功进行飞行试验乃至研制真实飞行器的基础。

超燃冲压发动机风洞试验技术按其应用方向可分为两大类:研究与发展(R&D)和试验与评估(T&E)。R&D 装置一般是利用大量的仪器测量获得高分辨率的数据,帮助了解研究对象,发展和验证计算方法,对各部件开展研究,为设计提供详细的数据库。R&D 对地面设备的要求严格,可根据不同试验目的制定不同模拟准则;T&E 装置则用于评估发动机和飞行器的总体性能、运行能力和持续能力,确定其性能、可操作性和寿命三个基本特性。T&E 装置一般针对较大尺寸的研究对象,其建造和运行费用很高。目前超燃冲压发动机风洞试验技术的一个关键技术点是明晰发动机在风洞试验中展现的现象性能与实际飞行工作中的差异。另外由于人们现在对如何正确复现燃烧化学了解不够,风洞试验结果的应用受到一定的限制。

总的来说,进行超燃冲压发动机风洞试验是一项规模巨大的、十分昂贵的、复杂的事业,要求各种技巧、干劲和想象力,以及数以千计非常有才华、精力充沛和有献身精神的人。受风洞设备所限,目前研究较多的为马赫数小于 8 的状态,马赫数大于 8 涉及很少。

1.2 超燃冲压发动机基本原理和概念

目前,能应用于高超声速飞行器的发动机主要有涡轮喷气发动机、火箭发动机和冲压发动机。涡轮喷气发动机凭借其高燃烧效率在工程中得到广泛应用,但涡轮叶片热强度有限导致进口气流温度不能过高,限制了发动机在高马赫数条件下的使用。火箭发动机比冲相对更低,不仅需要携带燃料,还需要携带大量不易储存的氧化剂。1913 年,Rene Lorin 发明了第一台冲压发动机,这是一台没有压气机和涡轮等旋转部件的"简单"发动机,仅通过内部几何结构变化就能实现高速气流的减速增压,气流进入燃烧室后与燃料混合燃烧,高温燃气经尾喷管膨胀加速后排出从而产生推力。作为吸气式发动机,冲压发动机不需要携带氧化剂,直接从大气中获得氧化剂;没有复杂旋转部件,结构简单,质量小,易维护,造价低,运行成本小[6]。

根据燃烧室入口气流速度,可将冲压发动机分为亚燃冲压发动机与超燃冲压发动机。在亚燃冲压发动机中,超声速来流在发动机中减速,到达燃烧室入口时已减至亚声速,燃烧主要在亚声速环境下进行。根据能量守恒定律,来流减速、动能减少时内能相应地增加,进入燃烧室内的气流压力、温度与密度均大大高于自由流中的值。当飞行马赫数在3~5范围内,气流总温小于1400K,流速不高,激波强度有限,气流损失不太大,此时亚燃冲压发动机具有出色的性能。但当飞行马赫数继续提高至大于5时,将来流气流减速至亚声速导致的过高温升将带来一些负面影响,如高温离解将损失可用化学能,正激波系会引起较大总压损失等,此时亚燃冲压发动机性能迅速下降。

目前比较合理的解决办法是仅对超声速来流做部分减速压缩,使进入燃烧室的气流仍然保持超声速,燃料在超声速环境中燃烧。超燃冲压发动机与亚燃冲压发动机在发动机结构上存在明显区别。亚燃冲压发动机一般需要在尾喷管设置物理喉道来维持需要的工作条件,超燃冲压发动机则用热力喉道代替了机械喉道,减少了流体通过时的能量损失[7]。

1.2.1　超燃冲压发动机工作原理

超燃冲压发动机由前体进气道、隔离段、燃烧室及尾喷管组成,如图1-1所示。既区别于涡喷发动机具有复杂的旋转部件,又不同于亚燃冲压发动机在燃烧室设置物理喉道,超燃冲压发动机流道构型十分简单。当发动机以高马赫数工作状态运行时,高超声速来流首先进入前体进气道,经过压缩减速后进入燃烧室,与注入的燃料混合并燃烧。燃烧后的高温高压燃气经过尾喷管加速后喷出,产生推力[7]。

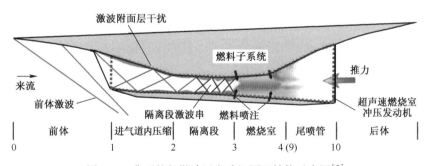

图 1-1　典型的超燃冲压发动机原理结构示意图[8]

理想的超燃冲压发动机属于布雷顿(Brayton)循环体系,包括两个绝热和两个等压过程,如图1-1所示。采用标准发动机位置编号来标注发动机主要部件的分区:0代表来流状态,即发动机前未扰动状态;1代表前体进气道入口,即压缩过程的开始;2代表隔离段入口;3代表燃烧室入口;4代表燃烧室出口,即扩张段的开始;10代表尾喷管出口。

通过图1-2所示的焓熵图可以对理想的发动机循环进行分析。忽略燃油带来的附加质量,不考虑空气进入发动机后的组分变化。气流经过前体进气道的激波系压缩减速,完成了从位置0至位置2.1的压缩过程。进气道内的压缩引起的静温升高可能会导致空气离解,激波边界层相互作用、分离涡等复杂三维流动都可能对压缩过程有影响。位置2.1至位置3的过程发生在隔离段内,一般可以看作压缩过程的一部分,通常由隔离段内伪激波结构完成。焓熵图中位置0至位置2.1'虚线代表进气道的理想等熵压缩,位置2.1至位置2.1''虚线部分代表着隔离段的等熵压缩。位置3至位置4代表燃烧室内的焓熵变化,此时燃料燃烧释放热量,总压损失主要由摩擦及壁面热传导等带来。位置4至位置10则代表尾喷管发生的膨胀过程,膨胀程度取决于发动机性能优化以及飞行器尺度等要求。位置10至位置0代表出口流动与入口来流的能量差恰好是等压释热的值。焓熵图对超燃冲压发动机的热力循环过程进行了一个简单的描述[6]。

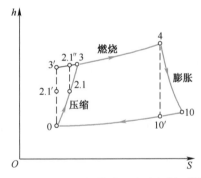

图1-2　理想的超燃冲压发动机循环[6]

超燃冲压发动机通常又可以分为双燃烧室冲压发动机和双模态冲压发动机。其中双燃烧室冲压发动机是指发动机同时具有亚燃和超燃双循环,用亚燃燃烧室点燃超燃燃烧室来解决煤油燃料点火等问题;双模态超燃冲压发动机则是指发动机根据不同飞行马赫数的工作要求,燃烧室分别工作在亚声速燃烧模态与超声速燃烧模态[3]。

1.2.2　超燃冲压发动机关键技术

超燃冲压发动机研究涉及空气动力学、计算流体力学、材料学、传热学、燃烧学等多学科前沿交叉问题,是超声速燃烧、结构热防护、一体化设计、风洞实验等众多高新技术的集成。

1. 超燃冲压发动机总体技术

超燃冲压发动机总体技术包括系统总体性能优化、热防护结构、燃油供应系统控制、部件结构形式选择、发动机控制方案等,主要是协调发动机与飞行器总体的关系,约束发动机各部件的性能指标,从而实现整机最优性能。

冲压发动机在设计点的性能较高,偏离设计点时性能迅速下降。如何优化选择发动机的工作过程,使其在更宽的马赫数工作范围内具有良好性能成为发动机总体技术需要解决的首要问题。目前,双模态超燃冲压发动机能根据不同工作条件的需求实现亚声速燃烧与超声速燃烧,从而在更宽的工作范围内保持良好工作性能。实现发动机在不同模态下稳定燃烧,平稳完成模态转换过程是双模态超燃冲压发动机总体技术研究的关键[3]。

2. 进气道技术

超燃冲压发动机进气道的功能是对高速来流进行减速增压,提高进入燃烧室的气流压力与温度。发动机与机身一体化设计使得进气道既是发动机的重要部件,也是飞行器机体的组成部分。进气道的设计要求是流量捕获系数高、抵抗燃烧反压能力强及总压恢复系数大,附加阻力与出口流场畸变小,在宽的马赫数工作范围内具有良好的启动特性。进气道性能对几何形状十分敏感。目前,可选的进气道形式很多,具体选择时还需考虑飞行器机体外形。同时进气道性能也与壁面摩擦、边界层、边界层和激波相互作用等紧密相关,且各性能指标之间相互耦合,这些都增大了高超声速进气道技术研究的复杂性。目前进气道研究主要以空气动力学、计算流体力学与风洞试验技术为基础。计算流体力学方法的可靠性与精确度还需依赖风洞试验技术来验证[9]。

3. 燃烧室技术

超高的速度使得超燃冲压发动机工作时来流在燃烧室内滞留时间非常短,空气从捕获界面到尾喷管出口界面的驻留时间是毫秒级的。在极短的时间内实现燃料的喷射,液态燃料破碎雾化、混合、点火及稳定燃烧非常困难。

目前,为适应不同马赫数下的工作要求,超燃冲压发动机需要在同一燃烧室中实现亚燃/超燃双模态,双模态及其转换过程的研究是燃烧室研究的关键技术。实现双模态燃烧有两种方法:一是通过调整燃烧室几何构型来适应双模态燃烧需求,但在实际应用中几何调节结构的设计在高温、高压环境下实现起来相当困难;二是通过调节控制注油系统、热壅塞以及燃烧程度来实现,这种方法较为理想,但也非常困难(因为燃烧室工作涉及喷射状态、混合雾化、涡流附面层等诸多复杂流动现象,精准地控制燃烧程度来实现模态平稳转换具有一定难度[9])。

燃烧室技术的另一难点是其冷却问题,燃烧室受热面积大,局部温度极高,作为冷却剂的燃料流量却有限,给冷却结构的设计带来了难度。且燃料作为冷却剂在受热后发生的物理化学变化都将影响燃料的穿透深度、燃料与空气的混合效果及火焰传播速度等[3]。

4. 燃料及其供给技术

目前可用的燃料主要有氢气与碳氢燃料。氢气具有易点火、性能高的优点,但其属于低温推进剂,维护使用复杂,体积大,适用范围不广。碳氢燃料凭借其易维护、低价等优点得到了较多应用。但与氢燃料相比,碳氢燃料点火滞后时间长、火焰传播速度慢,点火及稳焰相对较困难。研究人员针对吸热型碳氢燃料开展了许多工作,考虑通过加入添加剂加快相变裂解,便于点火燃烧[9]。

高马赫数飞行条件下的燃料供给更是给研究者提出了一个需要不断进步优化的大问题。尤其是对于尺度更大的发动机,壁面喷射的穿透深度有限。支杆、支板等侵入性喷射手段如何平衡流动阻塞、阻力等问题也需要更深入的研究。燃油供应系统需要具有更强的调节能力,才能保证在高速度、大尺度、宽工作范围条件下的良好性能。

5. 热结构设计及耐热材料

高速工作条件给超燃冲压发动机带来了热防护的挑战,发动机工作时各部件需要承受高速飞行时的气动加热,发动机热结构设计十分关键。外部气动加热带来了很高的热负荷,内部气流减速燃烧后形成高温环境。内外高温使得主动冷却技术十分必要。对于超燃冲压发动机,冷却剂与燃料合二为一,如何在给定燃料量的前提下保证冷却效果,并使燃料吸热达到合适温度有助于燃烧,是超燃冲压发动机热管理需要解决的重要问题。在优化燃料主动冷却方法的同时,应进一步开展高强度耐热材料的研制。否则,热防护将会成为阻碍超燃冲压发动机实现工程应用的难题。

1.3 超燃冲压发动机风洞试验设备发展概况

自20世纪60年代起高焓风洞技术受若干高超声速计划的牵引而迅速发展。

首先建设发展的是连续式高焓风洞。在1964—1975年HRE计划期间美国国家航空航天局(NASA)意识到高焓风洞在超燃发动机研制中的基础性作用,陆续建设了一批连续式高焓风洞。其中在1985—1994年国家空天飞机计划(NASP)期间仍被广泛应用的主要是3座中等尺度风洞,即共享气源和排气系统的DCSTF直连风洞(采用烧氢补氧加热)和CHSTF自由射流风洞(采用烧氢补氧加热)及AHSTF电弧风洞[10]。另外,NASP计划在1988—1994年间资助了8-Ft. HTT风洞的改造,使其具备了开展马赫数4~7条件下推进/机体一体化构型的推进试验能力[11]。

　　苏联从 20 世纪 70 年代起也开始发展连续式高焓风洞,中央流体研究院(TsA-GI)和中央发动机研究院(CIAM)分别建成有燃烧煤油加热的 T131B 风洞和二级加热的自由射流 BMG 风洞,并开展了超燃发动机试验研究[12]。法国在 20 世纪 60 年代末至 80 年代分别建成了蓄热加热的 S4MA 自由射流风洞、二级加热的 ATD 5 自由射流风洞、LAERTE 蓄热加热的直连风洞[13,14],这些风洞成为目前欧洲研制超燃发动机的主力风洞。日本在 1994 年建成了二级加热的 RJTF 自由射流风洞,并在该风洞上取得了众多研究成果[15-19]。其他国家,如德国、印度等也都在 20 世纪末期建设有连续式高焓风洞。

　　脉冲式高焓风洞直至 20 世纪 80 年代起才开始建设和发展。澳大利亚的 Stalker 最早提出了激波风洞的复现概念,他和 Morgan 最早在 1981 年就利用 T3 激波风洞开展了超燃研究试验。1984 年 Stalker 等在昆士兰大学建成了 T4 激波风洞[20],该风洞是国际合作的 HyShot 飞行计划的主力风洞[21-23],取得的研究成果确立了昆士兰大学在应用激波风洞进行超燃研究的世界领先地位。

　　美国马赫数 8 以上的推进试验主要在激波风洞上完成,其中 1989 年改造完成的 HYPULSE[24,25]和 1991 年建成的 LENS[26,27]风洞是主力风洞。德国和日本分别于 1992 年和 1997 年建成了自由活塞驱动的 HEG 和 HIEST 激波风洞,这两个风洞都参与了高超声速发射(HyShot)计划的推进试验。在脉冲式高焓风洞研制方面独具特色的俄罗斯于 1993 年启动了与美国 GASL 的合作试验计划[28],改造了多级压缩加热的 PGU 的 U-11 单元。1994 年俄罗斯进行了马赫数 10 条件下室温氢燃料超燃冲压机的推进试验,并在 19 世纪 80 年代建成 AT303 风洞。

　　高焓风洞技术在超燃发动机推进试验中的应用水平与测试技术的发展息息相关。早期受限于高温高速条件,超燃发动机推进试验开展的测量科目主要是壁压、热流、天平测力、纹影和全息照相[29,30]。20 世纪 80 年代到 90 年代先后发展了摩阻天平[26]、应用于激波风洞的应力波天平[29,31,32]、组分探针[33]等测量技术。

　　近年来,为了深入细致研究超燃发动机内流场,研究人员非常注重发展光学流场诊断技术。其中测量组分和浓度的相干反斯托克斯拉曼光谱法(Coherent Anti-Stokes Raman Spectroscopy, CARS)和激光诱导荧光(Laser-Induced Fluorescence, LIF)技术受到很多关注。其他如瑞利散射、拉曼散射、发射光谱等技术也都在发展。但提高这些光学诊断技术在高温高速流场的适应性与测量精度将是一个长期而艰巨的任务。

　　我国高超声速推进试验设备的建设和发展始于 20 世纪 90 年代中期。中国科学院力学研究所在 1994 年建成国内第一个超燃发动机燃烧室试验用的直连式燃烧加热设备,后又建成 HPTF 自由射流风洞[34]。目前,北京动力机械研究所[35]、中国空气动力研究与发展中心[36]、国防科技大学等也都建有中等尺度的连续式燃烧加热高焓风洞。此外,中国空气动力研究与发展中心从 20 世纪 80 年代起逐步发展了具有自主知识产权的脉冲式燃烧风洞,目前建设了三座自由射流的脉冲燃烧风洞。

1.4 超燃冲压发动机风洞试验测量技术概况

超燃冲压发动机的研究与发展、试验与评估均对测量技术提出了需求。当前针对超燃冲压发动机的测量技术主要分为三类:一是评估发动机性能的重要指标和参数测量,如流量、有效推力(比冲)、燃烧效率、混合效率、总压损失、内阻、热流等测量;二是评估燃烧特性和验证 CFD 结果所需数据的测量,如发动机内流场的压力、温度、密度、速度、组分浓度及其随空间/时间分布的测量;三是用于发动机燃烧流动过程可视化、研究揭示燃烧流动机理所需的燃烧流场诊断,如波系、剪切层、回流区、旋涡等流动结构的显示,火焰结构、火焰传播速度及燃烧中间组分(如 OH 基、CH 基等)分布等燃烧系统工作进程信息的测量。

目前定量测量壁面压力和温度,纹影法或阴影法识别激波等传统测量方法在工程上已得到广泛应用,是测试超燃冲压发动机的标准测量工具。然而传统方法对流动内部温度、组分浓度和速度等参数的定量测量非常少。

过去十多年间,美国、澳大利亚等已将多种先进测量技术应用在发动机风洞试验中。其中可调二极管激光吸收光谱法(TDLAS)等便携性较好的技术已在飞行试验中得到运用,证实了其可行性。发动机测量工作的典型代表是美国斯坦福大学与弗吉尼亚大学,其已将平面激光诱导荧光(PLIF)、自发振动拉曼散射(SVRS)、CARS、粒子成像测速(PIV)、TDLAS、羟基分子标记测速(HTV)等诸多先进测量技术集成运用于发动机实验中。根据技术特点和测量需求对进气道、隔离段、燃烧室及其出口等不同部件位置分别选取相应技术,有效评估发动机性能。目前发展的一系列技术是互补的,但是在准确性、精确度、空间与时间分辨率、数据频率、利用难易和成本上有很大不同。

1. 干涉瑞利散射法(IRS)和相干反斯托克斯拉曼光谱法(CARS)

IRS 是一种线性光学方法,通常用于测量流速,可同时测量获取气流速度三个方向的分量。此外,在气体组分已知的条件下,IRS 还可以测量得到气体的温度和密度;CARS 则是一种非线性光学方法,其利用多束交叉激光来测量温度和组分(如 N_2、O_2 或 H_2)浓度。CARS 在小的"点状"区域进行测量,典型的测量区域为直径 0.2mm、长 1mm。

IRS 能够测量几个点的多个速度分量,测量精度为 $10 \sim 30$m/s。与 IRS 方法相比,目前 PIV、激光多普勒测速(LDV)等速度测量方法虽然精度更高(达到 1m/s),

但需要在气流中播散示踪粒子,对流场存在干扰且在大型设备中实施难度较大。根据测量光路要求,IRS 目前只能测量非管道的超声速火焰。

CARS 在测量超燃冲压发动机等管道流方面则具有巨大优势,其采用的单光束是类似于激光的相干光束。CARS 温度测量精度量级为±60K,大约是火焰温度的 2%,平面激光诱导荧光法和瑞利散射法的温度测量精度与 CARS 相当或稍差。CARS 测量组分浓度的精度通常为 0.02(摩尔分数),这使其仅限于测量主要燃烧组分。近年来,NASA 的研究人员及其合作者用 CARS 测量了氢燃料超声速燃烧室流场中的温度、N_2 和 O_2。

将 IRS 和 CARS 两种测量技术结合起来使用可以较全面地测量超声速燃烧环境中的气体状态参数,并且不需要增加额外的激光器(与只采用 CARS 相比)。

2. 激光诱导热声学法(LITA)

LITA 可用于精确测量冷空气流中的速度和声速,且不需要在气流中播散示踪粒子,其速度测量精度可达 1m/s,声速测量精度可达 1%。ExCap 项目通过与拉曼散射技术相结合,将 LITA 拓展到测量火焰温度下的速度和声速上。拉曼散射技术可以测量所有主要燃烧组分的摩尔分数,测量精度通常为 5%。LITA 与拉曼散射技术结合能够根据 LITA 声速测量结果计算得到非常精确的温度测量结果,将声速转换成温度时所需的流场组分信息则通过拉曼方法测量。另外,LITA 与拉曼散射技术结合还能够测量非平衡流场中可能存在的多种温度(平移温度、旋转温度和振动温度)。

3. 可调二极管激光吸收光谱法(TDLAS)

TDLAS 利用激光束(照射穿过流道)来测量沿光线的平均流场特性(如温度、速度和/或组分浓度)。与 PLIF、CARS、IRS、拉曼和 LITA 相比,TDLAS 的激光器更小,光路、试验布局和使用都相对更简单。TDLAS 为高超声速推进试验提供了技术先进、廉价且用户友好的测量技术。

研究人员正在将氧气 TDLAS 研制成质量流量传感器,通过氧气浓度和温度测量结果可以测量气体密度及速度,质量流量的测量精度预计约为 2%。目前质量流量在很多高超声速试验设备中都通过探头在专门运行的非燃烧车次中测量或估算得到。TDLAS 则能在运行车次中非接触测量质量流量,并且能测量运行过程中质量流量随时间的变化。研究人员尝试采用层析法,利用 TDLAS 测量水蒸气浓度和温度的空间分布。层析法克服了 TDLAS 只能测量参数在光路上的平均值,对沿光路的量不具备空间分辨能力的局限。具有空间分辨能力的 TDLAS 系统将具有更大的优势。

TDLAS 的应用越来越广泛,已在 NASA(兰利研究中心和格林研究中心)和空军(莱特帕特森空军基地)得到应用。国际上针对 TDLAS 技术在发动机测量的应

用研究,理论、硬件研发和试验测量技术上都呈现出深化的特点,具体表现如下:

（1）半导体激光器等相关硬件技术不断发展,TDLAS 的参数种类和测量范围进一步拓展。针对发动机进出口气流组分如 O_2、CO、CO_2、CH_4 和燃烧中间产物 OH 等的 TDLAS 测量方案正在走向成熟,测量时空分辨率也不断提高。

（2）TDLAS 测量精度进一步提升。高温光谱数据库的建立、测量数据的标定、与其他测量手段相互校核等方面目前已有大量的试验和仿真结果,正处于完善数据库、总结规律阶段。

中国科学院安徽光学精密机械研究所(简称安徽光机所)、航天工程大学、中国科学院力学研究所均在发动机的 TDLAS 测量技术上做了大量各具特色的工作:安徽光机所的阚瑞峰等对基于 H_2O 分子吸收光谱的直接吸收法和基于 O_2 分子的波长调制法开展了研究,并基于发动机台架试验开展了环境适应性验证;航天工程大学洪延姬等主要研究了基于 H_2O 分子吸收光谱的视线平均 TDLAS 技术,采用波长调制法在直连式试验台上开展了发动机流场参数测量试验;中国科学院力学研究所的余西龙等利用伺服移动机构扫描测量了发动机燃烧室参数,对发动机的性能开展了评估。

4. 平面激波诱导荧光（PLIF）

PLIF 是一种共振激发的光谱技术,可对温度、浓度、速度等参数进行测量,属于非接触测量,具有很高的灵敏度,可用于研究流场结构、点火/熄火、火焰结构等。根据所选标示物的不同,PLIF 可分为 OH-PLIF、CH-PLIF、CH_2O-PLIF、CH_2O/OH 双组分同步 PLIF 和 NO-PLIF。与 CARS 仅能点测温相比,PLIF 技术具有能够同时测量一个面内温度分布的能力。国内外学者在利用 PLIF 测量燃烧组分浓度、温度分布方面取得了很多应用成果。目前,超声速燃烧火焰结构的 PLIF 诊断大多局限于单一组分测量,尚缺乏多组分 PLIF 同时测量以显示完整的火焰结构分布。

现有面向超声速燃烧的 PLIF 诊断系统多在 10Hz 量级,只有美国少数几家单位在超燃中开展了千赫兹量级的 PLIF 诊断。美国密歇根州立大学 Hammack 等采用 10kHz 的高重频 OH-PLIF 技术研究了马赫数 2 来流条件下凹腔稳燃的火焰结构,获得了高速 OH-PLIF 火焰结构序列。美国 NASA 兰利研究中心 Jiang 等开发了 1MHz NO-PLIF 诊断技术,研究了马赫数 10 风洞中边界层精细涡结构的演化。对于超声速燃烧而言,高重频 PLIF 技术在高时间分辨燃烧流场可视化、燃烧流场统计分析以及提高单次实验效率等方面具有重要的推动作用。国内清华大学、浙江大学、天津大学、哈尔滨工业大学等单位建立了 PLIF 技术诊断系统,但目前都主要应用于基础湍流燃烧的测量,没有开展面向超声速燃烧的 PLIF 研究。直接应用 PLIF 技术进行超声速燃烧机理诊断的主要有中国空气动力研究与发展中心、国防科技大学、西北核技术研究所、中国科学院力学研究所等少数几家单位。

📖 参考文献

［1］ 占云.超燃冲压发动机的第一个40年［J］.飞航导弹,2002(9):32-40.

［2］ Moses P L.X-43C plans and status［C］//AIAA Paper 2003-7084,2003.

［3］ 刘小勇.超燃冲压发动机技术［J］.飞航导弹,2003(2):38-42.

［4］ 刘伟雄,谭宇,毛雄兵,等.一种新运行方式脉冲燃烧风洞研制及初步应用［J］.实验流体力学,2007,21(4):59-64.

［5］ 赵慧勇.超燃冲压整体发动机并行数值研究［R］.绵阳:中国空气动力研究与发展中心,2005.

［6］ Segal C.The Scramjet engine:processes and characteristics［M］.Cambridge:Cambridge University Press,2009.

［7］ Heiser W H, Pratt D T.Hypersonic airbreathing propulsion［M］.Reston:AIAA Education Series,1994.

［8］ Rogers R C,Capriotti D P,Guy R W.Experimental supersonic combustion research at NASA Langley［C］//AIAA Paper 1998-2506,1998.

［9］ 贺武生.超燃冲压发动机研究综述［J］.火箭推进,2005,31(1):29-32.

［10］ Mattick S J,Frankel S H.Numerical modeling of supersonic combustion:validation and vitiation studies using FLUENT［C］//AIAA Paper 2005-4287,2005.

［11］ Lu F K,Marren D E.Adavanced hypersonic test facilities［C］.Progress in Astronautics and Aeronautics,Reston,2002.

［12］ Curran E T,Murthy S N B.Scramjet propulsion［C］.Progress in Astronautics and Aeronautics,Washington,2001.

［13］ Falempin F.Ramjet/scramjet technology French capabilities［C］//AIAA Paper 1999-2377,1999.

［14］ Falempin F,Serre L.French contribution to hypersonic airbreathing propulsion technology development status in 2006［C］// AIAA Paper 2006-5190,2006.

［15］ Kobayashi S.Japanese spaceplane program overview［C］//AIAA Paper 1995-6002,1995.

［16］ Chinzei N.Progress in scramjet engine tests at NAL-KRC［C］//AIAA Paper 2001-1883,2001.

［17］ Mitani T,Izumikawa M,Watanabe S,et al.Force measurement of fixed-geometry scramjet engines from Mach 4 to 8 flight conditions［C］// AIAA Paper 2002-5151,2002.

［18］ Tani K.Flight test vehicle － Japanese view［C］// AIAA Paper 2003-2720,2003.

［19］ Hiraiwa T,Ito K,Sato S,et al.Recent progress in scramjet/combined cycle engines at JAXA,Kakuda Space Propulsion Center［C］// IAC-06-C4.2.09,57th International Astronautical Congress,Valencia,2006.

［20］ Paull A,Stalker R J.Scramjet testing in the T4 impulse facility［C］// AIAA Paper 1998-1533,1998.

［21］ Stellant J,Mack A.Comparison of supersonic combustion tests with shock tunnels,flight and CFD［C］// AIAA Paper 2006-4684,2006.

［22］ Sunami T,Itoh K.,Sato K,et al.Mach 8 ground tests of the hypermixer scramjet for HyShot-IV flight experiment ［C］// AIAA Paper 2006-8062,2006.

［23］ Schrammm J M,Karl S,Hannemann K.Ground testing of the HyShot II scramjet configuration in HEG［C］// AIAA Paper 2008-2547,2008.

［24］ Bakos R J,Tamagno J,Rizkalla O,et al.Hypersonic mixing and combustion studies in the GASL HYPULSE facility［C］// AIAA Paper 1990-2095,1990.

［25］ Rogers R C,Shih A T,Tsai C Y,et al.Scramjet tests in a shock tunnel at flight Mach 7,10,and 15 conditions

[C]// AIAA Paper 2001-3241,2001.

[26] Holden M S.Studies of scramjet performance in the LENS facilities[C]// AIAA Paper 2000-3604,2000.

[27] Hass N E,Shih A T,Rogers R C.Mach 12&15 scramjet test capabilities of the HYPULSE shock-expansion tunnel[C]// AIAA Paper 2005-690,2005.

[28] Orth R C,Erdos J I.Results of the first hypersonic combustion tests in the ISNIIMASH PGU U-11 facility [C]// AIAA Paper 1995-6026,1995.

[29] Simmons J M.Measurement techniques in high-enthalpy hypersonic facilities[J].Experimental Thermal and Fluid Science.1995,10:454-469.

[30] Paull A.Scramjet measurements in a shock tunnel[C]// AIAA Paper 1999-2450,1999.

[31] Stalker R J,Simmons J M,Paull A,et al.Measurement of scramjet thrust in shock tunnels[C]// AIAA Paper 1994-2516,1994.

[32] Stalker R J,Paull A,Mee D J,et al.Scramjets and shock tunnels—the Queensland experience[J].Progress in Aerospace Sciences,2005,41:471-13.

[33] Mitani T.Analyses and application of gas sampling to scramjet engine testing[J].Journal of Propulsion and Power,1999,15(4):572-577.

[34] Chang X,Chen L,Yu G,et al.Development of a facility for model scramjet testing[C]// AIAA Paper 2001-1857,2001.

[35] 司徒明,王春,陆惠萍.双燃式冲压发动机中富油燃气射流的超燃研究[J].推进技术,2001,22(3):237~240.

[36] 李向东,张绍武,邓和平,等.高温高超声速风洞流场的总温测量与初步试验校核[C].第十一届全国激波与激波管学术会议,四川,2004.

第2章 基本理论与相似准则

发动机风洞试验包括实物试验和模型试验两种方法。实物试验通常为可靠性试验,用于发动机型号研制的可靠性综合评估。模型试验是在风洞复现的真实环境中进行的可以重复的模型模拟试验。相似理论用来研究真实环境和模拟环境相似的基本规律,对试验进行理论上的指导。本章通过量纲分析研究超燃冲压发动机风洞试验的相似参数。

科学试验由于试验方法、试验设备以及试验人员等的因素,不可避免地会带来一定程度的误差,风洞试验也是如此。误差理论是用来分析试验误差组成、合成的基本规律的理论。

2.1 相似理论[1-5]

2.1.1 基本概念

风洞试验是以绕模型的流动与绕实物的流动相似为基础的,即要求这两个流动的对应点在对应时刻所有表征流动状况的相应物理量的比例关系保持不变。一般情况下,只有保持几何相似、运动相似、动力相似、热力学相似以及质量相似,两个流动才能完全相似。如果只是某些物理量满足相似条件,则称为部分相似。

几何相似是流动相似最基本的条件。一个物体经过各向等比例变形后能与另一个物体完全重合,则称这两者几何相似。变形后能够相互重合的点称为"对应点",同一物体上对应点之间的连线称为"对应线",两个几何相似物体的对应线长度成比例。对风洞试验而言,这个比例就是模型的缩尺比例。

运动相似是指两个流场对应点的速度、方向相同,大小成固定比例。运动相似意味着速度场、加速度场的几何相似,即对应点的速度和加速度之比保持不变。

动力相似是指两个流场对应点对应流体微团上所受的各种力的方向相同、大小成固定比例。

同理,热力学相似是指两个流场对应点的温度成固定比例。质量相似是指两个流场对应点的密度成固定比例。

2.1.2 相似准则

推导相似准则常用的方法有量纲分析法和方程分析法。若研究的现象十分复杂,不能用物理方程组来描述,只能一般性地写出影响现象的准则,则采用量纲分析法来推导出相似准则。若研究的现象可以用物理方程组来描述,则通常采用方程分析法来推导出相似准则。用方程分析法推导相似准则时,应首先列出描述相似现象的方程,然后列出各物理量成比例的关系式,并代入物理方程,从而得到由相似常数组合而成的相似系数,并令其为1,经整理即可得到相似准则。

在风洞试验中,常用的物理量有空气密度 ρ、速度 v、黏度 μ、压力 p 等。物体的特征长度用 l 表示。

1. 雷诺数(Reynolds Number)

雷诺数 Re 为惯性力 F_i 与黏性力 F_v 之比,即

$$Re = \frac{F_i}{F_v} = \frac{\rho v^2 l^2}{\mu v l} = \frac{\rho v l}{\mu} \tag{2-1}$$

雷诺数是表征流体的黏性对流动影响的相似准则。凡是与流体的黏性有关的物理量,如阻力、最大升力、抖振起始点等都与雷诺数密切有关。

2. 马赫数(Mach Number)

马赫数 Ma 为惯性力 F_i 与弹性力 F_c 之比,对于完全气体,有

$$\frac{F_i}{F_c} = \frac{\rho v^2 l^2}{p l^2} = \frac{v^2}{p/\rho} \propto \frac{v^2}{a^2} = Ma^2 \tag{2-2}$$

$$Ma = \frac{v}{a} \tag{2-3}$$

式中　a——当地声速。

马赫数是气体的压缩性对流动影响的一个量度。对低速流动,气体的压缩性可以忽略不计,即不考虑马赫数;但当流速较高($Ma \geqslant 0.4$)时,不能忽略气体压缩性影响。马赫数是十分重要的相似准则,几乎对所有高速流动现象都有影响。在低速风洞进行喷流试验和直升机旋翼试验时,存在局部高速流动也要模拟马赫数。

3. 弗劳德数(Froude Number)

弗劳德数 Fr 为惯性力 F_i 与重力 F_g 之比,即

$$\frac{F_i}{F_g} = \frac{\rho v^2 l^2}{\rho g l^3} = \frac{v^2}{gl} = Fr^2 \tag{2-4}$$

$$Fr = v/\sqrt{gl} \tag{2-5}$$

弗劳德数是重力作用对流动影响的一个量度。对试验模型外挂物投放、模型自由飞及尾旋试验等,弗劳德数是主要的相似准则。

4. 斯特劳哈尔数(Strouhal Number)

斯特劳哈尔数 Sr 是非定常运动惯性力 F_e 与惯性力 F_i 之比,即

$$\frac{F_e}{F_i} = \frac{\rho v l^3 / t}{\rho v^2 l^2} = \frac{l}{vt} = Sr \tag{2-6}$$

$$Sr = \frac{l}{vt} = \frac{lf}{v} \tag{2-7}$$

式中 f——周期性的非定常流动的特征频率。

斯特劳哈尔数是表征流动非定常性的相似准则。当进行结构弹性振动、旋涡、螺旋桨、旋翼、旋转天平、马格努斯力及声学等模型试验时,要求模型与实物的斯特劳哈尔数相等。

5. 欧拉数(Euler Number)

欧拉数 Eu 为流体的压力 F_p 与惯性力 F_i 之比,即

$$Eu = \frac{F_p}{F_i} = \frac{pl^2}{\rho v^2 l^2} = \frac{p}{\rho v^2} \tag{2-8}$$

流体力学中的压力系数 C_p 即是欧拉数。如果模型试验流场与实物相似,那么两者表面各对应点的压力系数相等。

6. 牛顿数(Newton Number)

牛顿数 Ne 为作用在物体上的外力 F 与惯性力 F_i 之比,即

$$Ne = \frac{F}{F_i} = \frac{F}{\rho v^2 l^2} \tag{2-9}$$

流体动力系数本质上都是牛顿数。如果绕模型的流动与绕实物的流动相似,那么两者的系数相等。这样,就可以把风洞模型试验的结果用于实际飞行。

除上述常用的相似准则外,有些风洞试验还要用到一些相似准则,如普朗特数 Pr(Prandtl Number)、努塞尔数 Nu(Nusselt Number)、拉格朗日数 La(Lagrange Number)、斯坦顿数 St(Stanton Number)等,这些相似准则可以查阅专门的论著。

2.1.3 相似定理

第一定理:相似的现象,其同名相似准则的数值相同。

第二定理:现象的各物理量之间的关系,可以化为各相似准则之间的关系。

第三定理:两个现象的单值条件相似,而且由单值条件组成的同名相似准则相同,则这两个现象相似。

2.1.4 风洞试验

风洞试验要尽可能保证主要的相似准则相等,常规气动力试验主要相似准则为马赫数 Ma、雷诺数 Re,特种试验则需要更多的相似准则,例如动导数试验要满足减缩频率,自由飞试验要保证模型在气流中运动的动力学相似准则。常规气动热试验一般只考虑冷壁热流,主要相似准则为马赫数 Ma、雷诺数 Re,若考虑壁温效应,则还需要满足总温与壁温的比值相等。针对某些特殊流动现象的试验必须采用特殊风洞,如转捩必须采用静音风洞,稀薄气体效应必须在低密度风洞中才能实现,高温气体效应必须在高焓风洞中开展。进行超燃冲压发动机风洞试验,主要是实现模型试验和真实飞行的几何相似、运动相似、动力相似和热力学相似。热力学相似对试验气体组分提出了较高要求,不同试验气体的热力学和化学属性有所差异,对超燃冲压发动机试验结果可能产生影响,对于这种类型的试验相似准则选取要慎重。

风洞试验数据的准度不仅与风洞流场品质、测试精度相关,还取决于模型相似参数的多少。一般情况下,模拟相似参数越多试验结果越准确。由于无法模拟所有的相似参数,因此风洞试验只能部分重现飞行状态。风洞试验数据的准度估计需要进行大量的分析评估,但是评估本身又存在准度问题,导致风洞试验数据的不确定度无法在飞行前准确给定。一般情况下通过飞行前试验来估计,如果同类飞行试验较多,则可以参考其他风洞试验数据与飞行试验数据的关系估计不确定度。

2.1.5 完全模拟与部分模拟

风洞中试验模型的尺寸往往比实物小,这时几何相似、马赫数相似容易实现,完全模拟其他相似参数则困难重重。如雷诺数随尺寸的减小而减小,这时可以通过改变来流的温度减小黏性从而增加试验雷诺数,但是温度的改变会导致来流的密度压力发生变化,又对雷诺数产生影响。当风洞雷诺数与飞行环境一致时,风洞气流的速度以及声速等会发生改变,从而导致模拟马赫数也发生改变。

解决相似参数无法全模拟问题的思路是选择主要相似参数进行部分模拟。以进气道试验为例,如优先保障几何相似、马赫数相同,取雷诺数相近,可以开展进气道大部分试验研究。为了提高雷诺数,风洞试验常使用重点的部位局部模拟法:半模进气道试验、局部进气道放大的截断试验、模拟进气道流管的直连试验等。有时为了获得雷诺数的影响,试验往往还需要研究雷诺数的自模性。

2.2　量纲分析

2.2.1　基本概念

物理量简称为量,可以定性区别并能定量确定物理现象或物体的属性。力学中大多数量都存在着内在的联系,由各种物理定律将它们联系在一起,只要适当地选定出三个量,就可以根据描述各量之间的关系的物理定律将其他量导出。选定的三个物理量称为基本物理量或基本量,其他的物理量称为导出物理量或导出量。国际单位制(SI)采用的量制中的力学基本量是长度、质量和时间。涉及热效应时再增加一个基本量热力学温度。

在一定的单位制中,对最初选定的基本量规定出它们的测量单位,称为基本单位,如长度单位 m,导出量的测量单位称为导出单位,如速度单位 m/s。测量单位本身也是一个量,且与被测的量属于同一种类。数值与单位在一起表示了被测量的量值,同时单位也表示了被测量的种类,且量的种类和量值与同类单位的选择无关。

在许多情况下,为便于分析问题,把被测物理量的种类称为该物理量的"量纲"。同一种类的量具有相同的量纲。例如,某一长度 1m,另一长度 100cm,它们的数值和单位虽不相同,但它们都属于同一种物理量长度,它们的量纲都可用量纲符号 L 表示。

量纲与单位是两个密切相关而又有区别的概念。量纲只涉及量的本质或特点,而单位除涉及量的本质或特点外,还涉及量的大小。为了方便,通常单位仅限于说明定量关系,而用量纲来说明定性的关系。

在一定的量制中,量纲又分为基本量纲和导出量纲,与基本单位和导出单位相对应。基本量纲就是该量制的基本量。力学三个基本量纲长度、质量和时间相应的量纲符号是 L、M 和 T,涉及热效应时增加热力学温度,符号为 Θ。任一物理量的量纲可写成基本量纲的幂的乘积表达式:

$$\dim a = L^{c_1} M^{c_2} T^{c_3} \Theta^{c_4} \qquad (2-10)$$

上式称为量纲式,又称量纲积。其中 a 是任一物理量,前面加上 dim,表示是这个量的量纲。c_1、c_2、c_3 和 c_4 称为量纲指数。式中的等号只表示属性,不涉及量的大小。表 2-1 列出了流体动力学中常用的有量纲物理量的量纲。

一个量的量纲式中,只要有一个量纲指数不为零,则该量为有量纲量;若所有量纲指数都为零,则为无量纲量。无量纲量可以是两个同类量的比值(如展弦比),也可以是由几个有量纲量通过一定的乘积组合而成(如气动系数)。无量纲量不同于纯数字,它仍具有量的特征和品质。有量纲量随所选的单位制不同而改变其数值,而无量纲量则不随所选用的单位制不同而改变其数值。量纲分析的目的之一是正确地组合相关物理量为无量纲量。

表 2-1　流体力学中常用的有量纲物理量的 SI 单位和量纲

物理量		SI 单位		量纲
名称	符号	国际符号	用 SI 基本单位表示的表示式	
长度	l	m	m	L
质量	m	kg	kg	M
时间	t	s	s	T
力	F	N	$kg \cdot m \cdot s^{-2}$	LMT^{-2}
密度	ρ	kg/m^3	$kg \cdot m^{-3}$	$L^{-3}M$
速度	v	m/s	$m \cdot s^{-1}$	LT^{-1}
加速度	α	m/s^2	$m \cdot s^{-2}$	LT^{-2}
角速度;角频率	ω	rad/s	s^{-1}	T^{-1}
压强,应力	p, σ, τ	Pa	$kg \cdot m^{-1} \cdot s^{-2}$	$L^{-1}MT^{-2}$
能,功,热量	E, W, Q	J	$kg \cdot m^2 \cdot s^{-2}$	L^2MT^{-2}
功率	P	W	$kg \cdot m^2 \cdot s^{-3}$	L^2MT^{-3}
频率	f	Hz	s^{-1}	T^{-1}
力矩	M	$N \cdot m$	$kg \cdot m^2 \cdot s^{-2}$	L^2MT^{-2}
动量	P	$kg \cdot m/s$	$kg \cdot m \cdot s^{-1}$	LMT^{-1}
动量矩	L	$kg \cdot m^2/s$	$kg \cdot m^2 \cdot s^{-1}$	L^2MT^{-1}
转动惯量	I	$kg \cdot m^2$	$kg \cdot m^2$	L^2M
[动力]黏度	μ	$Pa \cdot s$	$kg \cdot m^{-1} \cdot s^{-1}$	$L^{-1}MT^{-1}$
运动黏度	ν	m^2/s	$m^2 \cdot s^{-1}$	L^2T^{-1}
弹性模量	E	Pa	$kg \cdot m^{-1} \cdot s^{-2}$	$L^{-1}MT^{-2}$
热力学温度	T	K	K	Θ
气体常数	R	$N \cdot m/(kg \cdot K)$	$m^2 \cdot s^{-2} \cdot K^{-1}$	$L^2T^{-2}\Theta^{-1}$
熵	S	J/K	$kg \cdot m^2 \cdot s^{-2} \cdot K^{-1}$	$L^2MT^{-2}\Theta^{-1}$
焓	H	J	$kg \cdot m^2 \cdot s^{-2}$	L^2MT^{-2}
比热容	c	$J/(kg \cdot K)$	$m^2 \cdot s^{-2} \cdot K^{-1}$	$L^2T^{-2}\Theta^{-1}$
热导率(导热系数)	λ	$W/(m \cdot K)$	$kg \cdot m \cdot s^{-3} \cdot K^{-1}$	$LMT^{-3}\Theta^{-1}$
传热系数	h	$W/(m^2 \cdot K)$	$kg \cdot s^{-3} \cdot K^{-1}$	$MT^{-3}\Theta^{-1}$

下面进一步给出量纲和基本量的定义。量纲是用量制中基本量的幂的乘积表示的、数字系数为 1 的一个量的表达式。基本量是选定的彼此独立的可作为其他量基础的一组量的名称。"选定的"是指人为地选择确定的,即人们在制定量制时最初统一选定的。"彼此独立"是指这组量中任何一个量的量纲式,不能以幂次单项式的形式表示为其他各量量纲式的组合。因此,基本量本身不可能组合成无量纲量。"作为其他量的基础"是指由这几个量的量纲可导出其他量的量纲。

2.2.2　量纲分析方法

物理方程的量纲一致性原理是量纲分析的一个基本原则,即在正确反映客观规律的物理方程中各项的量纲应该是一致的。物理方程的量纲一致与各个物理量所统一选用的单位制无关,这是物理方程的一个重要性质。

根据物理方程一致性原理,能够校核物理方程和经验公式的正确性与完整性,即量纲不一致的物理方程和经验公式,存在错误或者不完整。由于物理方程各项量纲相同,因此只要用其中任一项通除全式各项,就能得到各项都是无量纲的方程。

为了简化试验研究和分析计算,通常把流体动力及力矩转化为其对应的无量纲系数来进行研究和讨论,具体形式如下:

符号	名称	量纲	无量纲系数
Y	升力	LMT^{-2}	$c_y = Y/\left(\dfrac{1}{2}\rho v^2 L^2\right)$
X	阻力	LMT^{-2}	$c_x = X/\left(\dfrac{1}{2}\rho v^2 L^2\right)$
Z	侧力	LMT^{-2}	$c_z = Z/\left(\dfrac{1}{2}\rho v^2 L^2\right)$
M_Z	俯仰力矩	L^2MT^{-2}	$m_z = M_Z/\left(\dfrac{1}{2}\rho v^2 L^3\right)$
M_Y	偏航力矩	L^2MT^{-2}	$m_y = M_Y/\left(\dfrac{1}{2}\rho v^2 L^3\right)$
M_X	滚转力矩	L^2MT^{-2}	$m_x = M_X/\left(\dfrac{1}{2}\rho v^2 L^3\right)$
$\dfrac{\partial Y}{\partial \omega_z} = Y^{\omega_z}$	力的旋转导数	LMT^{-1}	$c_y^{\omega_z} = Y^{\omega_z}/\left(\dfrac{1}{2}\rho v^2 L^3\right)$
$\dfrac{\partial M_Z}{\partial \omega_z} = M_Z^{\omega_z}$	力矩的旋转导数	L^2MT^{-1}	$m_z^{\omega_z} = M_Z^{\omega_z}/\left(\dfrac{1}{2}\rho v^2 L^4\right)$

式中　ρ ——流体密度;

　　　v ——速度;

　　　L ——特征长度。

在无量纲化过程中,特征尺寸的选取有任意性和习惯性,还可以选用风洞模型的浸湿面积或最大横截面积来代替 L^2。对于不同特征尺寸,计算的无量纲系数的具体数值显然是不同的。此外,不同坐标系之间,流体动力无量纲系数的转换也存在确定的关系。只有对应于同一坐标系和相同的特征尺寸的流体动力无量纲系数,才能进行相互比较和计算。

2.2.3 Π 定理

Π 定理是白金汉(E. Buckingham)于1914年提出的,它可以表述为一个反映物理过程的有量纲的物理量方程可以转换成由这些物理量组成的各无量纲量的函数关系。

设一有量纲量 a,它是一些相互独立的有量纲量 $a_1, a_2, \cdots, a_n$ 的函数:

$$a = f(a_1, a_2, \cdots, a_k, a_{k+1}, \cdots a_n), \quad k \le n \tag{2-11}$$

式中 $a_1, a_2, \cdots, a_k$——基本量;

$a_{k+1}, a_{k+2}, \cdots, a_n$——导出量。

则此函数必能转换为无量纲形式:

$$\prod{}_0 = f(1, 1, \cdots, 1, \prod{}_{k+1}, \cdots, \prod{}_n) \tag{2-12}$$

式中

$$\prod{}_m = \frac{a_m}{a_1^{\lambda_{1m}} \cdot a_2^{\lambda_{2m}} \cdots a_k^{\lambda_{km}}}, \quad m = 0, k+1, k+2, \cdots, n \tag{2-13}$$

式(2-13)即是 Π 定理的数学表达式,其实质是以研究对象中的基本物理量作为基本单位来度量其他的物理量。

可见,一种现象各物理量之间的关系,可以化为若干个相似准则之间的关系。Π 定理把 $n+1$ 个有量纲量 $a_1, a_2, \cdots, a_n$ 之间的、与量度单位制选择有关的函数关系,转化为由 $n+1$ 个有量纲量组合而成的 $n+1-k$ 个无量纲量 $\Pi, \Pi_{k+1}, \cdots, \Pi_n$ 之间的函数关系。而 $n+1-k$ 个无量纲量,一般是相似准则。

2.3 误差理论

2.3.1 基本概念

1. 误差定义

误差或绝对误差是指某物理量的给出值和真值之间的差值,即

$$绝对误差 = 给出值 - 真值 \tag{2-14}$$

因此,误差是衡量给出值偏离真值的程度。

给出值包括测量值、示值、标称值及计算近似值等。在风洞试验中,给出值一

一般是测量值,如风洞的试验动压、模型气动力等的测量值。

真值是指客观上存在的某个物理量的真实值。在某些特殊情况下,真值是可以确切知道的,如一个整圆周角为 360°;而在大多数情况下,一个量的真值是不可能确切知道的,通常用高等级测量仪器得到的测量值或在无系统误差条件下多次重复测量的算术平均值代替真值。

绝对误差与真值之比称为相对误差,即

$$相对误差 = \frac{绝对误差}{真值} \times 100\% \qquad (2-15)$$

也可近似地用绝对误差与给出值之比作为相对误差,即

$$相对误差 \approx \frac{绝对误差}{给出值} \times 100\% \qquad (2-16)$$

由于相对误差不仅与绝对误差的大小有关,而且与被测物理量的大小有关,因此更能准确地反映测量的误差。

2. 误差来源

风洞试验数据的误差主要来自以下五个方面:

(1)由试验装置和仪器仪表引起的误差。例如,模型姿态角机构的误差、天平和压力传感器的误差、数据采集系统的误差等。

(2)由试验模型引起的误差。试验模型不能完全模拟实物的几何外形,如模型和支撑系统连接造成的模拟失真。此外,试验模型还存在加工误差。

(3)由流场不相似引起的误差。例如:风洞试验段流场不均匀、洞壁干扰、支架干扰等引起的误差;试验雷诺数比实物飞行雷诺数低得多也会产生误差。

(4)由试验方法引起的误差。例如:用两步法进行支架干扰修正等引起的误差;捕获轨迹试验中,气动力插值产生的误差。

(5)由人为因素引起的误差。例如,读数、记数等引起的误差。

3. 误差分类

误差可按其性质分为如下三大类:

(1)系统误差:在同一条件下,多次测量同一物理量,误差的绝对值和符号保持不变,或在条件改变时按一定规律变化的误差。如试验模型的加工误差、风洞试验段的流场品质、支架干扰等给试验数据带来的误差就是系统误差。

风洞试验中通常用准度(或准确度、正确度)反映系统误差的大小,因此准度可用系统误差表示。

(2)随机误差:在同一条件下,多次测量同一物理量时,误差的绝对值和符号以不可预定的方式变化的误差。如气流的脉动、试验模型的振动、测试信号受到干扰等都可能产生随机误差。

风洞试验中通常用精度(或精密度、重复性)反映随机误差的大小,因此用随机误差的均方根值来表示试验结果的精度。

(3) 粗大误差:超出在规定条件下预期的误差。如试验模型状态不对、天平信号线虚焊、试验动压出错等带来的误差就是粗大误差。含有粗大误差的测量值称为坏值或异常值,在测量中应予剔除。

系统误差与随机误差的合成称为综合误差或总误差,通常用精确度(或精准度)来衡量综合误差的大小。

4. 有效数字

在记录作为测量结果的数据时,只允许末一位是由估计得到的不准确的数字,其余数字均为准确的数字,此时所记的数字就是有效数字。有效数字的位数与测量结果的误差有关,通常测量结果的误差只取一位或两位有效数字,测量结果的有效数字的末位数应与其误差的末位数取相同的数位,如升力系数 $C_L = 1.216 \pm 0.004$。

因此,在测量某一物理量时,应首先进行同一条件下的重复测量,得到其测量误差,据此确定测量结果的有效数字位数,对测量结果有效数字以后的数字按四舍五入法则进行修约,确定最终的测量结果。

2.3.2 系统误差

2.3.2.1 系统误差的来源和规律

系统误差是具有一定规律的误差,它不可能通过增加测量次数来减小或消除,必须找出产生系统误差的原因予以消除或修正。系统误差的来源主要有以下三个方面:

(1) 测量仪器仪表不准,如天平校准公式产生的误差。

(2) 测量方法不准,如采用近似的试验方法或近似的计算公式等。

(3) 测量条件不准,如试验的温度、湿度、压力等引起的误差。

系统误差的变化规律分以下五类:

(1) 常值误差,即在整个测量过程中,误差的大小和方向始终不变,如模型初始安装角带来的误差。

(2) 线性误差,即在测量过程中,误差值随某因素做线性变化的系统误差,如放大器放大倍数的误差。

(3) 多项式误差。

(4) 周期性误差。

(5) 复杂规律误差。

2.3.2.2 系统误差的判别方法

1. 试验对比法

对于恒定性的系统误差,往往不能用增加重复测量次数来发现,而只能通过改变产生系统误差的条件,在不同的条件下测量,以找出系统误差。如测压传感器的系统误差,只有利用标准压力源来校正测量才能发现。

2. 剩余误差观察法

将一组多次重复测量得到的 n 个测量值按测量的先后顺序排列成 $x_1, x_2, \cdots,$ x_n,n 个测量值的算术平均值为

$$\bar{x} = \frac{\sum\limits_{i=1}^{n} x_i}{n} \tag{2-17}$$

第 i 个测量值的剩余误差为

$$v_i = x_i - \bar{x} \tag{2-18}$$

将 n 个测量值的剩余误差列表或作图进行观察,就可以判断有无系统误差。如果剩余误差有规律地递减或递增,而且在测量开始和结束时符号相反,则存在线性系统误差;如果剩余误差呈现周期性的变化,则存在周期性的系统误差。

3. 剩余误差代数和法

将一组多次重复测量得到的 n 个测量值的剩余误差均分为前半组 k 个和后半组 $n-k$ 个,若剩余误差的正、负号按测量的顺序无一定规律性,且满足

$$\sum_{i=1}^{k} v_i \approx 0, \sum_{i=k+1}^{n} v_i \approx 0 \tag{2-19}$$

则表明无明显的可变系统误差。若 v_i 的正、负号及其量值大小,按测量顺序来看有明显的规律性,就可判定存在变值系统误差。用剩余误差代数和法来发现变值系统误差,重复次数一般应 20 次以上,否则效果不好。

2.3.2.3　系统误差的消除

系统误差是有规律的误差,因此消除系统误差最根本的方法是找出误差产生的原因与规律,在测量前采取措施,限制系统误差的产生,或者根据系统误差的规律对实际测量值做适当的修正。用修正方法一般不能完全消除系统误差。针对系统误差的规律通常采取以下三种方法进行消除。

1. 消除常值系统误差的方法

(1)代替法:在测量装置对甲物测量后不改变测量条件,立即用一个标准量代替甲物,并放到测量装置上再次进行测量,从而可求出甲物与标准量之间的差值;然后,求出甲物的真值,即

$$甲物真值 = 标准量 + (甲物测量值 - 标准量测量值) \tag{2-20}$$

某些型号局部改进后的气动特性常用此方法求得。把原型的实航数据作为标准量,在此标准量上再加上改型和原型的风洞试验数据的差值,就可以得到改型的实航数据。

（2）抵消法（异号法）：要求进行两次测量，使两次测量时出现的系统误差大小相等而符号相反。此时，取两次测量值的平均值作为测量结果，可以消除系统误差。例如，通过模型正装和反装试验可消除流场气流偏角所带来的常值系统误差。

2. 消除线性系统误差的方法（对称法）

对于按线性规律变化的系统误差，若选某点测量值 l_3 为中心，则对称于该点的两个测量值的系统误差的平均值相等，即

$$\frac{\Delta l_1 + \Delta l_5}{2} = \frac{\Delta l_2 + \Delta l_4}{2} = \Delta l_3 \tag{2-21}$$

利用这个特点，可将测量点对称安排，取两个对称点的平均值作为测量结果，即可消除线性系统误差。值得注意的是，测量结果中的常值系统误差还存在。

3. 消除周期性系统误差的方法（半周期偶次观测法）

对于周期性系统误差，每隔半周期，误差的值不变而符号相反。因此，采用相隔半周期进行一次测量，两次读数取平均值，即可消除周期性系统误差。在天平信号的采集中，为了消除周期性系统误差，样本长度一般要包括低频信号的几个整周期。

2.3.3 随机误差

2.3.3.1 随机误差的特性

随机误差在单次测量中的符号和大小具有随机性，不可预测。但当测量次数充分大时，这些测量结果的随机误差会明显地表现出以下特性：

（1）单峰性：绝对值小的误差出现的概率比绝对值大的误差出现的概率大。

（2）对称性：绝对值相等的正误差与负误差出现的概率相等。

（3）有界性：绝对值很大的误差出现的概率极小。也就是说，误差有一定的实际限度。

（4）抵偿性：在实际相同的测量条件下对同一量的测量，其误差的算术平均值随测量次数增加而趋于零。

2.3.3.2 随机误差的正态分布

1. 正态分布数

在大多数情况下，测量过程中所产生的随机误差是遵循正态分布规律的，可以用函数表示为

$$f(\delta) = \frac{1}{\sqrt{2\pi}\sigma}e^{-\frac{\delta^2}{2\sigma^2}} \tag{2-22}$$

式中　$f(\delta)$——误差出现的概率密度函数，简称概率密度；

　　　δ——随机误差；

σ ——标准偏差(又称为均方根误差)。

2. 正态分布的数值特征

(1)算术平均值。设在实际相同条件下对某物理量进行 n 次重复测量,得到一系列测量值 $x_1, x_2, \cdots, x_n$,则该测量列的算术平均值为

$$\bar{x} = \frac{\sum\limits_{i=1}^{n} x_i}{n} \tag{2-23}$$

可以证明,算术平均值最接近于真值。

(2)均方根误差。在有限次等精度测量时,通常用均方根误差来表征测量值偏离真值(通常用算术平均值代替)的程度。其计算公式为

$$\sigma = \sqrt{\frac{\sum\limits_{i=1}^{n} (x_i - \bar{x})^2}{n-1}} \tag{2-24}$$

(3)算术平均值的标准偏差。由于实际测量的次数总是有限的,算术平均值本身依然是一个随机变量,它也具有正态分布,故用测量的算术平均值来代替真值仍有误差。算术平均值的标准偏差计算公式为

$$\sigma_{\bar{x}} = \frac{\sigma}{\sqrt{n}} = \sqrt{\frac{\sum\limits_{i=1}^{n} (x_i - \bar{x})^2}{n(n-1)}} \tag{2-25}$$

由式(2-25)可以看出:增加测量次数 n,算术平均值的标准差 $\sigma_{\bar{x}}$ 的减小变得缓慢。故要提高测量数据的精度,不能单纯无限地增加测量次数,而应在增加测量次数的同时,减小均方根误差 σ。

2.3.4 粗大误差

粗大误差主要是由测量过程中非正常因素造成的,有主观和客观两个方面的因素。在等精度重复测量中,如果某测得值偏离算术平均值较大,可视其为可疑值。对于可疑值,既不能无依据地视其为异常值而将其剔除,又不能无原则地将其视为正常的测得值而不予理会。这时,应首先从主观和客观两个方面查找原因,较妥当的方法是重复进行试验。如果以充足的事实为依据确认了该值为异常值,可将其从测量记录中剔除,并在测量记录中注明将其剔除的依据。在某些情况下,可用不等精度测量进行校核。如对某一被测物理量,可由两位观测者分别进行测量操作,读数和记录,或使用两种不同的仪器,或用两种不同方法进行测量。如果发现了某可疑值,而且已不可能重复进行试验时,则需以判别异常值的准则为依据进

行判别。在风洞试验中通常使用以下两种方法判别异常值：

（1）3σ 准则（莱特准则）：如果在测量列中某测得值的残余误差试验的绝对值大于 3σ，即

$$|\gamma_i| = |x_i - \bar{x}| > 3\sigma \qquad (2-26)$$

则认为该测得值含有粗大误差，为异常值，应予以剔除。

（2）格拉布斯准则：如果在测量列中某测得值的残余误差 γ_i 的绝对值大于 g_σ，即

$$|\gamma_i| = |x_i - \bar{x}| > g\sigma \qquad (2-27)$$

则认为该测得值含有粗大误差，为异常值，应予剔除。g 值是一个取决于测量次数 n 和置信概率 p 的系数，p 一般取 0.95 或 0.99。

在上述两种判别异常值的准则中，3σ 准则适用于测量次数较多（一般要求 $n \geqslant 20$）的情况。该准则不需查表，十分简便，故在对测量要求不高的情况下经常使用。格拉布斯准则对测量次数要求不高，适用于测量次数少、测量要求高的场合。常规风洞测力试验的重复测量次数一般取 7，采用格拉布斯准则剔除异常值，置信概率取 0.99。

2.4　超燃冲压发动机风洞试验模拟准则

超燃冲压发动机风洞试验需要实现模型试验和真实飞行的几何相似、运动相似、动力相似和热力学相似等[6]。从目前世界风洞试验技术发展现状来看，同时满足所有相似条件不现实，必须根据超燃冲压发动机研究所关注问题的特点，有针对性地进行简化和突出主要矛盾。一般来说，对超燃冲压发动机试验条件主要有以下五个方面的需求[7]：

（1）模型尺度的需求。由于受风洞设备尺度的限制，通常需要对模型进行适当缩比。尽管雷诺数模拟能较好地体现黏性效应的相似性，但燃料与来流的混合以及燃烧释热等过程难以进行缩尺模拟。

（2）试验时间的需求。以外流为关注点的气动力试验、以内外流耦合为对象的一体化试验以及以燃烧室为核心的超燃冲压发动机试验等对试验时间的需求各不相同；另外，从测量角度，压力、热流、测力天平等响应也不尽相同。这些挑战尤其给脉冲型风洞试验的巧妙设计提供了施展空间。

（3）流场品质的需求。主要指对流场的均匀性、稳定性、湍流度等的要求，这些特性可能对一些关键流动现象产生很大影响，如边界层转捩、流动分离、点火与混合等。

（4）来流热力学参数的需求。来流热力学参数的模拟对能否获得飞行条件下的流动现象至关重要，一般需要模拟对象环境下的来流马赫数、动压、焓值等。热

力参数偏离真实值会引起相应试验结果的失真。因此,减少失真和校正偏差可能会成为主要矛盾之一。

(5) 试验气体组分的需求。由于不同试验气体的热力学和化学属性有所差异,对高超声速气动与推进性能实验结果均可能产生一定影响。因此,在试验气体组分不能做到与真实飞行状态相同的情况下,需要对其影响有深入的认识,并尽可能找到减小和修正该影响的途径。

下面从流动控制方程的角度对超燃冲压发动机风洞试验模拟准则进行探讨,作为后续章节的理论基础。

2.4.1　可压缩燃烧流动相似参数

超燃冲压发动的内外流场可用如下包含多组分化学反应的可压缩流动控制方程描述:

$$
\frac{\partial}{\partial t}\begin{pmatrix} \rho \\ \rho Y_i \\ \rho u_k \\ \rho e \end{pmatrix} + \frac{\partial}{\partial x_j}\begin{pmatrix} \rho u_j \\ \rho u_j Y_i \\ \rho u_j u_k \\ \rho u_j\left(h + \frac{1}{2}\sum_k u_k^2\right) \end{pmatrix} + \begin{pmatrix} 0 \\ 0 \\ \dfrac{\partial p}{\partial x_k} \\ 0 \end{pmatrix} = \frac{\partial}{\partial x_j}\begin{pmatrix} 0 \\ m_{ji} \\ \tau_{jk} \\ q_j^V + q_j^K + q_j^D \end{pmatrix} + \begin{pmatrix} 0 \\ \dot{\omega}_i \\ 0 \\ 0 \end{pmatrix}
$$

$$(2-28)$$

对于流动与时间无关的定常问题,式(2-28)简化为

$$
\frac{\partial}{\partial x_j}\begin{pmatrix} \rho u_j \\ \rho u_j Y_i \\ \rho u_j u_k \\ \rho u_j\left(h + \frac{1}{2}\sum_k u_k^2\right) \end{pmatrix} + \begin{pmatrix} 0 \\ 0 \\ \dfrac{\partial p}{\partial x_k} \\ 0 \end{pmatrix} = \frac{\partial}{\partial x_j}\begin{pmatrix} 0 \\ m_{ji} \\ \tau_{jk} \\ q_j^V + q_j^K + q_j^D \end{pmatrix} + \begin{pmatrix} 0 \\ \dot{\omega}_i \\ 0 \\ 0 \end{pmatrix} \quad (2-29)
$$

或者分别写为

总连续方程
$$\frac{\partial \rho u_j}{\partial x_j} = 0 \tag{2-30}$$

组分连续方程
$$\frac{\partial \rho u_j Y_i}{\partial x_j} = \frac{\partial m_{ji}}{\partial x_j} + \dot{\omega}_i \tag{2-31}$$

动量方程
$$\frac{\partial \rho u_j u_k}{\partial x_j} + \frac{\partial p}{\partial x_k} = \frac{\partial \tau_j}{\partial x_j} \tag{2-32}$$

能量方程
$$\frac{\partial \rho u_j h}{\partial x_j} + \frac{1}{2}\frac{\partial \rho u_j \sum_k u_k^2}{\partial x_j} = \frac{\partial q_j^V + q_j^K + q_j^D}{\partial x_j} \tag{2-33}$$

式中　Y_i——i 组分的质量分数，$\sum\limits_{i=1}^{\mathrm{NOS}} Y_i = 1$；

h——单位质量焓，$h = h^F + c_p^F \cdot T + e_v$；

e——单位质量内能，$e = h - \dfrac{p}{\rho}$；

m_{ji}——组分质量扩散项，$m_{ji} = \rho D_i \cdot \dfrac{\partial Y_i}{\partial x_j}$；

q_j^V、q_j^K、q_j^D——动量输运项，$q_j^V = \sum\limits_k u_k \tau_{jk}$，$q_j^K = \kappa \cdot \dfrac{\partial T}{\partial x_j}$，$q_j^D = \rho \sum\limits_i D_i h_i \dfrac{\partial Y_i}{\partial x_j}$；

$\dot{\omega}_i$——化学反应 i 组分的生成项。

能量方程中单位质量焓为

$$h = \sum_i Y_i h_i \quad (h_i = h_i^0 + \int_0^T c_{pi} \cdot \mathrm{d}T)$$

即

$$h = \bar{h}^0 + \int_0^T \bar{c}_p \cdot \mathrm{d}T$$

结合组分连续方程，将输运项代入式(2-33)，可得

$$\sum_i \left(\frac{\partial \rho u_j Y_i h_i}{\partial x_j} \right) + \frac{1}{2} \frac{\partial}{\partial x_j} \left(\rho u_j \sum_k u_k^2 \right) = \frac{\partial}{\partial x_j} \sum_k u_k \tau_{jk} + \frac{\partial}{\partial x_j} \left(\kappa \frac{\partial T}{\partial x_j} \right) + \frac{\partial}{\partial x_j} \sum_i \rho D_i h_i \frac{\partial Y_i}{\partial x_j}$$

(2-34)

拆分含焓的导数项：

$$\sum_i \left(h_i \frac{\partial \rho u_j Y_i}{\partial x_j} \right) + \sum_i \left(\rho u_j Y_i \frac{\partial h_i}{\partial x_j} \right) + \frac{1}{2} \frac{\partial}{\partial x_j} \left(\rho u_j \sum_k u_k^2 \right)$$

$$= \frac{\partial}{\partial x_j} \sum_k u_k \tau_{jk} + \frac{\partial}{\partial x_j} \left(\kappa \frac{\partial T}{\partial x_j} \right) + \sum_i \left(h_i \frac{\partial}{\partial x_j} \left(\rho D_i \frac{\partial Y_i}{\partial x_j} \right) \right) + \sum_i \left(\rho D_i \frac{\partial Y_i}{\partial x_j} \frac{\partial h_i}{\partial x_j} \right) \quad (2-35)$$

组分连续方程两边乘以焓，并相加，可得

$$\sum_i \left(h_i \frac{\partial \rho u_j Y_i}{\partial x_j} \right) = \sum_i \left(h_i \frac{\partial}{\partial x_j} \left(\rho D_i \cdot \frac{\partial Y_i}{\partial x_j} \right) \right) + \sum_i (h_i \dot{\omega}_i) \quad (2-36)$$

代入能量方程，可得

$$\rho u_j \bar{c}_p \frac{\partial T}{\partial x_j} + \frac{1}{2} \frac{\partial}{\partial x_j} \left(\rho u_j \sum_k u_k^2 \right) + \sum_i (h_i \dot{\omega}_i)$$

$$= \frac{\partial}{\partial x_j} \sum_k u_k \tau_{jk} + \frac{\partial}{\partial x_j} \left(\kappa \frac{\partial T}{\partial x_j} \right) + \rho \frac{\partial T}{\partial x_j} \sum_i \left(D_i c_{pi} \frac{\partial Y_i}{\partial x_j} \right) \quad (2-37)$$

为将问题简化,考虑单步反应

$$\sum_i v_i' \cdot A_i \Rightarrow \sum_i v_i'' \cdot A_i$$

或写为

$$\sum_i (v_i'' - v_i') \cdot A_i = \sum_i v_i \cdot A_i = 0$$

在质量守恒约束下

$$\sum_i (v_i W_i) = 0$$

式中　v, W_i——i 组分的化学计量系数和相对分子质量。

设统一的反应速率(单位时间单位体积的质量变化)为

$$\xi = \overline{W} \cdot \prod_k \left(\frac{\rho_k}{W_k}\right)^{\delta_k} \cdot \zeta(T) \tag{2-38}$$

那么,单位体积质量源项可近似写为

$$\dot{\omega}_i = \xi \cdot v_i \cdot \frac{W_i}{\overline{W}} \tag{2-39}$$

化学反应的能量贡献项为

$$\sum_i (h_i \dot{\omega}_i) = \xi \cdot \frac{\sum_i (v_i \cdot W_i \cdot h_i)}{\overline{W}} = \xi \cdot q \tag{2-40}$$

其中

$$q = \frac{\sum_i (v_i W_i h_i)}{\overline{W}}$$

式中　q——单位质量的反应热。

能量方程可整理为

$$\rho u_j \bar{c}_p \frac{\partial T}{\partial x_j} + \frac{1}{2} \frac{\partial}{\partial x_j} \left(\rho u_j \sum_k u_k^2\right) + \xi \cdot q$$

$$= \frac{\partial}{\partial x_j} \sum_k u_k \tau_{jk} + \frac{\partial}{\partial x_j} \left(\kappa \frac{\partial T}{\partial x_j}\right) + \rho \frac{\partial T}{\partial x_j} \sum_i \left(D_i c_{pi} \frac{\partial Y_i}{\partial x_j}\right) \tag{2-41}$$

式中:第一项表示对流导致的显焓输运;第二项表示对流导致的动能输运;第三项表示化学反应的能量贡献;第四项表示黏性导致的能量输运;第五项表示热传导导致的能量输运;第六项表示扩散导致的能量输运。

为讨论超燃冲压发动机风洞试验模拟准则,下面采用积分类比法推导连续方程、动量方程以及能量方程相似准则。

1. 连续方程

组分连续方程为

$$\frac{\partial \rho u_j Y_i}{\partial x_j} = \frac{\partial m_{ji}}{\partial x_j} + \dot{\omega}_i \qquad (2\text{-}42)$$

其中:第一项 $\dfrac{\partial \rho u_j Y_i}{\partial x_j}$ 表示对流导致的组分物质输运;第二项 $\dfrac{\partial m_{ji}}{\partial x_j}$ 表示扩散导致组

分物质输运;第三项 $\dot{\omega}_i$ 表示反应所导致的组分物质转换。

完全相似则要求模拟式(2-42)三项之间的比例,由此得到两组相似参数:

$$\frac{\text{第一项}}{\text{第二项}} = \frac{\text{对流导致的组分物质输运}}{\text{扩散导致的组分物质输运}}$$

$$= \frac{\dfrac{\partial \rho u_j Y_i}{\partial x_j}}{\dfrac{\partial m_{ji}}{\partial x_j}} = \frac{\dfrac{\partial \rho u_j Y_i}{\partial x_j}}{\dfrac{\partial}{\partial x_j}\left(\rho D_i \cdot \dfrac{\partial Y_i}{\partial x_j}\right)} \cdot \frac{\dfrac{\rho_i U}{L}}{\dfrac{\rho_i D_i}{L^2}} \qquad (2\text{-}43)$$

$$= \frac{\rho_i U L}{\mu_i} \cdot \frac{\mu_i}{\rho_i D_i} = Re \cdot Sc$$

$$\frac{\text{第三项}}{\text{第一项}} = \frac{\text{反应导致的组分物质输运}}{\text{对流导致的组分物质输运}}$$

$$= \frac{\dot{\omega}_i}{\dfrac{\partial \rho u_j Y_i}{\partial x_j}} = \frac{\dot{\omega}_i}{\dfrac{\rho_i U}{L}} = \frac{\dot{\omega}_i L}{\rho_i U} = D_{\mathrm{I}} \qquad (2\text{-}44)$$

式中 D_{I}——第一 Damkohler 数。

2. 动量方程

动量方程为

$$\frac{\partial \rho u_j u_k}{\partial x_j} + \frac{\partial p}{\partial x_k} = \frac{\partial \tau_{jk}}{\partial x_j} \qquad (2\text{-}45)$$

将输运项代入式(2-45),可得

$$\frac{\partial \rho u_j u_k}{\partial x_j} + \frac{\partial p}{\partial x_k} = \frac{\partial}{\partial x_j}\left(\mu \cdot \left(\frac{\partial u_k}{\partial x_j} + \frac{\partial u_j}{\partial x_k} - \frac{2}{3}(\nabla \cdot \boldsymbol{u})\delta_{jk}\right)\right)$$

与连续方程一样,动量方程同样含三个主要项:第一项 $\dfrac{\partial \rho u_j u_k}{\partial x_j}$ 是惯性力项;第

二项 $\dfrac{\partial p}{\partial x_k}$ 是静压力项;第三项 $\dfrac{\partial}{\partial x_j}\left(\mu \cdot \left(\dfrac{\partial u_k}{\partial x_j} + \dfrac{\partial u_j}{\partial x_k} - \dfrac{2}{3}(\nabla \cdot \boldsymbol{u})\delta_{jk}\right)\right)$ 是黏性力项。

两两对照,同样形成两组相似参数:

$$\frac{第二项}{第一项} = \frac{静压力}{惯性力} = \frac{\partial p}{\partial \rho u_j u_k} \frac{p}{\rho U^2} = \frac{\rho \frac{Ru}{W} T}{\rho U^2} = \frac{1}{\gamma Ma^2} = Eu \tag{2-46}$$

$$\frac{第一项}{第三项} = \frac{惯性力}{黏性力}$$

$$= \frac{\rho u_j u_k}{\mu \left(\dfrac{\partial u_k}{\partial x_i} + \dfrac{\partial u_j}{\partial x_k} - \dfrac{2}{3} (\nabla \cdot \boldsymbol{u}) \delta_{jk} \right)} \frac{\rho U^2}{\dfrac{\mu U}{L}} = \frac{\rho U}{\mu} = Re \tag{2-47}$$

3. 能量方程

能量方程为

$$\rho u_j \bar{c}_p \frac{\partial T}{\partial x_j} + \frac{1}{2} \frac{\partial}{\partial x_j} \left(\rho u_j \sum_k u_k^2 \right) + \xi \cdot q$$

$$= \frac{\partial}{\partial x_j} \sum_k u_k \tau_{jk} + \frac{\partial}{\partial x_j} \left(\kappa \frac{\partial T}{\partial x_j} \right) + \rho \frac{\partial T}{\partial x_j} \sum_i \left(D_i c_{pi} \frac{\partial Y_i}{\partial x_j} \right) \tag{2-48}$$

其中:第一项 $\rho u_j \bar{c}_p \dfrac{\partial T}{\partial x_j}$ 表示对流导致的内能输运;第二项 $\dfrac{1}{2} \dfrac{\partial}{\partial x_j} \left(\rho u_j \sum_k u_k^2 \right)$ 表示对流导致的动能输运;第三项 $\xi \cdot q$ 表示化学反应能量贡献;第四项 $\dfrac{\partial}{\partial x_j} \sum_k u_k \tau_{jk}$ 表示黏性导致的能量输运;第五项 $\dfrac{\partial}{\partial x_j} \left(\kappa \dfrac{\partial T}{\partial x_j} \right)$ 表示热传导导致的能量输运;第六项 $\rho \dfrac{\partial T}{\partial x_j} \sum_i \left(D_i c_{pi} \dfrac{\partial Y_i}{\partial x_j} \right)$ 表示扩散导致的能量输运。

根据式(2-48)可形成五组相似参数:

$$\frac{第二项}{第一项} = \frac{对流导致的动能输运}{对流导致的内能输运}$$

$$= \frac{\partial \left(\sum\limits_k u_k^2 \right)}{\bar{c}_p \dfrac{\partial T}{\partial x_j}} \frac{U^2}{c_p T} = (\gamma - 1) Ma^2 \tag{2-49}$$

$$\frac{第一项}{第四项} = \frac{对流导致的能量输运}{黏性导致的能量输运}$$

$$= \frac{\rho u_j \bar{c}_p \dfrac{\partial T}{\partial x_j}}{\dfrac{\partial}{\partial x_j} \sum\limits_k u_k \tau_{jk}} \frac{\dfrac{\rho U c_p T}{L}}{\dfrac{\mu U^2}{L^2}} = \frac{\rho U L}{\mu} \frac{c_p T}{U^2} = \frac{Re}{(\gamma - 1) Ma^2} \tag{2-50}$$

$$\frac{第一项}{第五项} = \frac{对流导致的能量输运}{热传导导致的能量输运}$$

$$= \frac{\rho u_j \overline{c_p} \dfrac{\partial T}{\partial x_j}}{\dfrac{\partial}{\partial x_j}\left(k \dfrac{\partial T}{\partial x_j}\right)} \frac{\dfrac{\rho U c_p T}{L}}{\dfrac{kT}{L^2}} = \frac{\rho U L}{\mu} \frac{\mu c_p}{k} = RePr \tag{2-51}$$

$$\frac{第一项}{第六项} = \frac{对流导致的能量输运}{扩散导致的能量输运}$$

$$= \frac{\rho u_j \overline{c_p} \dfrac{\partial T}{\partial x_j}}{\rho \sum\limits_i \left(D_i c_{pi} \dfrac{\partial Y_i}{\partial x_j}\right)\dfrac{\partial T}{\partial x_j}} \frac{\dfrac{\rho U c_p T}{L}}{\dfrac{\rho D c_p T}{L^2}} = \frac{\rho U L}{\mu} \frac{\mu}{\rho D} = Re \cdot Sc \tag{2-52}$$

$$\frac{第三项}{第一项} = \frac{化学反应能量贡献}{对流导致的能量输运}$$

$$= \frac{q\xi}{\rho u_j \overline{c_p} \dfrac{\partial T}{\partial x_j}} \frac{Q\xi}{\dfrac{\rho D c_p T}{L^2}} = \frac{Q}{c_p T} \frac{\xi L}{\rho U} = D_{\text{III}} \tag{2-53}$$

式中 D_{III}——第三 Damkohler 数。

2.4.2 超燃冲压发动机风洞试验模拟参数分析

2.4.2.1 基准参数

表 2-2 给出了风洞采用氢气燃烧加热器,对应马赫数 6 飞行条件,采用静温静压马赫数(TPM)匹配、总焓动压马赫数(h_0QM)两种匹配方案对应风洞设备及自由流参数[8]。

表 2-2　两种匹配方案对应自由流参数

对应参数	空气	氢气燃烧加热		酒精燃烧加热	
X_{O_2}	0.2100	TPM	h_0QM	TPM	h_0QM
		0.2100	0.2100	0.2100	0.2100
X_{N_2}	0.7900	0.5772	0.5920	0.5825	0.5802
X_{H_2O}	0	0.2128	0.1980	0.1245	0.1259
X_{CO_2}	0	0	0	0.0830	0.0839
静温/K	221.301	221.301	207.383	221.301	223.719
静压/kPa	2.504	2.504	2.532	2.504	2.534

（续）

对应参数	空气	氢气燃烧加热		酒精燃烧加热	
总压/MPa	4.800	5.448	5.323	5.901	6.015
总温/K	1650	1568	1486	1540	1553
总焓/(MJ·kg^{-1})	1.830	1.963	1.830	1.811	1.830
动压/kPa	63.108	62.370	63.108	62.376	63.108
分子量	28.84	26.7	26.86	28.92	28.93

从表 2-2 可以看出,在风洞上开展发动机试验,如果设备为氢气燃烧加热器,如果模拟总温总压,需要设备提供总压 4.8MPa,总温 1650K 的来流;如果模拟静温、静压,需要设备提供总压 5.45MPa,总温 1568K 的来流;如果模拟总焓和动压,需要设备提供总压 5.32MPa,总温 1486K 的来流。因此,带来的问题是在开展发动机试验时,风洞设备到底模拟哪些参数才能够准确获得真实飞行状态下的气动与推进性能? 理论依据在哪里? 下面基于空气动力学的模拟准则进行一些简单分析。

发动机的燃烧问题本质上是化学反应非平衡流问题,可以用含多组分化学反应的可压缩流动纳维叶-斯托克斯(N-S)方程描述。模拟含燃烧释热的可压缩流动需要匹配的相似参数主要有 Re、$Re \cdot Sc$、$Re \cdot Pr$、$1/(\gamma Ma^2)$($即 Eu$)、$(\gamma - 1)Ma^2$、$Re/[(\gamma - 1)Ma^2]$、D_{I} 和 D_{III}。其中,相互独立参数有 Re、Sc、Pr、γMa^2、$(\gamma-1)Ma^2$、D_{I}、D_{III}。

严格地说,完全相似的模拟要求在目标流场中任意点和状态下,上述参数均能得到准确的模拟。换句话说,这些相似参数都是一定范围内的函数式而不能由某一个特定状态下的值(如习惯上采用来流状态或驻点参数)来代表。

真实情况下,高速可压缩流动变化复杂,风洞试验不可能实现完全模拟(没有考虑对等方程之间的相似关系,如三维坐标空间的对比关系(几何相似)、各组分之间的对比关系。如果考虑这些因素,则需要考虑的相似参数的数量还将成倍增长)。即便在介质不同的污染空气中模拟上述基本相似参数的某一特征值,也同样面临各种困难。

风洞试验气体成分不同,比热比 γ 存在差异。根据 γMa^2 和 $(\gamma - 1)Ma^2$ 可知,当比热比 γ 不同时,对应流动马赫数应反向偏移,才能更好地模拟流场(H_2O 和 CO_2 污染均导致 γ 值降低,则对应流动马赫数应提高)。实际上,这两个参数并不相容,最多只能满足其中一个的匹配。因此,在风洞试验中,相似参数必须根据实际问题有所取舍。例如,γMa^2 体现为力的分配,$(\gamma - 1)Ma^2$ 体现为内能和动能的分配,因此,在对力的模拟上,马赫数的变化不大。当涉及动能、内能分配问题(如波系结构、激波角、进气道气动等)模拟时,则要求马赫数必须做较大变动。

D_{I} 和 D_{III} 是关于化学反应及释热问题的两个独立相似参数。参数 D_{I} 反映了单位时间化学反应导致的组分转换和对流导致的组分输运之间的对比关系;等价地,它也表征了化学反应速率与流动输运特征速率之间的对比关系。参数 $D_{\mathrm{III}} = \dfrac{Q}{c_p T} \cdot \dfrac{\xi \cdot L}{\rho U}$,从整体上反映了能量释放率与对流导致的能量输运速率之间的对比关系。当然,D_{III} 也可以解析为 $\dfrac{Q}{c_p T}$ 和 $\dfrac{\xi \cdot L}{\rho U}$ 两部分:第一部分表示化学反应总的释放能量与流体焓值之间对比关系;第二部分则与 D_{I} 相同,表示反应速率与流动速率之间的对比。

在实际应用中可能遇到三类情况(图 2-1):当反应的尺度远大于有效流动尺度 L 时,仅需模拟 D_{III},具体的反应总能量参数 $\dfrac{Q}{c_p T}$ 和反应速率参数 D_{I} 可不考虑(图 2-1(a));当反应尺度与有效流动尺度相当时,必须同时模拟反应速率和反应总释能的相对参数,即同时考虑 D_{I} 和 D_{III}(图 2-1(b));当反应尺度远小于有效流动尺度时,此时占总尺度 L 小量的非平衡过程差异可忽略,只考虑总化学反应总释放能量 $\dfrac{Q}{c_p T}$(图 2-1(c))。

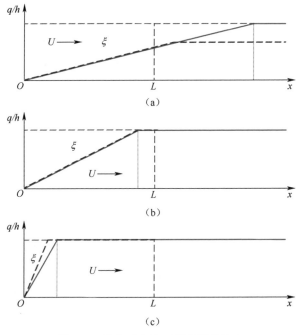

图 2-1　化学反应流三种可能的状态

至于化学反应速率,实际包含了多个影响环节,如燃料喷射速率、燃料混合速率、化学反应速率。如果采用液态燃料,还涉及液态燃料的破碎和雾化效率。多数情况下,超声速燃烧室的燃烧是混合控制反应,此时燃料的破碎、雾化和与来流混合过程是制约燃烧速率的主导因素,化学反应速率退居次要地位。

将问题进一步简化,假设完全的化学(包括组分扩散)平衡流动,即燃料进入流场立即充分混合并转化为平衡产物,则反应速率完全受制于燃料的喷射注入速率。考虑尺寸为 $L \times S$ 腔道(S 为截面积),则有

$$\xi = \frac{\dot{m}_f}{L \cdot S} \qquad (2-54)$$

$$D_{\text{Ⅲ}} = \frac{Q \cdot \dot{m}_f}{c_p T \cdot \rho US} \qquad (2-55)$$

由式(2-55)可知,通过改变燃料注入速率可有效实现对第三 Damkohler 数的有效模拟。

2.4.2.2　风洞模拟参数

1. 第一 Damkohler 数

对于第一 Damkohler 数,可以进一步"深加工",将其上下乘以发动机特征面积,不考虑发动机内发生的复杂的化学反应非平衡过程,认为燃料的燃烧是一个极快的化学反应平衡过程,将 $\overline{\omega}$ 定义为单位容积内喷入发动机的燃油量,对第一Damkohler 数进行重新演算可得

$$D_{\text{Ⅰ}} = \frac{\tau_{\text{flow}}}{\tau_{\text{rea}}} \propto \frac{L\overline{\omega}}{\rho_\infty V_\infty} \propto \frac{AL\overline{\omega}}{A\rho_\infty V_\infty} \propto \frac{\dot{m}_f}{\dot{m}_a} \qquad (2-56)$$

这样,第一 Damkohler 数可以解读为油气比,模拟该参数能正确模拟发动机燃烧室燃油的分布,如果在风洞试验中模拟了 $D_{\text{Ⅰ}}$,则能保证发动机燃烧室燃油的分布与飞行条件一致。

2. 第三 Damkohler 数

同理,对第三 Damkohler 数进一步"深加工",将其上下乘以发动机特征面积,重新演算可得

$$D_{\text{Ⅲ}} = \frac{L\overline{\omega}}{\rho_\infty V_\infty} \frac{Q}{c_p T_\infty} \propto \frac{\dot{m}_f}{\dot{m}_a} \cdot \frac{Q}{c_p T_\infty} = \frac{\dot{m}_f}{\dot{m}_a} \cdot \frac{Q}{h_\infty} \qquad (2-57)$$

所以,第三 Damkohler 数可以解读为发动机燃料燃烧释放的热量与来流本身焓值的比。

$D_{\text{Ⅲ}}$ 是从能量方程无量纲化推导出的,模拟该参数能正确模拟发动机燃烧室内

压力的升高,如果在风洞试验中模拟了 $D_{\text{Ⅲ}}$,则能保证发动机燃烧室压力的分布与飞行条件一致。

3. 风洞试验模拟准则

发动机采用碳氢燃料,在当量比为1的情况下,燃烧室内发生如下化学反应:

$$C_xH_y + \left(x + \frac{y}{4}\right)O_2 + \frac{79}{21}\left(x + \frac{y}{4}\right)(aN_2 + bCO_2 + cH_2O)$$

$$= xCO_2 + \frac{y}{2}H_2O + \frac{79}{21}\left(x + \frac{y}{4}\right)(aN_2 + bCO_2 + cH_2O) \tag{2-58}$$

对应的油气比为

$$\frac{\dot{m}_f}{\dot{m}_a} = \frac{0.21(12x + y)}{(x + y/4)M} \tag{2-59}$$

式中 M——试验气体分子量。

在当量比不为1的情况下,设当量比为 Φ ,则有

$$\frac{\dot{m}_f}{\dot{m}_a} = \Phi\frac{0.21(12x + y)}{(x + y/4)M} \tag{2-60}$$

令

$$k_1 = \frac{0.21(12x + y)}{(x + y/4)}$$

则有

$$\frac{\dot{m}_f}{\dot{m}_a} = k_1\frac{\Phi}{M} \tag{2-61}$$

从式(2-61)可以看出,如果试验气体的分子量与空气的分子量不一样,试验时模拟相同当量比情况下油气比是不同的。对于氢气燃烧加热器产生的试验气体,分子量小于纯空气的分子量,对应同样的当量比,油气比大于纯空气下的油气比,即同样内流量下需要喷入更多的燃油。

从表2-2可以看出,风洞采用氢气燃烧加热器情况下,试验气体的分子量与纯空气的分子量相差较大;风洞采用酒精加热器情况下,试验气体的分子量与纯空气的分子量相差很小。对应马赫数6飞行来流条件,氢气加热器模拟静温时试验气体分子量为26.7,模拟总焓时试验气体分子量为26.86,而纯空气为28.9。对于碳氢燃料燃烧加热器产生的试验气体,分子量与纯空气的分子量相当接近,模拟静温时试验气体分子量为28.92,模拟总焓时试验气体分子量为28.93,同样当量比与油气比基本相等。

如果风洞采用氢气燃烧加热器,试验气体分子量与空气的分子量相差较大,在

模拟当量比时模拟不了油气比。如果风洞采用碳氢燃料加热器,试验气体分子量与空气的分子量相差不大,在模拟当量比时能基本模拟油气比。

同理,对 D_{III} 继续进行推导,在当量比为 $\varPhi$ 时,有

$$D_{\text{III}} = \frac{\dot{m}_f}{\dot{m}_a} \cdot \frac{Q}{c_p T_\infty} = \frac{k_1 \varPhi}{M} \cdot \frac{Q}{c_p T_\infty} = \frac{k_1 \varPhi}{M} \cdot \frac{QM}{\dfrac{\gamma}{\gamma-1} T_\infty} = \frac{k_1 \varPhi Q}{\dfrac{\gamma}{\gamma-1} T_\infty} \qquad (2\text{-}62)$$

令

$$k_2 = k_1 / \left[\gamma / (\gamma - 1) \right]$$

则有

$$D_{\text{III}} = k_2 \varPhi \frac{Q}{T_\infty} \qquad (2\text{-}63)$$

通过上面的推导可以得到如下三个简洁公式:

$$D_{\text{I}} = \frac{\dot{m}_f}{\dot{m}_a} = k_1 \frac{\varPhi}{M} \qquad (2\text{-}64)$$

$$D_{\text{III}} = \frac{\dot{m}_f}{\dot{m}_a} \cdot \frac{Q}{c_p T_\infty} \qquad (2\text{-}65)$$

$$D_{\text{III}} = k_2 \varPhi \frac{Q}{T_\infty} \qquad (2\text{-}66)$$

根据式(2-64)~式(2-66)可以得出以下推论:

(1) 如果想同时模拟当量比与油气比,试验气体的分子量必须与空气的分子量相同。

(2) 在相同油气比情况下,如果试验气体分子量与纯空气的分子量相差较大,模拟静焓能更好地模拟 D_{III}。

(3) 在相同当量比情况下,如果试验气体分子量与纯空气的分子量相差较大,模拟静温能更好地模拟 D_{III}。

在实际试验时,模拟静焓的操作性很差,不如以总焓作为衡量指标简单,将第三 Damkohler 数作如下定义更具有可操作性:

$$D_{\text{III}} = \frac{\dot{m}_f}{\dot{m}_a} \cdot \frac{Q}{h_0} \qquad (2\text{-}67)$$

从式(2-67)可以推出,如果在相同油气比下开展试验,相同来流流量、相同燃油流量下希望发动机内流场压力分布与纯空气来流条件下的分布尽量接近,将总焓作为模拟量较静温模拟能得到更接近的结果,此时,发动机燃油比冲与空气比冲都与纯空气条件下更接近。

在同样当量比下开展试验,从式(2-66)进一步可以推出:

(1) 同样当量比下,如果设备模拟静温,试验静温等于飞行条件下的静温,则 $D_{\mathbb{II}}$ 等于飞行条件下的 $D_{\mathbb{II}}$,燃烧室的压升相同。如果试验气体分子量偏小,$D_{\mathbb{I}}$ 大于飞行条件下的 $D_{\mathbb{I}}$,即喷入的燃油量偏大,得到的燃油比冲会小于飞行条件下的燃油比冲,但空气比冲与飞行条件下会较接近。

(2) 同样当量比下,如果设备模拟总焓,试验气体分子量偏小,静温会低于飞行条件下的静温,则 $D_{\mathbb{II}}$ 大于飞行条件下的 $D_{\mathbb{II}}$,燃烧室的压升偏高,但由于分子量偏小,$D_{\mathbb{I}}$ 大于飞行条件下的 $D_{\mathbb{I}}$,即喷入的燃油量偏大,两个因素抵消,得到的燃油比冲会接近飞行条件下的燃油比冲,但空气比冲会大于飞行条件下的空气比冲。

总结以上分析,可得到超燃冲压发动机风洞试验模拟准则如下:

(1) 如果发动机试验关注燃油比冲,在试验分子量与纯空气的分子量相差较大的情况下,不管是在相同当量比下或相同油气比下开展试验,模拟总焓比模拟静温能得到更真实的结果。

(2) 如果发动机试验关注空气比冲,在试验分子量与纯空气的分子量相差较大的情况下,在相同当量比下开展试验,模拟静温比模拟总焓能得到更真实的结果;在相同油气比下开展试验,模拟总焓比模拟静温都能得到更真实的结果。

2.4.2.3 超燃冲压发动机风洞试验模拟准则研究的一些结果

文献[7]认为,基于性能的超燃发动机污染研究的结果具有很强的个体性,选取的超燃发动机本身性能优良会严重影响研究结论。如果温度或/和压力低,自点火在点火边界状态,少量的自由基,如 NO、OH(燃烧加热法产生的试验气体中含带的)可减小点火延迟时间。如果点火很强,即使大量的化学污染成分也作用甚微。所以,用来开展污染组分对发动机性能研究的发动机,必须是一台性能优良的发动机,特别是碳氢燃料发动机。以此为标准,以往很多污染组分对发动机性能研究的结论存疑。因为,他们的研究对象经常是"随手"画出的一台发动机内型面,然后开展数值模拟或试验研究,给出一些结论往往夸大了污染组分对发动机性能的影响。

下文选取了作者觉得结论比较可信的三篇文献作为对以上理论推导的验证,这三篇文献分别从数值模拟、试验研究和发动机燃烧室热力工作过程理论分析这三个方面做了研究,有较强的代表性。他们的结论与前文基于模拟准则推导给出的结论是一致的。

刘坤伟等[8]基于准一维数值模拟对燃烧加热风洞中两种常见参数匹配方案(TPM 匹配方案和 h_0QM 匹配方案)进行了比较分析,来流条件为马赫数6,研究对象为采用氢燃料的发动机,得到以下结论:

(1) 随着燃料注入量的提高,燃烧室内出现了反压引起的局部壅塞激波。对

于单一 H_2O 污染气流,若燃烧室内未出现壅塞激波,TPM 匹配方案能够更好地模拟纯空气来流相同当量比下的燃烧室压力分布,而 h_0QM 匹配方案则更有利于模拟相同燃料量的情况。

(2) 对于含 CO_2 的污染气流,污染气流 TPM 匹配和 h_0QM 匹配所得来流参数的差异很小,因此两种匹配方案下污染效应也相仿。

谭宇等[9]为了研究燃烧加热风洞不同模拟方式对超燃发动机性能的影响,采用相同流道的发动机模型,分别在酒精燃烧加热和氢气燃烧加热两种燃烧加热方式风洞设备上开展了对比试验研究。试验模拟了马赫数为 5、6 两个典型飞行状态下的来流条件。结果表明:模拟"静温+静压"的酒精燃烧风洞与模拟"焓值+动压"的氢气燃烧加热风洞的发动机性能基本一致,同时通过分析可知,采用燃烧风洞进行超燃发动机性能研究时,风洞模拟来流的"焓值、动压和发动机油气比"等参数更加合适。

陈军[10]开展了双模态冲压发动机燃烧室热力工作过程与性能潜力研究,发展了等效过程分析方法,对比了在双模态冲压发动机的风洞试验中采用氢气加热器模拟总焓、氢气加热器模拟总温以及酒精加热器模拟总焓时,发动机性能潜力及其实现条件与纯空气条件下的差异。得到以下结论:

(1) 内推力比冲(燃油比冲)。不同污染组分条件以及纯空气条件下,对应飞行马赫数为 6,风洞加热器为酒精加热器模拟总焓时,内推力比冲和纯空气条件结果十分接近,偏差普遍在 1%以内;风洞加热器为氢气加热器模拟总焓条件下的误差稍大,并且随燃烧室入口马赫数从 1.8 增大到 4.0,其内推力比冲从大于纯空气条件的 3%逐渐变化到小于纯空气条件的 2%左右,交点位于入口马赫数为 3.5 附近,而氢气加热器模拟总温条件下,内推力比冲明显小于其他几种条件下的结果,与纯空气条件结果的偏差达到−3%~−8%量级(在一定当量比、模拟总焓的情况下得到的燃油比冲,比模拟总温情况下更接近飞行条件)。

(2) 单位内推力(空气比冲)。不同污染组分条件以及纯空气条件下,对应飞行马赫数为 6,风洞加热器为氢气加热器模拟总焓条件下的单位内推力明显高于纯空气条件,偏差为 8%~9%。而氢气加热器模拟总温以及酒精加热器模拟总焓条件下的单位内推力和纯空气条件比较接近(如果试验气体分子量与空气的分子量差别大,在一定当量比、模拟总温的情况下得到的空气比冲,比模拟总焓情况下更接近飞行条件)。

2.4.2.4　小结

上面针对吸气式高超声速推进风洞试验的几个关键模拟准则进行了简单分析,从模拟准则的角度解释了为了得到与飞行器条件下更接近的超燃冲压发动机性能,地面设备需要提供的来流参数,得出以下结论:

（1）如果发动机试验关注燃油比冲，则在试验分子量与纯空气的分子量相差较大的情况下，不管是在相同当量比下或相同油气比下开展试验，模拟总焓比模拟静温都能得到更真实的结果。

（2）如果发动机试验关注空气比冲，则在试验分子量与纯空气的分子量相差较大的情况下：相同当量比下开展试验，模拟静温比模拟总焓能得到更真实的结果；相同油气比下开展试验，模拟总焓比模拟静温能得到更真实的结果。

（3）如果试验分子量与纯空气分子量相差较小，则模拟总焓与模拟静温对燃油比冲、空气比冲的结果的差别不大。

对于超燃冲压发动机性能试验，最终关心的是在一定油气比下的发动机燃油比冲及空气比冲，所以，发动机试验应模拟飞行条件下的空气总焓。在大多数情况下，马赫数和动压是第二位的影响因素，因为发动机内部压力是可以用动压无量纲化处理的。在设备气源压力以及流量等条件允许的情况下，应尽量模拟来流动压。

📖 参考文献

［1］王铁城.空气动力学试验技术(修订版)［M］.北京：航空工业出版社，1995.

［2］恽起麟.实验空气动力学［M］.北京：国防工业出版社.1991.

［3］恽起麟.风洞实验数据的误差与修正［M］.北京：国防工业出版社，1996.

［4］肖京平.水中兵器风洞试验技术［M］.北京：国防工业出版社，2008.

［5］波普 A，戈因 K L.高速风洞试验［M］.邓振瀛，李廷林，译.北京：科学出版社.1980.

［6］小约翰·D.安德森.高超声速和高温气体气体动力学［M］.2 版.杨永，李栋，译.北京：航空工业出版社，2013.

［7］Erdos J I.Ground testing abilities，inabilities and options for Scramjet development［C］// AIAA Paper 1997-3014，1997.

［8］刘坤伟，朱雨建，杨基明，等.两种燃烧加热风洞参数匹配方案的比较［J］.推进技术.2017，6：1266-1233.

［9］谭宇，毛雄兵，焦伟，等.燃烧风洞不同模拟方式对超燃发动机性能影响试验研究［J］.推进技术，2017，9：2063-2068.

［10］陈军.M4~7 双模态冲压发动机燃烧室热力工作过程与性能潜力研究［D］.绵阳：中国空气动力研究与发展中心，2016.

第3章 常用超燃冲压发动机风洞试验设备

3.1 常用超燃冲压发动机风洞试验系统

超燃冲压发动机风洞试验是进行超燃冲压发动机研究的三大手段之一。它主要通过试验设备,观察发动机内外气体流动和燃烧现象,测量气流与发动机之间相互作用的物理量,找出气体流动和燃烧的规律。为了实现这个目标,需要地面模拟设备(或称为风洞)的设计、建立、调试和运行,具备观察和测量需要的测试设备和技术,以及对试验数据的评估和在此基础上对试验的改进。因此,超燃冲压发动机风洞试验是一个系统。

试验类型不同,风洞试验中需要复现的重要物理参数有所不同。在超燃冲压发动机风洞试验中,要求复现气流中的化学组分(至少复现氧气),而在空气动力学试验中可以不需要氧气参与。除了复现氧气比例,超燃冲压发动机风洞试验还需要复现飞行时的马赫数、总焓和总压,或其他参数组合,这主要由设备驱动系统和具体需求来确定。为了阐述这个问题,需要对超燃冲压发动机风洞进行介绍。

3.1.1 超燃冲压发动机风洞试验模拟设备基本原理

通常来讲,用于开展超燃冲压发动机研究的风洞包括三大部分,即驱动系统、试验段和排气系统。驱动系统的主要功用是产生高焓和高压气体,然后通过设备喷管膨胀获得推进试验需要的模拟气流,气流经过试验对象后通过排气系统排出,从而避免对试验段流场的干扰。图3-1是风洞系统功用示意图。

3.1.2 超燃冲压发动机风洞试验模拟设备驱动系统

超燃冲压发动机风洞试验需要的高焓气体是由驱动系统产生的。在驱动系统中将模拟飞行焓值需要的能量注入气流中(加热气流),从而获得高焓气体。目

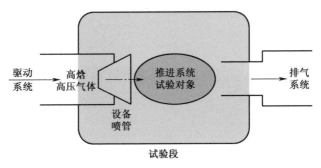

图 3-1　风洞系统功用

前,超燃冲压发动机风洞试验模拟设备常用的加热方式主要有燃烧加热、激波加热、电弧加热、压缩加热、蓄热加热和电阻加热。超燃冲压发动机风洞试验采用的加热方式往往是上述方式的一种或几种的组合。而 RDHWT/MARIAH(辐射/磁流体)加热作为新兴技术正处于研究发展中。

1. 燃烧加热[1,2]

燃烧加热在马赫数小于 8 的超燃冲压发动机试验中应用最广。燃烧加热器将空气、氧气和燃料(氢或碳氢燃料等)混合燃烧的高温产物作为试验气体,模拟飞行条件的总温、总压、马赫数和氧摩尔分数。图 3-2 为美国 8-Ft. HTT 风洞(8 英尺(1 英尺=0.3048m)高温风洞)的原理。

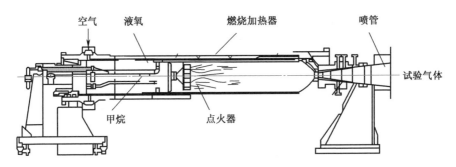

图 3-2　美国 8-Ft. HTT 风洞加热原理

通常,加热器中燃烧组织、冷却结构和安全考虑是这类风洞的设计关键。燃烧加热方式具有建设和运行成本低廉、形式灵活、易调节试验状态参数等优点,并适用于大尺度风洞;但试验气体中含有污染组分,使得燃烧加热风洞的试验结果外推至飞行条件必须审慎。这种类型的设备可以运行较长的时间,唯一的限制是设备材料的耐高温性以及高压气罐储气能力。燃烧加热风洞的典型代表是具有世界级水平的美国 8-Ft. HTT 风洞和 APTU 风洞,前者支持马赫数为 7 以下的推进/机体一体化模型的推进试验和热结构寿命考核试验,后者具有变马赫数动态过程模拟能力。

20 世纪 80 年代,中国空气动力研究与发展中心在乐嘉陵院士带领下创造性地将路德维希管式风洞原理与燃烧加热相结合,发展出了脉冲方式运行的燃烧加热风洞。

燃烧加热设备最大的困难是随着模拟温度的提高,污染带来的燃烧产物含量呈线性增长。如果模拟马赫数为 5(高超声速马赫数范围的下限)的总焓,则需将空气加热至 1300K。假设采用氢气作为加热空气的燃料,则将会产生多达含量 13%(摩尔分数)的水。这些燃烧产物在实际飞行条件中并不存在,将会给发动机试验过程中的化学反应带来相当大的影响。水和二氧化碳均会影响到链终结反应,如水会增加反应过程中 HO_2 的含量,HO_2 是燃烧室化学反应中的一个中间产物,这种产物在低温、低压条件下会生存较长时间,不仅会导致试验所得燃烧室释热速率比相同飞行条件的纯净空气情况下的要小,而且会减小发动机燃烧释放的能量。为了解决这个问题,可以用电加热方式这种"干净系统"来代替燃烧加热方式。

2. 激波加热

激波加热设备有两种基本类型(图 3-3):一是激波风洞,反射激波区相当于驻室,预充在激波管中的试验气体被反射激波"加热"后通过喷管膨胀加速到试验需要的状态;二是膨胀管,试验气体在入射激波"加热"后再进行非定常二次加速,由于没有反射激波的加温,膨胀管能降低试验气体的离解水平,模拟马赫数可达 15 以上,但试验时间也更短。

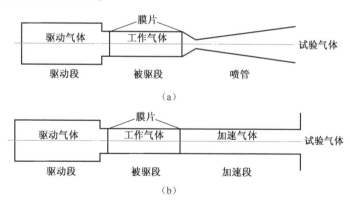

图 3-3　激波加热风洞原理示意
(a)激波风洞;(b)膨胀管。

激波风洞包含相连的驱动段和被驱动段,驱动段存储高压、高能量气体,被驱动段存储低压的试验气体,试验前二者被膜片隔开。试验时,膜片破裂,驱动段气体被释放至被驱动段,这时在被驱动段产生一道运动激波,为了增加运动激波马赫数,驱动段气体一般为较轻的气体。如果要获得更大的马赫数,则可以加热驱动段气体。随着设计的运动激波马赫数的增加,驱动段和被驱动段的压比迅速提高,压

比和气体种类以及温度有关系,如下式所示:

$$\frac{p_D}{p_d} = \left[1 + \frac{2\gamma_d}{\gamma_d - 1}(Ma_s^2 - 1)\right]\left[1 - \frac{\frac{\gamma_D - 1}{\gamma_d + 1}\left(\frac{a_d}{a_D}\right)(Ma_s^2 - 1)}{Ma_s}\right]^{-2\gamma_D/(\gamma_D - 1)}$$

(3-1)

式中　　p_D——驱动段气体压强(Pa);

　　　　p_d——被驱动段气体压强(Pa);

　　　　γ_D——驱动段气体比热比;

　　　　γ_d——被驱动段气体比热比;

　　　　α_D——驱动段气体声速(m/s);

　　　　α_d——被驱动段气体声速(m/s);

　　　　Ma_s——激波马赫数。

　　为了保证膜片破裂的准确性,一般在驱动段和被驱动段之间安装两个膜片。被驱动段末端安装第二道膜片,当入射激波到达该膜片时,立刻向上游发出一道反射激波,同时波后气体被压缩从而产生高温、高压的气体,该气体通过加速喷管加速至所需要的试验状态。试验时间由反射激波和接触面相遇的时间决定。激波风洞运行时间-空间图像如图3-4所示,试验时间为第二道膜片破裂时刻和接触面进入试验段时刻之间的时间。

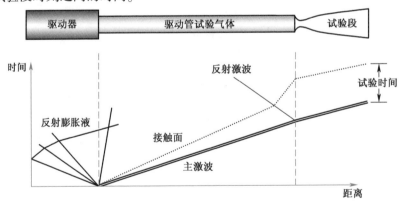

图3-4　激波风洞的时间-空间图像

　　激波风洞可以获得高达($10^5 \sim 10^8$)/m的雷诺数,因此这类风洞提供的流场比加热风洞的更接近飞行条件。这类风洞的主要缺点是试验时间短,因此无法模拟传热等物理现象。

　　与激波风洞不同,膨胀管不需要加速喷管,但是在第二道膜片之后增加了额外的管道,称为加速段,加速段可以让入射激波在其中继续行进并加速。激波风洞中由于第二道膜片使气流滞止,因此气流温度很高。但膨胀管第三道膜片之后是加速段,加速段内气体在高温下的离解程度明显降低,洞体的结构强度可以承受更大的压力,试验气体的温度和压力均可以达到更高马赫数的真实飞行条件。膨胀管的试验时间是第二道激波和接触面流经试验段之间的时间差,因此其试验时间很短,一般小于1ms,这是膨胀管的缺点所在。

驱动方法决定了激波风洞或膨胀管能达到的总焓和总压水平。一般使用高压轻气体(如 He、H_2)作为驱动气体,现代激波加热风洞通常"加热"驱动气体以提高激波强度,"加热"方式可能采取燃烧、电阻加热、爆轰驱动(图 3-5)、自由活塞压缩驱动(图 3-6),其中爆轰驱动和自由活塞压缩驱动使用比较广泛,后者也称炮风洞。例如:日本 NAL-KPC 的 HIEST、德国 DLR 的 HEG、澳大利亚 Queensland 大学的 T4 风洞采用自由活塞压缩驱动;美国 ATK-GASL 的 HYPULSE、中国科学院力学研究所的 JF-10 采用爆轰驱动,其中 HYPULSE 风洞还能以膨胀管方式运行;美国 Calspan-UB 研究中心的 LENS 风洞采用电阻加热 He 或 H_2 驱动,LENS 包括 LENS I 和 LENS Ⅱ,其中 LENS Ⅱ 常用于超燃冲压发动机试验。

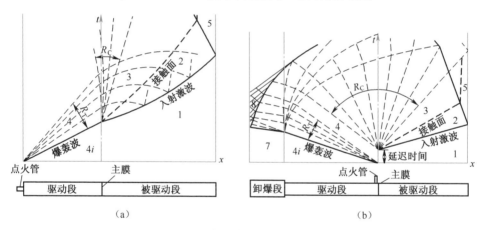

图 3-5　爆轰驱动激波管流动波系图

(a)前向爆轰驱动激波管流动波图;(b)反向爆轰驱动激波管流动波图。

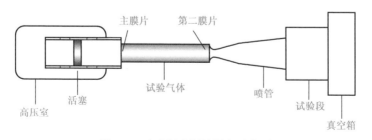

图 3-6　自由活塞压缩设备示意图

激波风洞应用于工作马赫数 7~12 的超燃冲压发动机试验比较普遍,主要限制是试验时间短(通常在 10ms 以下),需要掌握先进的测试和分析技术才能有效地开展试验。如要获取更长试验时间,可能导致结构设计和加工困难,如试验时间 100ms 和 $\phi2m$ 量级喷管尺度的激波风洞,要求激波管内径大于 1m、长度大于 200m。另外,来自试验气体的离解和热化学状态的不确定性,往往会影响试验数据的可信性。膨胀管模拟马赫数可超过 12,但试验时间极短(一般在 1ms 以下),用于开展超燃冲压发动机试验的难度极大。

3. 电弧加热

电弧加热风洞能以连续方式或脉冲方式运行,前者一般称为电弧风洞,后者称为热射风洞或放电式风洞。电弧风洞通过高压直流电压放电加热试验气体。稳弧、维持弧室热结构稳定性、优化给试验气体的传热等是这类风洞的设计关键。电弧风洞的稳弧方式通常分为驻涡稳弧、磁稳弧和驻涡稳弧与磁稳弧的混合稳弧。现代高性能分段式电弧加热器一般采用混合稳弧方式,并利用模块化的分段驻室高效地产生相对纯净的高焓试验气体,工作原理如图 3-7 所示。电弧风洞的典型代表是美国 NASA 的 AHSTF 风洞,该风洞可用于直连超燃冲压发动机的推进试验。

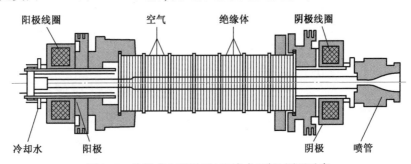

图 3-7 分段式电弧风洞(连续式运行)原理示意

热射风洞利用短时间电弧加热试验气体,相比电弧风洞其放电电压更高,单位时间的释热更大,如图 3-8 所示。热射风洞在启动前,先把空气充入驻室内,驻室与喷管间用膜片隔开,预存在电容或电感中的大量电能,通过驻室内的电极放电瞬间释放巨大能量,将试验气体加热到高焓状态。这种方式可将试验气体加热到

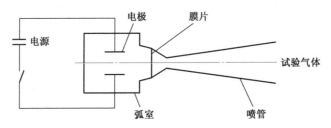

图 3-8 电弧热射风洞(脉冲式运行)原理示意

2000~10000K,模拟马赫数可达 20 以上,试验时间可达 50ms 或更长。热射风洞的典型代表是法国的 F4 高焓风洞,有开展工作马赫数 8~12 超燃冲压发动机试验的潜力。电弧风洞的安装功率很大,往往达到数十兆瓦,因此这种风洞需要建设在大型电能系统附近,而且安装制造过程费力。

电弧加热方式的优点是试验气体的模拟总焓高,并且电弧风洞可提供其他加热方式难以达到的长达几十分钟的试验时间,非常适合超燃冲压发动机的耐久性能试验;缺点是电驻室内试验气体参数通常随时间发生变化,并且难以克服试验气体的离解、电极污染以及温度不均匀性,特别是试验气体中含可观的 NO_x,极大地影响超燃冲压发动机试验数据外推到飞行条件下的可信性。另外,气流品质主要和稳定电弧的方式有关,因此很难对气流品质做出评价。这种风洞的焓值不稳定,也很难通过测试数据来确定,这就为试验数据分析带来了相当大的困难。虽然如此,NASA 兰利研究中心还是在电弧风洞上进行过 Hyper-X 的马赫为 7 超燃冲压发动机试验。

4. 绝热压缩和多级压缩加热

采用绝热压缩和多级压缩(Multi-Cascade Compression,MCC)加热试验气体的经验来自俄罗斯,尚未见到来自其他国家的报道。这两种加热方式以脉冲方式运行。绝热压缩加热的典型实例是俄罗斯 ITAM 的 AT303 高焓风洞,其主体结构如图 3-9 所示。

AT303 高焓一级加热采用电阻加热,获得 900~1300K 和 20~30MPa 的空气后,进入二级活塞绝热压缩加热。二级加热后可获得 300MPa 和 2500K(实际温度要低)的驻室条件,试验时间为 40~200ms。

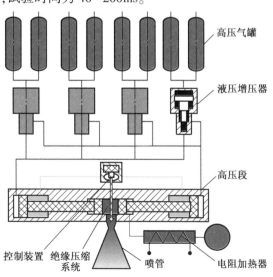

图 3-9　AT303 高焓风洞的主体结构

多级压缩加热的典型实例是俄罗斯中心机械工程研究院（TSNIIMASH）的 PGU 风洞。该风洞包含多个试验单元，其中 PGU U-11 单元（图 3-10）可用于超燃冲压发动机试验。该风洞首先通过高压驱动气（采用 N_2 或燃烧气体）绝热压缩试验气体，随后在多级腔室进行非等熵膨胀将部分压能转换为内能，在喷管入口前获得驻室条件。通过控制活塞压缩后的试验气体状态和多级非等熵膨胀过程的熵增，可获得不同的驻室条件。PGU U-11 的模拟总压达 50MPa，总温达 3500K，模拟马赫数为 4~10，试验时间为 20ms~1s，喷管最大直径为 0.8m。

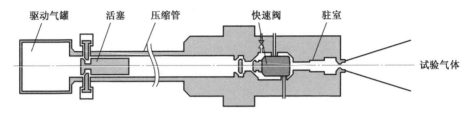

图 3-10　PGU U-11 主体结构

绝热压缩和多级压缩的独特优点是能提供总温 2000K 以上的纯净空气，在模拟马赫数为 7 以上的超燃冲压发动机试验中可免除试验气体的"污染"影响，这是其他加热方式难以达到的。它具有比激波风洞更长的试验时间，降低了测试难度。在技术实现上，绝热压缩和多级压缩带来的高温、高压极端条件使阀门设计、材料选择和制造的难度极大，如高温、高压条件下开启时间在毫秒量级的快速阀技术等。由于资金有限和技术难度，绝热压缩和多级压缩加热风洞通常在中等尺度以下。

5. 蓄热加热

蓄热加热方式首先通过电加热或燃烧预热蓄热体至高温，然后空气流经高温蓄热体被加热到高焓状态。试验时间通常为几秒到几十秒，属于连续式运行。预热燃烧器和蓄热体的设计与制造是建造这类风洞的关键。蓄热体材料需有高热容和良好热传导性，常见的有金属和 Al_2O_3。在 900K 以上常用 Al_2O_3，制成卵石床式或空心砖式。蓄热加热应用的典型代表是日本的 RJTF 风洞和 ATK-GASL 的 Leg IV 风洞，这两个风洞的一级加热均采用燃烧预热的蓄热加热方式，可分别提供模拟马赫数为 6 和 5 的高焓纯净试验气体。

蓄热加热方式的优点是对电加热元件或燃烧器加热功率要求低，可小功率、长时间加热蓄热体到高温，并能获得几乎无污染的试验气体（可能有蓄热体粉尘）；缺点是预热蓄热体时间长，并且试验气体总温通常在 1800K 以下。

NASA 格林研究中心的高超声速风洞（HTF）就是一个电加热风洞，该风洞解决了高温下氧化环境腐蚀加热元件的问题。试验时，纯净的氮气通过一个功率 3MW 的石墨蓄热加热器被加热，纯净室温氧气在下游和加热后的氮气混合以配合出合适组分的试验气体。该风洞可以提供温度高达 2170K、总压高达 82atm（1atm＝1.013×10⁵Pa）的试验气体，可以模拟高度 18~36km、最高马赫数为 7 飞行焓值的飞行条件。根据流量以及温度条件的不同，该风洞试验时间可以达到 40s~5min。风洞喷管出口直径超过 1m，可以为大尺度超燃冲压发动机模型提供试验条件。三个轴对称的喷管可以交替使用，分别提供马赫数为 5、6 和 7 的试验条件。试验前，模型被悬吊在风洞上壁面，当风洞流场建立好之后，模型被投放到流场当中展开试验。蒸汽引射器可以降低来流压力，从而可以模拟不同高度的试验条件。

可见，HTF 能够在可操作的飞行走廊范围内提供大流量、长运行时间、较高的飞行焓值以及较真实来流组分的试验气流。为了存储足够多的能量，加热器内安放了约 27000kg 的石墨，这给施工过程提出了苛刻的要求。风洞的预热时间相当长，一般需要 100h 才能将试验气体加热到需要的焓值。

6. 电阻在线直接加热

电阻加热通过大功率电阻加热元件加热试验气体，通常以连续方式运行，原理类似于热交换器。电阻加热元件的设计是建造这类风洞的关键。电阻加热应用的典型实例是美国弗吉尼亚大学的直连式电阻加热风洞。电阻加热方式的优点是可得到几乎无污染的试验气体，并且试验时间较长（原则上只受限于气源能力）；缺点是试验气体总温一般在 1400K 以下，并且由于电功率限制风洞难以做大，通常适用于小尺度风洞。

除上述加热方式外，还有二级加热方式，如日本的 RTJF 风洞一级采用蓄热加热，二级加热采用燃烧加热。在上述加热方式中，绝热加热和多级压缩加热、蓄热加热和电阻加热获得的试验气体可视为无"污染"。但蓄热加热和电阻加热都是连续方式运行，这两种加热方式由于总温限制，模拟飞行马赫数小于等于6，并且一般限制在中等尺度风洞。目前，国际上缺乏能模拟飞行马赫数大于等于 7 的低污染试验气体的连续式高焓风洞。美国正在发展的两种加热技术值得关注：一种是采用半导体材料 YSZ 的电阻加热技术，它能实现马赫数为 7 的高焓状态模拟；另一种是 RDHWT/MARIAH（辐射/磁流体）加热技术，它能实现马赫数 8~15 的高焓状态模拟。目前这两种加热技术已经进行了原理性试验，但要最终应用并建成中等尺度的高焓风洞尚需时日。

3.1.3　按时间尺度分类的风洞类型

按试验时间的长短超燃冲压发动机风洞试验设备可分为暂冲式试验设备和脉冲式试验设备。一般来说，相对于脉冲式设备（试验时间最多几秒），暂冲式设备能够模拟更多飞行状态下的热力学参数，但是模拟马赫数不会很高，脉冲式设备可以模拟较高的马赫数。

暂冲式风洞包含一个能量源,该能量源可以将空气加热至需要的飞行焓值,加热的空气通过加速喷管可以加速至所需要的马赫数。超燃冲压发动机模型可以直接安装在加速喷管出口,或者完全放在流场内,这种试验称为直连式试验。这种试验装置可以开展进气道试验或者进气道——隔离段——燃烧室全流道试验。如果试验时间足够长,就可能破坏设备结构的完整性,因此空气的最高温度或者焓增将成为一个重要的限制条件,也就是说试验马赫数必须严格限制。基于此,暂吹式风洞的运行条件不能超过飞行马赫数为8的焓值。当试验模拟的马赫数接近上限时,飞行高压条件也是风洞试验面临的另一个难题,此时的试验压力值往往低于真实飞行值,因此飞行雷诺数、温度以及速度都很难模拟。

3.2　超燃冲压发动机风洞试验系统现状

按照开展试验的方式超燃冲压发动机风洞模拟设备,可以分为自由射流模拟设备和直连式模拟设备。采用自由射流模拟设备最大的好处是能准确反映前体进气道的效果,发动机的性能和工作特性更接近真实飞行设备状态。当然,试验的复杂性和成本也会相应地增加。相比自由射流,直连式设备在试验成本方面更具优势。一般而言,直连式设备往往可归为研究与发展类设备(主要研究燃烧室),自由射流设备往往归为试验和评估类设备。实际应用中这个分类并不准确,主要取决于试验的具体目标和任务。

设备发展的水平可根据其模拟能力和流场品质等方面来确定。下面针对典型的直连式设备和自由射流设备来分析当前超燃冲压发动机风洞试验设备的发展现状。

典型的国外直连式设备有 ONERA Palaiseau 中心的(煤油和氢)燃烧加热直连式设备、俄罗斯 TsAGI 的 T-131V、意大利 ITLR 的超声速燃烧设备、弗吉尼亚大学的 SS 燃烧风洞、密歇根大学的 SS 燃烧设备、斯坦福大学的 6 英寸(1 英寸 = 2.54cm)膨胀管和美国空气实验室的直连式设备、直连式燃烧加热 VAG 风洞(氢燃料)及 NASA 兰利研究中心的直连式超声速燃烧试验设备(DCSCTF)等。国内已经建立的直连式设备的单位有中国空气研究与发展中心(脉冲和连续燃烧加热直连式设备)、西北工业大学、中国科学院力学研究所、国防科技大学、北京动力机械研究所和哈尔滨工业大学等。

直连式设备的研究和发展经历了激波加热、燃烧加热、电弧加热、蓄热加热(电阻、卵石床等)与组合加热(蓄热+燃烧加热)等。试验时间从几百微秒到几百秒甚至几百分钟,流量从 1kg 量级到几十千克每秒量级,燃烧室入口马赫数一般为 2~3。国外典型直连式设备的具体参数见表 3-1[3,4]。

表 3-1　国外典型直连式设备参数

设备名称	设备马赫数	ER	燃料	Ma_{comb}	P_{comb} /kPa	T_{comb} /K	L_{comb} /cm
斯坦福大学的 6 英寸膨胀管	2.08	0.08	H$_2$	2.08	141.29	1675.6	27
		0.23					
		0.44					
密歇根大学的 SS 燃烧设备	2.393 （双模态燃烧室）	0.346	H$_2$ 或 H$_2$/C$_2$H$_4$ 体积比 1:1	2.393	44.847	1416.6	44.43
		0.18~0.42		2.2	55.18	528	
UVA 的直连式 SS 燃烧风洞	2.1 （双模态燃烧室）	0	H$_2$	2.1	39	670	43.52
		0.32					
		0.37					
ITLR 的超声速燃烧设备	2.1	0~0.44	H$_2$	2.1	40	717	89.59
ONERA Palaiseau 中心	2.48	0.25~0.69	Kerosene	2.48	27.7	1170	50~200
	2.8	1	Kerosene	2.8	25	2200	60
	2.8	0.5	H$_2$	2.8	25	2300	60
TsAGI 和 DLR Lampoldshausen	3	0	H$_2$	3	74	611	140
	3	0.56	H$_2$	3	75	630	140
	3	0.86	H$_2$	3	74	613	140
	3	0.99	H$_2$	3	75	625	140

国外用于超燃冲压发动机风洞试验的自由射流风洞有美国 NASA 的超高速脉冲设备(HYPULSE)、LENS Ⅰ和Ⅱ风洞、兰利研究中心的 8 英尺高温风洞(HTT)、格林研究中心的高超声速风洞设备 HTF、兰利研究中心的 CHSTF 燃烧加热风洞(氢燃料)和 AHSTF 电弧风洞、得克萨斯州立大学阿灵顿分校(UTA)的高超声速风洞,日本的 HIEST,俄罗斯中央机械制造研究院的 PGU、俄罗斯力学理论和应用研究所的 AT303,美国空军阿诺德工程发展中心(AEDC)的气动推进设备(APTU),德国 DLR 的哥廷根高焓激波风洞(HEG),澳大利亚的 T3/T4 激波风洞。国外典型自由射流风洞参数见表 3-2[2-11]。国内用于超燃冲压发动机地面试验的典型自由射流风洞有大尺度脉冲燃烧风洞,以及中国科学院力学研究所的 JF-12、国防科技大学和北京动力机械研究所的高超声速风洞。

马赫数为 8 以下的大型风洞一般采用燃烧和点火加热,试验时间能达到几十秒量级,格林研究中心采用蓄热加热试验时间可以达到几分钟。马赫数 8 以上的风洞,基本采用激波加热,试验时间一般为毫秒量级。只有俄罗斯的 PGU 和 AT303 采用活塞压缩,能够获得较长的试验时间。

对于超燃冲压发动机推进系统的风洞试验,要求复现飞行时的高总温和高总压环境,这就限制了大多数传统风洞试验设备的使用。连续运行风洞需要巨大的能量,制约了其在高马赫数条件下使用的可能性。因此,必须通过缩短试验时间来降低风洞能量需求。目前,高速超燃冲压发动机试验仅限于在脉冲设备上开展,如反射激波风洞和膨胀管。短试验时间(微秒至毫秒),对超燃冲压发动机模型的精确测试有很大的影响。

经验显示,反射激波设备很难满足马赫数大于 10 时真实自由飞要求的总压。反射激波风洞在膨胀到试验段前试验气体完全滞止,结构上必须在滞止压强和温度条件下能容纳这些气体。实际上,反射激波设备结构限制 150~300MPa 总压,并且喷管侵蚀、喉道熔化、管道烧蚀也已经被确定为高总压和高焓条件下性能约束因素。此外,任何根据从滞止条件定常膨胀的技术都会受到试验气体中 O_2 复合程度的约束。在高焓水平条件,反射激波设备喷管驻室形成相当数量的解离组分,喷管膨胀过程中不会完全复合(离开喷管出口的流体中解离组分如 O 和 NO 可能占50%)。这些解离组分对燃烧的影响是会产生额外的热量,增强点火并且可能影响混合,这些都会导致不准确地预测跨大气层飞行中真实的发动机性能。图 3-11给出了各种设备及其随飞行马赫数总压能力的对比。直连式试验能降低总压要求,但自由射流试验仍有限制。因为不滞止流动,膨胀管/风洞能避开这个约束,尽管目前的试验时间明显少于反射激波风洞(这制约了其在超燃冲压发动机试验中的应用)。

有潜力实现吉帕级总压纯净试验来流的另一种试验设备是辐射驱动风洞。该技术包括采用激光加热喷管喉道下游超声速空气流,有望能提供长试验时间(秒量

表 3-2　国外典型自由射流风洞参数

设备名称	试验马赫数	试验时间	加热方式	总温/总焓	试验段尺寸
HYPULSE（美国）	7~10（RST） 12~19（SET）	3~7ms（RST） 0.2~2ms（SET）	反射激波（RST） /膨胀管（SET）	约 4200K 约 9000K	4~7 英尺
LENS Ⅰ（美国）	7~12	5~18ms	电加热+非反射激波	匹配飞行总焓	44~46 英寸
LENS Ⅱ（美国）	3~7	30~80ms	电加热+非反射激波	匹配飞行总焓	44~46 英寸
兰利 HTT（美国）	4,5,7	约 60s	甲烷与空气或者甲烷与液氧燃烧产物	约 2100K	8 英尺
格林 HTF（美国）	5,6,7	90~294s	蓄热式石墨加热	1220~2170K	1.07m
兰利 AHSTF（美国）	4.7~8.0	30~60s	电弧加热	约 2850K	4 英尺
兰利 CHSTF（美国）	3.5~6.0	不详	氢氧燃烧	约 1700K	2.5 英尺×3.5 英尺
UTA（美国）	5~16	1ms	激波	约 2025K（氢驱动） 约 6050K（氦驱动）	17.5 英寸
HIEST（日本）	8~14	2ms 或更长	自由活塞激波	约 25MJ/kg	0.8m
PGU（俄罗斯）	4,6,10	50ms（$Ma=10$） 3~5s（$Ma=6$） 2.4s（$Ma=4$）	多级活塞压缩	约 4000K	0.4~0.8m
AT303（俄罗斯）	8.0~20	20~200ms	活塞压缩	约 2500K	0.3~0.6m
APTU（美国）	3.0~7.2	约 2min	燃气加热	667~2611K	1067mm
ONERA F4（法国）	8.0~13	约 200ms	电弧	2000~6000K	430~930mm
HEG（德国）	7.2~20	3~7ms	自由活塞激波	约 23MJ/kg	不详
T4（澳大利亚）	7.0~15	0.5ms（$Ma=12$）	反射激波	3~12MJ/kg	不详

级)(沿96kPa动压爬升弹道,直到飞行马赫数为12的纯净试验流)。图3-11给出了用于超燃冲压发动机研究的各种高超声速设备的总压模拟能力。

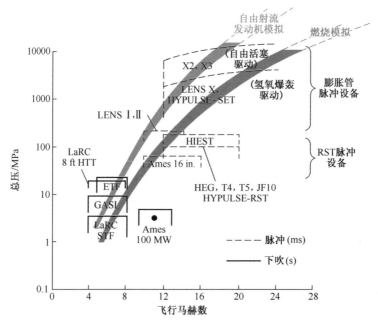

图3-11 用于超燃冲压发动机研究的各种高超声速设备总压模拟能力

3.3 燃烧加热风洞的发展及现状

在马赫数为4~7的试验范围内,燃烧加热风洞仍然是当前超燃冲压发动机研究的主力设备。燃烧加热风洞具有经费投入低、技术风险小、运行经费少、运行范围宽、运行时间长等优势。根据试验时间长短,可以将燃烧加热风洞分为脉冲燃烧风洞和暂冲式燃烧加热高温高超声速风洞。将燃烧加热风洞作为超燃冲压发动机风洞试验设备的重点,第4章重点介绍了中国空气动力研究与发展中心研制的脉冲燃烧风洞,第5章介绍暂冲式燃烧加热高温高超声速风洞。

3.3.1 脉冲燃烧风洞的发展及现状

脉冲燃烧风洞具有建设与运行成本低廉、系统简单、维护方便、建设周期短等优点,作为一种重要的高超声速地面模拟设备,脉冲燃烧风洞在CARDC得到了持续而有效的发展。

20世纪80年代,CARDC首先采用单管等容燃烧方式研制了脉冲式发动机羽流模拟试验装置,成功建造了发动机喷流模拟设备。90 年代中后期,为了适应国内超燃冲压发动机研究的需要,采用双管等压燃烧模式成功建造了 1kg/s 脉冲燃烧风洞和喷管出口直径 300mm 的脉冲燃烧风洞。2004 年上半年,采用活塞挤压定量供应氢气+路德维希管模式,研制成功了 φ450mm 脉冲燃烧风洞;2005 年上半年,在 φ450mm 脉冲燃烧风洞的基础上,又成功研制了 φ600mm 脉冲燃烧风洞。在借鉴小口径脉冲燃烧风洞经验的基础上,结合大尺度脉冲燃烧风洞运行特点,φ600mm 脉冲燃烧风洞运行采用了活塞挤压定量供应氢气+活塞挤压定量供应氧气+路德维希管供应空气的模式。

1. 单管等容燃烧模式

图 3-12 给出了发动机喷流模拟设备示意图。试验前在高压管内充入氢气、氧气和氮气的混合气体,试验时,利用电阻丝将混合气体点燃,产生的高压气体将金属膜片压破,试验气体通过喷管流入真空箱与试验模型作用。通过调节氢气的含量与充气压力可以调节反应后的总温和总压。

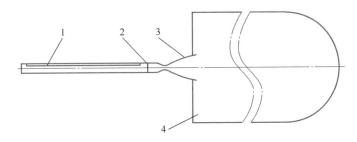

图 3-12　发动机喷流模拟设备示意图
1—电阻丝;2—金属膜片;3—喷管;4—真空箱。

破膜后设备的运行原理与路德维希管风洞类似。当封闭试验气体的金属膜片破裂后,稀疏波开始向管道上游传播,并不停反射;同时,在真空箱内也有复杂的波系反射现象。

在稀疏波扫过管道的过程中,设备流量和总压呈周期性衰减;每个周期内,设备流量和总压保证为定值。为了得到比较稳定的参数,只利用稀疏波在管内扫过的第一个周期的试验气体。

单管等容燃烧模式系统简单,对设备体积的要求转化为对长度的要求。同时,由于试验气体为冷态气体等容燃烧得到,因此能够模拟很高的总压。需要解决的主要问题是稳定燃烧和防止爆轰,但也有其先天不足。由于设备利用的是稀疏波在管内扫过的第一个周期内的试验气体,故试验时间主要由高压管长度决定。高温试验气体的稀疏波传播速度接近 1000m/s,对应 20ms 试验时间,高压管道长度就要达到 10m 以上。设备最大流量由管道的内径决定,如果提高设备流量,必须加大管道容积,而在试验厂房内的大容器中充入大量的氢氧混合气体对设备和人身安全的威胁是很明显的,对操作人员的心理素质也是一个考验。因此,单管等容燃烧模式在设备规模的可扩展性和试验时间方面存在缺陷。

脉冲式发动机羽流模拟试验装置能在总压 2.6~6.5MPa、总温 2300~3500K、工作时间 6~40ms 条件下进行各类重要高空火箭羽流试验研究。

2. 双管等压燃烧模式

20 世纪 90 年代中期,根据当时国内外超燃冲压发动机和高超声速技术研究的情况,准备开始进行超燃冲压发动机的研究。对于发动机基本性能研究,一般要求试验时间约 50ms。在我国当时连续式风洞口径、能力还不具备条件状况下,可以利用脉冲风洞开展发动机性能的研究工作。对于单管等容燃烧模式的风洞,试验时间延长到 50ms 以上,则管长需要延长到 25m 左右,会占用很大的场地。如果气体的温度处于常温状态,稀疏波在管道内的传播速度会降低至高温状态下的 1/2 以下。冲压采用双管等压燃烧模式成功建造了 1kg/s 脉冲燃烧风洞,在该风洞上开展了超燃冲压发动机直连式试验。设备调试成功后,又成功建造了喷管口径 300mm 的脉冲燃烧风洞,在该风洞上开展了 1m 量级超燃冲压发动机模型的自由射流试验。图 3-13 给出了 φ300mm 脉冲燃烧风洞。图 3-14 给出了 φ300mm 脉冲燃烧风洞结构简图。

图 3-13 φ300mm 脉冲燃烧风洞

试验前,按照一定配比往氢管中充入氢气和氮气的混合气体,往氧气管道中充入氧气和氮气的混合气体。试验时利用高压电将封闭高压管内气体的聚酯膜内的电爆丝起爆,双膜腔开启,氢气和氧气通过同轴喷嘴混合流入加热器;在加热器中利用高频、高压电火花塞点火燃烧,产生的高温、高压的试验气体通过喷管流入真空箱与模型相作用。之所以氢气管道中要按配比充入氢气和氮气的混合物,主要是因为根据式(4-1),如果管内气体的分子量太小,稀疏波在管内的传播速度也很

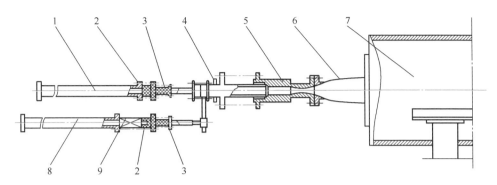

图 3-14　ϕ300mm 脉冲燃烧风洞结构简图

1—氧气管道;2—喉道;3—双膜腔;4—火花塞;5—燃烧室;6—型面喷管;7—试验段;8—氢气管道;9—截止阀。

快,而用氢气和氮气的混合物可以增大气体的分子量,稀疏波在管内的传播速度变慢,缩短对管长的要求。

　　相对单管等容燃烧模式的设备,采用双管等压燃烧模式的设备需要设计高效的燃烧加热器,必须在极短的试验时间内保证试验气体在加热器中高效点火燃烧,增加了技术难度。双管等压燃烧模式的缺陷也是很明显的,主要是氢气的利用率很低(不到10%),试验完后的残余氢气对设备存在巨大威胁,设备规模如果要扩展的话,显得尤为突出。

3. 活塞挤压定量供应氢气+路德维希管模式

　　2004 年下半年,随着超燃冲压发动机研究的深入,要完成 2m 量级的大尺度单模块发动机的自由射流试验,当时已有的 ϕ300mm 脉冲燃烧风洞已经不能满足试验需要,需要在原有设备基础上进行扩展。对于单管等容燃烧模式和双管等压燃烧模式的设备,实际上都是采用大容器压强自然衰减的方法供应试验气体,当管内的压强下降到设计压强的 90% 以下后,剩下的气体就浪费了,所以通过提高气体的利用率可以大幅度减少气源的消耗。其方法之一是利用"打气筒"的原理,将气体挤压进入加热器。在继承 ϕ300mm 脉冲燃烧风洞优点的基础上,建造了 ϕ450mm 脉冲燃烧自由射流风洞,该风洞将氢气的供应改成"打气筒"方式——挤压供氢装置,减少氢气消耗,提高设备的安全性,并采用了新研制的、可重复使用的、通过电磁阀控制其开启的气动快速阀,设备流量最大 25kg/s,可以模拟来流马赫数为 4~6 的试验条件。图 3-15 给出了 ϕ450mm 脉冲燃烧风洞的立体图。

　　设备建成后利用长约 2m 的超燃冲压发动机模型进行了自由射流试验。主要开展了大尺度模型的选型与性能优化研究,截断发动机试验和进气道等试验,得到了很多有价值的结论。2005 年上半年,为了适应 4m 量级超燃冲压发动机模型自由射流试验的需要,成功建造了与 ϕ450mm 脉冲燃烧风洞同类型的 ϕ600mm 脉冲燃烧风洞,

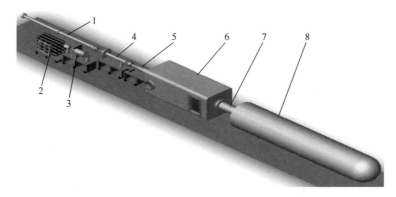

图 3-15 φ450mm 脉冲燃烧风洞的立体图

1—富氧管;2—驱动气源;3—挤压供氢装置;4—加热器;5—喷管;6—试验段;7—扩压器;8—真空箱。

设备流量最大为 45kg/s,可以模拟来流马赫数 4~6 的试验条件,通过合理设置加热器构型和电火花塞的分布,实现了加热器在 900K 总温条件下的稳定工作。

4. 活塞挤压定量供应氢气+活塞挤压定量供应氧气+路德维希管模式

2009 年建成的大尺度脉冲燃烧风洞(图 3-16)采用氢气与富氧空气在燃烧加热器中混合燃烧的方法产生高焓试验气体。通过对风洞总体参数的计算,氢气的流量和氧气的流量都很大。如果按照 φ600mm 脉冲燃烧风洞的运行方式,采用挤压供气装置往加热器供应氢气,采用路德维希管往加热器供应富氧空气,氧气的使用量相当惊人,而且富氧空气会对试验段内残存的煤油起到强烈的助燃作用,一旦起火,将对试验模型和试验段造成严重的损害。因此大尺度脉冲燃烧风洞采用挤压供氢装置往加热器供应氢气,采用挤压供氧装置往加热器供应氧气,做到定量供应,减少了每次试验氧气和氢气的消耗量,降低了运行成本,进一步提高了设备的安全性。

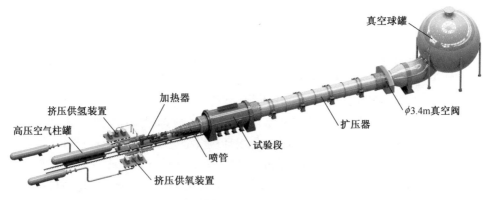

图 3-16 大尺度脉冲燃烧风洞立体图

大尺度脉冲燃烧风洞由挤压供氢装置、挤压供氧装置、空气罐、加热器、试验段、真空箱等组成,采用"扩压器+真空球"的排气方式,试验马赫数为 4~7,总压为 1~10MPa,总温为 850~2100K,有效试验时间为 0.3s 以上。该风洞将氧气的供应分离出来,采用与氢气相同的活塞挤压方式(图 3-16)。这样更加提高了风洞的安全性,消除了富氧空气引燃试验段内的残留煤油烧坏模型的危险,同时也减少了氧气的消耗量。

该风洞由空气储罐、挤压供氢装置、挤压供氧装置、快速阀、加注混合室、加热器、喷管、试验段、扩压器、真空球罐组成(图 3-17、图 3-18),其结构与 φ450mm 脉冲燃烧风洞类似,只是在其基础上将氧气从富氧空气罐中分离出来,将氧气的供应改成与氢气相同的活塞挤压方式。氧气与空气首先在一个空氧混合段内完成预混后,再通过同轴喷嘴流入加热器与氢气混合燃烧。

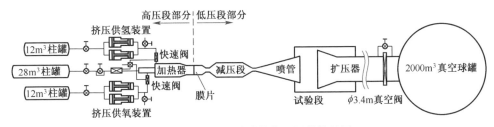

图 3-17　大尺度脉冲燃烧风洞结构总图

图 3-18　大尺度脉冲燃烧风洞

此设备的运行原理:试验前按要求将空气用气动快速阀封在一密闭高压空气罐内,将氧气和氢气(或碳氢燃料)用两个气动快速阀封在各自用挤压装置的气缸内,试验模型放置于试验段内流场均匀区内;同时,将真空球罐和试验段压力用真空泵抽到低于预期喷管出口压力。试验时,同步打开封闭空气容器的快速阀和挤压供氧装置、挤压供氢装置的快速阀,氧气和空气在混合室完成混合后再按设定的程序在加热器内与氢气(碳氢燃料)反应,将试验气体燃烧加热到所需状态;高温、高压的试验气体将前室和后室间的膜片瞬时压开,经喷管膨胀加速到所需状态并喷出,建立试验所需的流场条件,直到挤压供氢装置提供的燃料或挤压供氧装置提供的氧气用完为止。

3.3.2　典型暂冲式高温高超声速风洞简介

世界各国一直非常重视暂冲式高温高超声速风洞的建造。美国的 NASA 兰利研究中心拥有世界上唯一一座喷管出口直径超过 2m 的高温风洞,AEDC 则拥有世界上唯一能够进行高超声速吸气式推进系统马赫数为 8 全程试验的气动推进试验单元(APTU)。俄罗斯中央流体动力研究院先后建成了 BAT-131A、T-131B 和 BAT-131V 暂冲式高超声速发动机和飞行器试验设备,中央发动机研究院在 2001 年建造了 φ1m 高超声速风洞,用以完成整机发动机试验和飞行器前体一体化试验研究,并计划建造 3m 热结构风洞。法国在 20 世纪就已建造两座口径为 600mm,试验时间大于 30s,模拟马赫数为 4、5、6 和 7 的高温风洞。日本为了适应高超声速技术的发展,20 世纪 90 年代初在美国的帮助下建造了喷管出口尺寸为 510mm× 510mm、模拟来流马赫数为 4、5、6、7、8 的高焓风洞。本节介绍美国、俄罗斯和日本的几座典型的暂冲式高温高超声速风洞。

1. 美国 8 英尺高温风洞

美国 8 英尺高温风洞(图 3-19)始建于 20 世纪 50 年代末,当时的主要任务是完成热结构研究(图 3-20)。

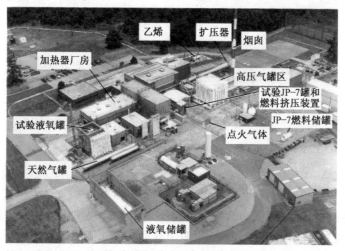

图 3-19　美国 NASA 兰利研究中心的 8 英尺高温风洞

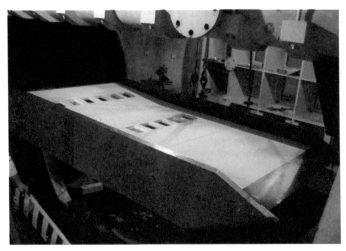

图 3-20　8 英尺高温风洞中进行的 TPS 试验

该风洞采用空气与天然气燃烧产生高温气体,排气则采用高压空气引射方式工作。为了适应 NASP 的需要,在 20 世纪 80 年代初对风洞实施了改造,主要目的是为开展吸气式高超声速飞行器一体化试验研究提供强有力的风洞试验手段。改造工作主要有三个方面:一是增加发动机燃料供应系统;二是给加热器增添补氧系统,使加热器能产生的高焓试验气流与空气有相同氧气摩尔分数;三是增配喷管,将模拟马赫数由 5.8~7 拓展到 4~7,模拟高度由 24~40km 拓展到 15~40km。风洞改造后具体设备性能参数见表 3-3 和图 3-21。

表 3-3　美国 8 英尺高温风洞总体参数(2.4m 喷管)

模拟马赫数	4	5	6	7
喷管口径/mm	2438	2438	2438	2438
总压/MPa	0.34~1.5	0.62~3.65	1.4~7.8	4.13~24.13
总温/K	911	1305	1580	2028
模拟动压/kPa	25~103	17~96	15.5~87	15~91
模拟高度/km	16.7(21.3)~25.9	19.8(24.3)~30.5	22.8(27.5)~34	24.4(29)~36.6
运行时间/s	120	120	120	120

改造后,该风洞承担的主要研究任务是发动机喷流干扰、尺度效应、多模块发动机之间的相互作用试验、缩比及全尺寸发动机流道试验(图 3-22)、高超声速飞行器/全尺寸发动机流道一体化试验研究(图 3-23 和图 3-24)等。在 X-43 计划

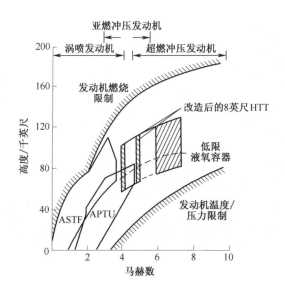

图 3-21　8 英尺高温风洞模拟能力

中,该风洞试验对于降低飞行试验风险起到了非常重要的作用,完成了 70 余次各类风洞试验。

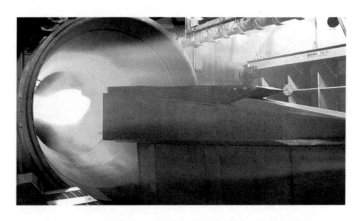

图 3-22　8 英尺高温风洞中进行的 X-51 发动机试验

　　为了提高风洞在低马赫数下的动压模拟能力,8 英尺风洞加工了口径为 1380mm 的马赫数为 3、4、5 和 6 的小喷管,在风洞气源能力有限的情况下,通过缩小风洞喷管口径降低流量要求,在马赫数为 5 的状态下风洞的动压达到 163kPa,在马赫数为 6 的状态下风洞的动压达到了 116kPa,在喷管口径为 1380mm 时风洞的试验能力见表 3-4。

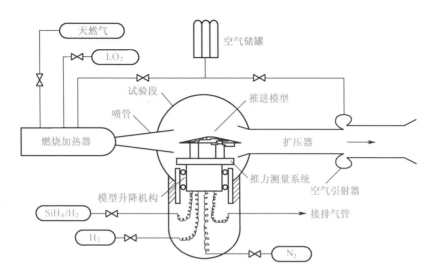

图 3-23　8 英尺高温风洞及一体化试验示意图

图 3-24　大尺度一体化飞行器气动/推进试验

表 3-4　美国 8 英尺高温风洞总体参数(1.38m 喷管)

马赫数	模拟高度/km	静温/K	静压/Pa	总压/MPa	总温/K	动压/kPa
3	15.0	212.49	12107	0.451	585	76.06
4	21.5	213.69	4372.1	0.702	855	48.75
5	16.6	217.99	9412.2	5.89	1189	163.57
6	21.1	224.49	4675.3	10.53	1583	116.63

通过对 8 英尺高温风洞试验能力的分析,可以得到以下结论:

（1）由于进行吸气式推进试验时要往试验气体中补氧，氧供应系统的能力成为限制推进试验能力的主要因素(16MPa 以下)，一旦配置更高压力等级的液氧供应系统，达到规划指标，其试验能力将大大提升。

（2）从 8 英尺风洞发展趋势看，马赫数为 4 和 5 的状态下，动压要达到 150kPa；马赫数为 6 的状态下，动压要达到 100kPa；马赫数为 7 的状态下则尽量得到更高总压，视加热器设计水平而定。

2. 美国 APTU

APTU 是下吹式自由射流试验设备，用于战术导弹尺寸武器系统和硬件的真实温度气动力、推进和材料/结构试验。试验舱和设备的其他部件最初建于 20 世纪 50 年代。1960 年前后，设备被移至犹他州的小山(Little Mountain)，以支持 Marquardt Rj43 冲压发动机试验，命名为高超声速推进设备。

为满足空军和海军未来发展冲压类导弹(图 3-25)的基本需求，于 20 世纪 70 年代初，规划和组建气动与推进试验装置。为了在地面设备上开展发动机工作状态下的沿弹道模拟试验，美国提出了对 APTU 风洞改造计划，并于 1999 年开始实施。风洞改造分三个阶段：第一个阶段改造气源；第二个阶段改造加热器、引射器和喷管；第三阶实现变马赫数。

图 3-25　超声速冲压发动机导弹试验模型

APTU 风洞试验马赫数分两段模拟，一段马赫数为 0~4.5，另一段马赫数为 4.5~8，可按弹道要求连续变马赫数和相应状态参数。风洞模拟动压范围为 30~120kPa，模拟高度为 0~35km，试验时间长达 6min。试验时试验人员根据飞行弹道要求将相应参数输入控制系统，风洞在一次试验中给出对应弹道上试验模型的各种测试数据，这样可进一步提高试验数据的真实性。设备整体俯瞰图与加热器示意图如图 3-26 所示,APTU 模拟参数范围如图 3-27 所示。

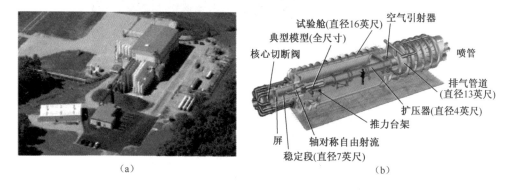

（a）　　　　　　　　　　　　　　　　　　　（b）

图 3-26　APTU 设备整体俯瞰图与加热器示意图

（a）设备整体俯瞰图；（b）加热器示意图。

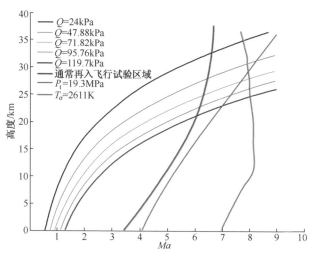

图 3-27　APTU 参数范围

2002 年至今,进行了重大性能升级改造计划,主要用于开展美国空军和国防高级研究计划局(DARPA)的 Falcon 组合循环发动机风洞试验。分别于 2009 年 4 月和 9 月成功进行了马赫数为 4、6 的双模态、组合式冲压/超燃冲压高超声速发动机的自由射流试验(图 3-28)。

3. 俄罗斯 T-131B 风洞

俄罗斯的热结构风洞包括中央流体动力研究院的 BAT-131A、T-131B 和 BAT-131V 暂冲式高超声速发动机和飞行器试验设备。为了满足吸气式高超声速技术

图 3-28　APTU 开展 Falcon 发动机风洞试验模型的热流试验

发展的需要,俄罗斯中央发动机研究院(CIAM)在 2001 年兴建了 $\phi1.2m$ 风洞,即 T-131B,其主要任务是开展整机发动机试验和飞行器前体一体化试验研究。此风洞采用富氧空气与天然气燃烧产生试验所需的高熔试验气流。图 3-29 给出了 T-131B 风洞示意图。

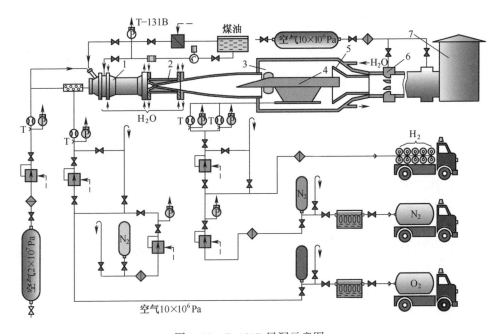

图 3-29　T-131B 风洞示意图

4. 日本 RJTF 设备

为发展吸气式发动机技术,日本防卫厅研究开发局为发展宇航运输系统的带翼航天器(包括吸气式发动机),于 1994 年在 KAKUD 研究中心建造了主流喷管出口尺寸 510mm×510mm,模拟马赫数为 4、6、8 的高超声速自由射流台(RJTF),如图 3-30 所示。风洞的温度模拟采用两级加热方式,最高模拟总温为 2600K。第一级为无污染的空心砖型蓄热体空气加热器(Storage Air Heater,SAH),蓄热体加热部分可以把空气温度提升到 1700K,第二级为有一定污染(指对被加热试验空气的影响)的直接燃烧式氢燃料加热器(Vitiated Air Heater,VAH)。

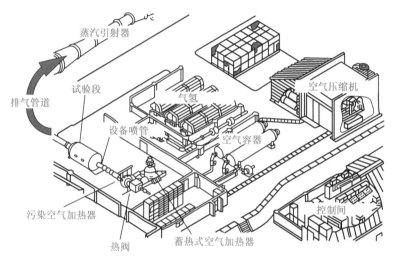

图 3-30　RJTF 示意图

SAH 蓄热加热器可以提供流量高达 29.5kg/s 的高温试验空气,风洞驻室压力和温度分别为 12.0MPa 和 1655K。加热器采用了同心的空心砖,采用燃烧方式加热蓄热材料,空心砖结构粉尘污染水平比卵石床的低并降低了漂浮危险,消除了蓄热床的扭曲问题。在直径 1124mm 的压力容器内有一个高 6096mm 的空心砖堆。这些空心砖在流向上有 5580 个通孔,每个通孔直径为 7mm;高温燃气从上到下经过这些通孔来加热空心砖蓄热阵;蓄热完成后,试验期间空气从下到上通过这些通孔,与蓄热砖发生对流热交换而得到加热。SAH 采用了圆顶结构设计,可以减少加热器绝热层上部的相对移动。这种设计有双重圆顶的特征,可以防止高温内衬受结构载荷的作用而导致材料蠕变和圆顶破坏。加热器蓄热床衬垫、圆顶和出口管道使用"榫槽密封"设计方案,可阻止气流向绝热层渗透,并使蓄热砖块之间能够更好地对齐安装,还可消除加热器内部向外部绝热层的直接辐射。

在马赫数为 4 的状态下,只使用第一级蓄热体加热器,试验空气的洁净度非常高。在马赫数为6的状态试验时,可以有两种加热方式供选择:一是单独使用蓄热体加热器(1655K);二是单用直接燃烧加热器(1580K)。使用直接燃烧加热器,要补充空气中氧气直接参与燃烧而损失的部分。而在马赫数为8时,两种加热方式必须串联工作,由于第二级的直接燃烧加热升温所占份额小,因此补氧量要小得多。这对高超声速的超燃冲压发动机来说是非常有利的,在高空飞行条件下,进入冲压发动机的空气流量不大,产生的净推力绝对值也小,如果直接燃烧加热产生的燃烧产物中游离基、原子团及杂质 H、O、NO_x、OH、H_2O 等数量大,则必然对发动机的启动及燃烧性能有影响,导致净推力与空气流量对应的偏差范围增大,不容易得到真实的净推力。

总之,两级加热方式的优点是减少试验空气的污染,试验发动机的工作是在接近真实的进气条件下进行的;既可以满足空气纯净度要求,又有利于模拟高温的实现(直接燃烧加热方式,升温高且快),增加了发动机试验件燃烧性能研究的可信度。

参考文献

[1] 杨样. 污染组分对超燃冲压发动机性能的影响研究[D].成都:西南交通大学,2009.

[2] Lu F K, Marren D E. Advanced hypersonic test facilities[C].198 of Progress in Astronautics and Aeronautics, AIAA, 2002.

[3] Northam G B, Andrews E, Guy W, et al. An overview of hypersonic propulsion research at NASA langley research center[C]// AIAA Paper 2002-3159,2002.

[4] Kumar A,Drummond J P, McClinton C R, et al. Research in hypersonic airbreathing propulsion at the NASA langley research center[C]// I SABE-2001,2001.

[5] Falempin F H. Scramjet Developments in France[C]// Curran E T, Murthy S N B.Scramjet Propulsion,189 of Progress in Astronautics and Aeronautics, AIAA, 2000.

[6] Gruber M, Donbar J, Jackson K, et al.Newly developed direct-connect high-enthalpy supersonic combustion research facility[J]. Journal of Propulsion and Power ,2001, 17: 6.

[7] Bissinger N C, Koschel W, Sacher P W, et al. SCRAM-jet investigations within the german hypersonics technology program(1993-1996) [C]// Curran E T, Murthy S N B.Scramjet Propulsion, 189 of Progress in Astronautics and Aeronautics, AIAA, 2000.

[8] Gildfind D E, Morgan R G, Jacobs P A, et al.Production of High-Mach-Number Scramjet Flow Conditions in an Expansion Tube[J]. AIAA Journal, 2014, 52:1.

[9] Hannemann K, Schramm J M, Karl S, et al.Free flight testing of a scramjet engine in a large scale shock tunnel [C]// AIAA Paper 2015-3608, 2015.

[10] Beck W H, Hannemann K, Weiland M.Modifications to the DLR high enthalpy shock tunnel HEG for measurements on supersonic combustion[C]// AIAA Paper 2001 -1860,2001.

[11] Yatsuyanagi, Chinzei, Mitani. Ramjet engine test facility (rjtf) in nal-krc, Japan[C]// AIAA Paper 1998-1551,1998.

第4章 脉冲式燃烧加热高温高超声速风洞设计

脉冲燃烧风洞具有建造与运行成本低、系统简单、维护方便、建设周期短等优点,是当前超燃冲压发动机研究的主力设备。本章以 $\phi600mm$ 脉冲燃烧风洞为例,介绍设计"活塞挤压定量供应氢气+路德维希管模式"风洞的设计过程[1,2]。

4.1 脉冲燃烧风洞总体参数选择

如前所述,超燃冲压发动机试验应模拟飞行条件下的空气总焓、动压、马赫数和氧气摩尔分数。另外,风洞试验时间以及风洞口径也是十分重要的参数。风洞建设前选择总体参数时,应首先明确这些参数。

4.1.1 试验时间的选取

试验时间总被看作是确定模拟要求的一个很重要的参数。但是,单纯的试验时间并不非常重要,重要的是试验时间与相应的流动、化学过程或热/结构过程的特征时间尺度的比值。对于不同的过程,这些比值可以相差甚远。因此,必须对所要确定的发动机特性进行研究。首先,要获得有效的数据,必须建立稳定的流场和给予化学反应足够长的时间,以建立当地动态条件的平衡。对于液体燃料,还需要给燃料蒸发过程提供足够长的时间。对于后者,壁面辐射的作用很大,因而壁面需预热或使试验时间足够长,以便壁面达到平衡温度。对于气体燃料,如氢气或气态碳氢燃料,壁面温度的影响没有液体燃料明显。这种情况下,两个与时间相关的参数便是流动建立时间和反应时间与流动时间的比值。实际上,后者是一个基本模拟参数参数,即第一 Domkohler 数,如果原始变量(包括尺度、速度、密度、温度、气体组分)得到模拟,该参数就自动得到了模拟。因而对技术发展研究来说,如果其他模拟满足要求,就只需检验流动建立时间。

流动建立时间一般的准则是要求(实验时间×流动速度)/相关长度尺度有一

定的比值,也就是说对于一个确定模型,流动经越的距离要大于模型长度。分析和试验都表明,在平板上建立层流边界层时,这个比值约为3(流动经越的距离是平板长度的3~5倍)。另外,分离流(典型的湍流)则需要该比值为大得多的数值,典型的数据30~60。然而,在这种情况下,相关的长度尺度应取分离泡的长度,分离泡长度与模型长度相比很小,因此,对于分离泡为模型上附着流的1/10长度的情况,分离流和附着流就会在整个模型上同时建立起来。

对于流动速度为2.1~4.5km/s(模拟马赫数为7~15)情况,氢、乙烯、煤油三种燃料的点火时间很短,只有(30±5)μs,但根据Swithenbank收集的数据指出,燃烧试验需要的时间为1.75~5.4ms。

脉冲风洞试验时间多长才能满足发动机性能研究的要求这一问题至今没有得到确切的回答。氢燃料的点火延滞时间短,尤其是在飞行马赫数为7以上、气流总温高于2100K情况下;美国、日本、澳大利亚等国采用工作时间小于10ms、试验段出口直径大于1m的激波风洞进行模型长度大于2m的发动机试验。NASA在成功进行X-43A的马赫数为7、10飞行试验后,指出"飞行数据的初步分析表明,在5ms的反射激波风洞中进行的系列试验能够预测飞行性能",肯定了脉冲风洞数据的可靠性。应特别注意的是,美国超燃冲压发动机研究已进行了多年,通过直连式试验对发动机燃烧性能有了较完全的理解,已找到一种能快速点火燃烧、燃烧后性能与真实燃料有较好一致性的代用品。但是对于煤油燃料,飞行马赫数小于7条件下的发动机性能试验(气流总温低于2100K),由于煤油自发点火的延滞时间比氢燃料要长得多,风洞要提供多长试验时间才能满足要求,至今国内外都没有报道。

对脉冲风洞提供的试验时间的要求与液体煤油的自发点火延滞特性有关。室温液体煤油的自发点火的延滞实际上经历了十分复杂的过程,如图4-1所示。图4-1示出了室温液体煤油注入发动机后,在燃气温度达到平衡之前,大致经历了液滴破碎、蒸发、化学反应延滞三个复杂的物理化学过程,而且这三个过程之间不是串接而是相互有重叠。

此外,在燃烧过程中火焰稳定器形状、激波强度、湍流度、液滴尺寸与分布、来流和燃料喷射之间相对速度、燃料的反应动力学特性等参数都会对自发点火延滞时间产生影响。分析如此众多的影响参数来确定煤油自发点火延滞时间是一个十分困难的问题,因此一般只能通过试验确定煤油燃料超燃冲压发动机性能研究所要求的脉冲风洞的工作时间。

CARDC开展了小尺寸超燃冲压发动机煤油自点火自由射流试验[3,4]。图4-2是自由射流试验的典型超燃冲压发动机模型结构。模型发动机长1m,三波系进气道宽为120mm,高为80mm。外直径8mm、内直径1mm的压阻式压力传感器安装在发动机内流道上下壁面。脉冲风洞的轴对称型面喷管出口的直径为300mm。

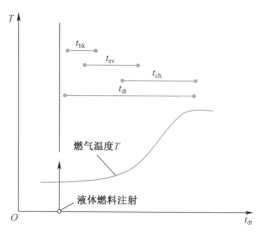

图 4-1　液体碳氢燃料点火延滞特性

t_{dt}—总点火延滞时间。

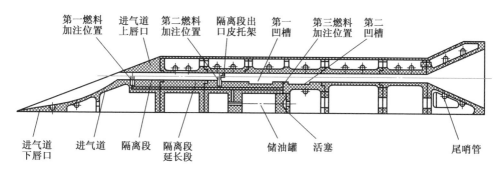

图 4-2　超燃冲压发动机模型结构

风洞启动、煤油注入、燃烧流动建立时序如图 4-3 所示。

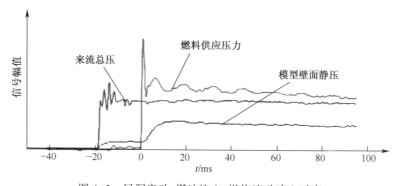

图 4-3　风洞启动、煤油注入、燃烧流动建立时序

图 4-4 是图 4-2 中燃烧室中凹腔附近压力测量点位置的局部放大。图 4-5 为来流马赫数 $Ma=5$、总压 $p_t=4MPa$、总温 $T_t=1400K$ 风洞试验条件下燃烧室下壁面几个典型的测压点的时间历程。

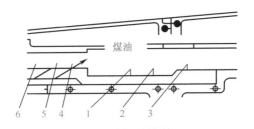

图 4-4　燃烧室的局部放大示意图

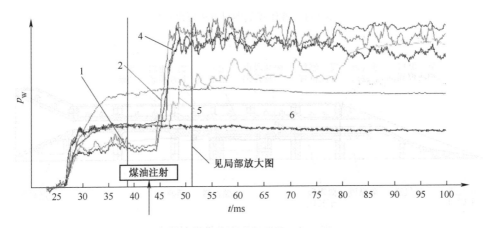

图 4-5　燃烧室下壁面典型点的压力-时间历程

从图 4-4 中 1、2、4、5、6 这些典型点的压力曲线可知,在注入煤油后燃烧很快达到稳定。自发点火首先出现在凹腔内部(点 1、2),逐渐向上游传播,因为试验观察到点 5 压力阶跃比点 1 晚约 2ms,但两者距离为 25mm。点 1、2、4 处的燃烧十分强烈,持续时间为 60~80ms。从凹腔附近 1、2、4、5 四个点压力历程判断,自发点火延滞时间约为 4ms(图 4-5),这一延滞时间还包括压力测量孔(孔直径为 1.5mm、孔长为 100mm)、传感器及测量系统的响应时间。

图 4-6 为马赫数为 6 的条件下的凹腔内壁面点 2 的压力变化历程。由图可见,煤油自发点火延滞时间与马赫数为 5 条件基本相同。因此通过马赫数为 5、6 的试验可以获得结论:煤油注入发动机后,液滴破碎、蒸发、化学反应延滞三个物理化学过程的总时间约为 4ms。

根据上述研究结果,如果不考虑天平测力的特殊要求,进行超燃冲压发动机基

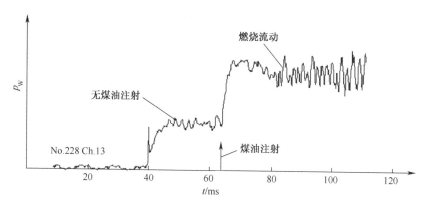

图 4-6 燃烧室壁面点 2 的压力变化历程

本性能研究的设备试验时间约为 10ms。实际上,考虑天平测力的要求,这个时间长得多。由于要求发动机工作在较高的动压范围,发动机燃烧室内工作压力较高(0.3~0.8MPa)。发动机模型有一定的质量要求。根据目前国内天平测力水平,压电天平一般要求模型质量不能大于 20kg;否则频响太低,很难测出正确的推力。

对于长约 4m 的发动机,模型质量已达约 700kg。为获得这一类质量模型精度较高的推力数据,应考虑足够高频响和阻尼衰减振动特性。根据我们对天平的研究结果,在现有条件下天平的前沿响应约需 50ms,获得精度较高的数据,试验时间约为前沿响应时间的 3 倍,即试验时间应大于 150ms。此外,发动机试验还要考虑燃料加注消耗的时间。综合以上室温煤油燃料加注、点火、天平测量要求等方面因素,风洞试验时间选择 200ms 较为合适。

4.1.2 其他参数的选取

脉冲燃烧风洞喷管出口直径根据满足的超燃冲压发动机尺寸需要而定,主要保证进气道位于喷管均匀区内。同时,根据吸气式高超声速技术的发展要求,以及该类飞行器的飞行包络线,制订风洞的总温、总压等参数。

4.2 风洞总体参数的计算

燃烧加热风洞采用可燃气体,如氢气或甲烷等气体碳氢燃料与富氧空气混合燃烧的方法产生高温、高压的试验气体,并保证燃烧产物中氧气的摩尔分数为 21%。风洞建成后主要进行吸气式发动机推进试验和飞行器一体化试验,由于涉及燃烧现象,风洞不仅要模拟高空气流的焓值和压强等参数,还要模拟气体组分,所以必须保证将来在发动机内主要参与燃烧反应的氧气的摩尔分数与空气相同

（为 21%）。混合气体在加热器内混合燃烧后的各组分的含量也是设计者比较关注的，主要是因为燃烧产物内含有较多水蒸气，而水蒸气在喷管出口可能发生凝结。可燃气体、氧气、空气的流量是风洞最基本的运行参数，这涉及气源系统的配置和气体供应方式的选取。因此，对风洞进行可行性分析之前，必须明确风洞的基本运行参数，才能选取合适的技术方案。

以氢气燃烧加热器为例，提供给加热器各组分的匹配关系可由下列关系式计算。

化学反应方程式为

$$a\mathrm{H}_2 + b\mathrm{O}_2 + c(0.21\mathrm{O}_2 + 0.79\mathrm{N}_2) \xrightarrow{T_0}$$

$$a\mathrm{H}_2\mathrm{O} + \left(b - \frac{a}{2} + 0.21c\right)\mathrm{O}_2 + 0.79c\mathrm{N}_2 + \Delta H_1$$

$$\xrightarrow{T} a\mathrm{H}_2\mathrm{O} + \left(b - \frac{a}{2} + 0.21c\right)\mathrm{O}_2 + 0.79c\mathrm{N}_2 + \Delta H_2 \tag{4-1}$$

根据能量守恒和燃气中的氧气组分摩尔分数为 21% 的要求，可列出以下方程组：

$$\begin{cases} \Delta H_1 + \Delta H_2 = 0 \\ \dfrac{b + 0.21c - \dfrac{a}{2}}{\dfrac{a}{2} + b + c} = 0.21 \\ a + b + c = 1 \end{cases} \tag{4-2}$$

根据加热器内气体所要求达到的总温，查热力学函数表得出相应的 ΔH_1 和 ΔH_2，解以上封闭方程组，即可得出 a、b、c 的值和燃烧后的化学组分。

试验气体在风洞喷管中的流动可视为准一维流动，满足流量守恒、绝热和等熵关系，即

$$\rho u A = \mathrm{const1} \tag{4-3}$$

$$h(T) + u^2/2 = \mathrm{const2} \tag{4-4}$$

$$s(T) - R\ln P = \mathrm{const3} \tag{4-5}$$

式中　ρ——气流密度（kg/m³）；

　　　u——气流速度（m/s）；

　　　A——气流流通面积（m²）；

　　　$h(T)$——气流焓值（J/kg）；

　　　$s(T)$——气流的熵（J/k）；

　　　R——气体常数（kJ/(kg·k)）。

高温条件下混合气体各组元的热力学参数由热力学参数表的数据拟合出下列公式[5,6]：

$$\frac{c_{pi}}{R} = A_1 + A_2 T + A_3 T^2 + A_4 T^3 + A_5 T^4 \tag{4-6}$$

$$\frac{h_i}{RT} = A_1 + \frac{A_2 T}{2} + \frac{A_3 T^2}{3} + \frac{A_4 T^3}{4} + \frac{A_5 T^4}{5} + \frac{A_6}{T} \tag{4-7}$$

$$s_i(T_1) - s_i(T_2) = \int_{T_1}^{T_2} \frac{c_{pi} \mathrm{d}T}{T} \tag{4-8}$$

混合气体的焓、比热容、比热比和分子量可以表示为

$$h = \sum_{i=1}^{s} Y_i h_i \tag{4-9}$$

$$c_p = \sum_{i=1}^{s} Y_i c_{pi} \tag{4-10}$$

$$\gamma = \frac{c_p}{c_p - R} \tag{4-11}$$

$$M = \sum_{i=1}^{s} N_i M_i \tag{4-12}$$

式中 Y_i ——组分的质量分数；

N_i ——组分的摩尔分数。

在喉道处满足

$$u = \sqrt{\gamma R T} \tag{4-13}$$

对应每一个试验状态,都有一个要求的实际总温及总压,由于加热器等的热损失,理论配气温度应高于时间试验需要的总温,再结合式(4-3)、式(4-4),经过迭代就可以得到喷管喉道处的密度和速度。这样再根据式(4-3)~式(4-5)就可以迭代求出给定喷管出口马赫数、喷管出口与喉道的面积比及喷管出口参数。由于喷管出口的尺寸是给定的,再考虑喷管出口附面层的影响,就可以得到每个试验状态下的喷管喉道参数及流量。

对于进行吸气式推进试验的风洞,最重要的模拟参数包括焓值、动压、马赫数、氧的摩尔分数。进行风洞总体参数计算时,先根据飞行器的飞行弹道得到需要模拟的动压 $\frac{1}{2}\rho u^2$,焓值 $h(t_0) = h(t) + \frac{1}{2}u^2$,再根据马赫数和氧的摩尔分数的要求,得到风洞的总温、总压等基本参数,同时留有一定余量。

φ600mm 脉冲燃烧风洞,相关总体参数见表 4-1,充气参数见表 4-2。

表 4-1　φ600mm 脉冲燃烧风洞总体参数

| 马赫数 | 总压 /MPa | 总温 /K | | 驻室热力学参数 | | | | | 总流量 /(kg/s) | 喷管喉道直径 /mm |
		理论	实际	水	氧	氮	比热比	分子量		
4	1.5	1200	900	0.120	0.21	0.670	1.33	27.60	45.3	172.0
5	4.0	1600	1360	0.183	0.21	0.607	1.28	27.00	34.6	103.4
6	5.5	2000	1700	0.252	0.21	0.538	1.26	26.32	16.3	64.4

表 4-2　φ600mm 脉冲燃烧风洞充气参数

| 马赫数 | 富氧空气配气参数 | | | | 氢气配气参数 | | | 总温 /K | 总压/MPa |
| | 充气压强/MPa | | 喉道直径 /mm | 流量 /(kg/s) | 充气压强 /MPa | 喉道直径 /mm | 流量 /(kg/s) | | |
	氧气	氧气							
4	1.1	9.9	47.1	45.0	11.0	8.66	0.40	1200(900)	1.5
5	1.7	9.3	41.0	34.2	11.0	9.40	0.47	1360(1600)	4.0
6	2.4	8.6	28.0	16.0	11.0	7.66	0.30	1700(2000)	5.5

4.3　脉冲燃烧风洞设计关键技术

4.3.1　挤压式加热器燃料供应技术

4.3.1.1　工作原理

通过活塞挤压的方式向脉冲燃烧风洞加热器供应燃料,可以实现燃料的定量供应,彻底根除 φ300mm 双管式脉冲燃烧风洞试验完后,大量可燃气体排入真空系统,对风洞安全运行造成极大威胁的弊端。挤压燃料供应装置主要由小气缸、大气缸、活塞和快速阀组成,如图 4-7 所示。

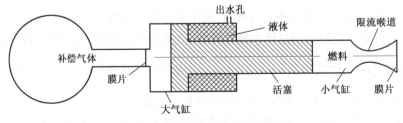

图 4-7　挤压供气装置原理图

　　试验前按要求充入氢气和补偿气体,活塞位于气缸底端。试验时,喉道下游快速阀开启,补偿气体推动活塞向气缸的另一端运动,挤压小气缸内的燃料(氢气)向加热器供气,直到氢气用完为止。该装置设计关键有两点:一是如何使系统能快速启动;二是如何消除快速启动引起的气流振荡。该装置的特别之处是活塞与大气缸间的液体,一般采用水,大气缸上面设若干出水孔,活塞运动时,由于活塞两端的面积不等,使液体产生一定的压强,通过控制液体的压强可以抑制住小气缸内气体的压强振荡。

　　从物理意义上,该装置中液体起阻尼作用,如果在装置中没有水的作用,由于气体的可压缩性和活塞的惯性,活塞在启动后如同置身于两个压缩性很强的弹簧中间,其运动过程是一个振荡的过程,使小气缸内气体燃料压强不稳定,不能为加热器提供恒定流量的燃料。在装置中加入液体后,由于活塞两端面积不等,在活塞运动过程中液体会从出水孔排出流入水箱中。根据不可压流动的伯努利方程:活塞速度大时,活塞间的液体压强大,对活塞系统的阻力就大;活塞速度小时,活塞间的液体压强小,对活塞的阻力就小。液体对活塞系统的综合作用是"阻止"其速度变化过快,液体的这种压强变化趋势与小气缸内气体的变化趋势是一致的。但是活塞间液体的压强变化是活塞速度变化直接导致的,而小气缸内气体的压强变化是由于活塞速度变化使活塞扫过的体积与通过限流喉道排出的气体燃料在燃料容器中所占体积不等而产生的,是活塞速度变化间接所致,活塞间液体压强对活塞速度变化的敏感程度及其导致的变化量远大于小气缸中的气体压强变化,液体的存在相当于在整个活塞运动系统中加入了一个极强的阻尼装置,可以迅速抑制活塞的速度振荡和气体的压强振荡。这一物理过程可以通过求解活塞的运动方程组加以说明。

　　设恒压补偿气体压强为 $p_p + \Delta p$,试验气体的压强为 p_{pl},大活塞横截面积为 S_p,活塞的质量为 M,摩擦力为 F_{fr},液体的密度为 ρ_{liq},出水孔的面积为 S_{liq},试验气体的温度为 T,压强为 p,比热比为 γ,小气缸的长度为 L,横截面积为 S_{pl},小气缸内试验气体的质量为 G,小气缸体积为 V,活塞的速度为 v。活塞坐标为 x,时间为 τ_0,喉道面积为 S^*。活塞在没有液体阻尼的情况下的运动方程为

$$(p_p + \Delta p)S_p = p_{pt}S_{pl} + F_{fr} + M\frac{d^2x}{d\tau^2} \tag{4-14}$$

试验气体满足

$$p_{pl}V = GRT \tag{4-15}$$

可得

$$\frac{dp_{pl}}{p_{pl}} + \frac{dV}{V} = \frac{dG}{G} + \frac{dT}{T} \tag{4-16}$$

小气缸的体积为

$$V = S_{pl}(L - x)$$

故

$$dV = -S_{pl}dx$$

小气缸中气体的质量为

$$G = \rho V = \frac{p_{pl}}{RT}S_{pl}(L - x) \tag{4-17}$$

$$dG = -g^* d\tau = -\frac{mp_{pl}S^*}{\sqrt{T}}d\tau \tag{4-18}$$

式中

$$m = \sqrt{\frac{\gamma}{R}\left(\frac{2}{\gamma + 1}\right)^{\frac{\gamma+1}{\gamma-1}}}$$

绝热气体满足

$$\frac{\gamma - 1}{\gamma}\frac{dp_{pl}}{p_{pl}} = \frac{dT}{T} \tag{4-19}$$

将式(4-17)~式(4-19)代入式(4-16),可得

$$\frac{dp_{pl}}{p_{pl}} - \frac{S_{pl}dx}{S_{pl}(L - x)} = \frac{mS^* p_{pl}}{\sqrt{T}}\frac{p_a T}{\rho p_{pl} T_a S_{pl}(L - x)}d\tau + \frac{\gamma - 1}{\gamma}\frac{dp_{pl}}{p_{pl}} \tag{4-20}$$

整理可得

$$\frac{L - x}{\gamma p_{pl}}\frac{dp_{pl}}{d\tau} - \frac{dx}{d\tau} = \frac{mS^* R\sqrt{T}}{S_{pl}} \tag{4-21}$$

结合式(4-15)、式(4-19)、式(4-21)和给定的初始条件,用二阶龙格-库塔方法就可以解活塞无液体阻尼时的运动方程组,得到小气缸内气体的参数。

在有液体的情况下,得到活塞的运动方程为

$$(p_p + \Delta p)S_p = p_{pl}S_{pl} + F_{fr} + p_{liq}(S_p - S_{pl}) + M\frac{d^2 x}{d\tau^2} \tag{4-22}$$

液体的压力与从孔中流出的液体的速度的关系由伯努利方程得到,即

$$p_{liq} - p_a = \frac{\rho_{liq}W_{liq}^2}{2} \tag{4-23}$$

液体的体积满足

$$V_{liq} = (S_p - S_{pl})(L - x)$$

故

$$\frac{\mathrm{d}V_{\mathrm{liq}}}{\mathrm{d}\tau} = -\left(S_{\mathrm{p}} - S_{\mathrm{pl}}\right)\frac{\mathrm{d}x}{\mathrm{d}\tau} \tag{4-24}$$

从孔中流出液体的速度为

$$W_{\mathrm{liq}} = \frac{1}{S}\frac{\mathrm{d}V_{\mathrm{liq}}}{\mathrm{d}\tau} = -\frac{S_{\mathrm{p}} - S_{\mathrm{pl}}}{S_{\mathrm{liq}}}\frac{\mathrm{d}x}{\mathrm{d}\tau} \tag{4-25}$$

结合式(4-9)和式(4-12),可得

$$p_{\mathrm{liq}} - p_{\mathrm{a}} = \frac{\rho_{\mathrm{liq}}}{2}\left(-\frac{S_{\mathrm{p}} - S_{\mathrm{pl}}}{S_{\mathrm{liq}}}\frac{\mathrm{d}x}{\mathrm{d}\tau}\right)^2 \tag{4-26}$$

故

$$\frac{\mathrm{d}x}{\mathrm{d}\tau} = \frac{S_{\mathrm{liq}}}{S_{\mathrm{p}} - S_{\mathrm{pl}}}\sqrt{\frac{(2(p_{\mathrm{liq}} - p_{\mathrm{a}}))}{\rho_{\mathrm{liq}}}} \tag{4-27}$$

结合式(4-5)、式(4-7)、式(4-8)、式(4-14)和给定的初始条件,用二阶龙格-库塔方法,可以解出活塞有液体阻尼的运动方程组,并得到小气缸内气体的参数。

4.3.1.2　挤压燃料供应系统设计参数选取

1. 小气缸设计参数选取

在实际试验中,一般给出对燃料的流量要求和充气压强,环境温度是已知的。小气缸喉道的面积根据下式计算:

$$A_{\mathrm{t}} = \dot{m}\sqrt{T_0}\bigg/\left(p_0\sqrt{\gamma\left(\frac{2}{\gamma+1}\right)^{\frac{\gamma+1}{\gamma-1}}\frac{W}{8314}}\right) \tag{4-28}$$

式中　p_0——小气缸内充气压力(Pa);

　　　T_0——充气时的环境温度(K);

　　　W——气体分子量;

　　　$\dot{m}$——要求的气体流量(kg/s)。

小气缸的长度(活塞行程)可根据下式计算:

$$L = vt \tag{4-29}$$

式中　v——设计活塞速度(m/s);

　　　t——设计试验时间(s)。

如果维持小气缸内压强稳定,那么经喉道流出的体积流量应等于活塞运动补偿的体积流量。

$$\frac{d_1^2}{d_{\mathrm{t}}^2} = 0.53\frac{a_0}{V} \tag{4-30}$$

式中　d_1——小气缸内径(m);

d_t——小气缸限流喉道直径(m);

α_0——气体声速(m/s)。

V——活塞运动速度(m/s)。

小气缸的体积为

$$V_1 = \frac{\pi d_1^2}{4} L \tag{4-31}$$

式中　L——活塞行程(m)。

根据以上公式,利用设备所要求的流量、压力和试验时间,根据加工能力可确定小气缸长度,从而可确定小气缸直径、活塞速度等几何参数。

2. 大气缸设计参数选取

大气缸的体积按下式计算:

$$V_2 = n_s V_1 \tag{4-32}$$

式中　V_1——小气缸的体积(m^3);

n_s——大活塞与小活塞面积比。

大气缸的内径按下式计算:

$$d_2 = \sqrt{n_s} d_1 \tag{4-33}$$

式中　d_1——小气缸的内径(m)。

大气缸的充气压强按下式计算:

$$p_2 = p_1 / n_s \tag{4-34}$$

式中　p_1——小气缸充气压强(MPa)。

理论上补偿气体能保持恒定的压强,实际上是做不到的,由于活塞的运动,补偿气体体积变大,压强必然降低。在实际运用中能做到的仅仅是保持补偿气体的体积足够大,在整个试验时间内压强衰减小于一定的指标,一般是小于初始充气压强的10%。

在整个试验过程中,由于时间很短,认为补偿气体的膨胀是一个等熵的过程。设补偿气体的体积为 V_b,大气缸的体积为 V_2,补偿气体初始压强为 p_{2i},试验结束后为 p_{2e},气体比热比为 k。试验过程满足以下关系式:

$$p_{2i} V_b^\gamma = p_{2e} (V_b + V_2)^\gamma = p_{2e} (V_b + n_s V_1)^\gamma$$

根据上式,要满足 $p_{2e} > 0.9 p_{2i}$,必有

$$V_b > \frac{n_s V_1}{1.1^{\frac{1}{\gamma}} - 1} = n_s 14 V_1 \tag{4-35}$$

3. 补偿气体管通径计算方法

补偿气体管道通径与喉道尺寸的匹配是一个很重要的问题,如果补偿气体管

道通径过小,使补偿气体不能及时跟上活塞的运动,则会导致小气缸内的气体压强过低。设小气缸内气体的分子量为 M_1,喉道面积为 A_{t1},根据等熵准一维流动的公式,小气缸内的气体的体积流量为

$$\dot{V}_1 = \sqrt{\gamma \left(\frac{2}{\gamma + 1}\right)^{\frac{\gamma+1}{\gamma-1}} \frac{8314}{M_1} T_0} A_{t1} \tag{4-36}$$

设补偿气体管道中的流动马赫数为 Ma,补偿气体的分子量为 M_2,补偿气体管道的流通面积为 A_{t2},则补偿气体管道中的气体体积流量为

$$\dot{V}_2 = Ma \sqrt{\gamma \frac{8314}{M_2} T_0} A_{t2} \tag{4-37}$$

如果活塞的面积比为 n_s,则有

$$\dot{V}_2 = n_s \dot{V}_1 \tag{4-38}$$

认为试验气体的比热比与补偿气体的比热比是相等的,则有

$$Ma \sqrt{\gamma \frac{8314}{W_2} T_0} A_{t2} = n_s \sqrt{\gamma \left(\frac{2}{\gamma + 1}\right)^{\frac{\gamma+1}{\gamma-1}} \frac{8314}{W_1} T_0} A_{t1} \tag{4-39}$$

即

$$Ma A_{t2} \sqrt{\frac{W_1}{W_2}} = n_s \sqrt{\left(\frac{2}{\gamma + 1}\right)^{\frac{\gamma+1}{\gamma-1}}} A_{t1} \tag{4-40}$$

设 $\gamma = 1.4$,设补偿气体管道的通径为 D_{2t},喉道直径为 D_{at},则有

$$\frac{D_{2t}}{D_{at}} = 0.761 \, (n_s)^{\frac{1}{2}} \left(\frac{W_2}{W_1}\right)^{\frac{1}{4}} \Big/ \sqrt{Ma} \tag{4-41}$$

如果补偿气体在管道中流动的速度很快,在补偿气体与大气缸间就会存在较大的压强损失,故气体在补偿气体管道中流动的速度应尽量小(一般不大于 0.2),所以有

$$\frac{D_{2t}}{D_{at}} \geq 0.761 \, (n_s)^{\frac{1}{2}} \left(\frac{W_2}{W_1}\right)^{\frac{1}{4}} \Big/ \sqrt{0.2} = 1.7 \, (n_s)^{\frac{1}{2}} \left(\frac{W_2}{W_1}\right)^{\frac{1}{4}} \tag{4-42}$$

4. 阻尼出水孔面积的选择

挤压供气装置的阻尼液体一般用水。出水孔面积的选取也是很重要的;出水孔面积过大,水起不到阻尼的作用;出水孔面积过小,会造成试验气体很大的压强损失。在实际设计中,应预留足够流通面积的出水孔。

由式(4-26)可得

$$S_{liq} = \frac{(n_s - 1) S_{pl} v}{\sqrt{\dfrac{2(p_{liq} - p_a)}{\rho_{liq}}}} \tag{4-43}$$

控制水的压强一般为 0.2MPa,设活塞的最大运动速度为 2m/s,则有

$$S_{liq} = \frac{1}{7}(n_s - 1)S_{pl} \tag{4-44}$$

结构设计时,在大气缸上预留的出水孔的流通面积应远大于式(4-30)计算得到的值,在每个试验中再根据实际情况进行调节。

一般情况下,出水孔面积 S_{liq} 与活塞面积比 n_s、气体燃料声速 a_0、气体燃料流量计喉道直径 d_1 及活塞运动速度 V 之间的关系为

$$S_{liq} = 0.06(n_s - 1)a_0 d_1^2/V \tag{4-45}$$

5. 有水和无水时活塞运动计算

图4-8 为有水和无水时活塞运动速度与燃料压强的时间历程曲线。可见,水有显著抑制活塞运动振荡,使燃料供应压力趋于稳定,从而保证燃烧加热器出口气流参数基本恒定。

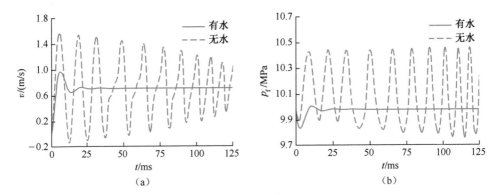

图 4-8　有水和无水时活塞运动速度和燃料压强的时间历程

图4-8 中计算条件如下:
$S_1 = 41.5 \times 10^{-3} m^2$, $S_2 = 14.3 \times 10^{-3} m^2$, $S_t = 1.6 \times 10^{-6} m^2$,
$L = 100mm$, $R_f = 296J/(kg \cdot K)$, $\gamma = 1.33$, $M = 10kg$,
$f = 4kN$, $p_{N_2} = 3.5MPa$; $\tau = 0$ 时, $p_f = 10MPa$,
$T_f = 300K$, $dx/d\tau = 0$。

6. 压力供应试验

试验前在小气缸内充入 6.0MPa 的氮气(代替燃料),并在补偿容积中充入 2.0MPa 的补偿氮气,试验时瞬时开启气动快速阀,通过压力传感器检测大气缸补偿气体和小气缸气体压力变化。图4-9 给出了无水和有水时的小气缸与大气缸内压力试验曲线对比。可见,水的存在显著减小了小气缸供应压力的振荡,但燃料供应压力比初始压力低。

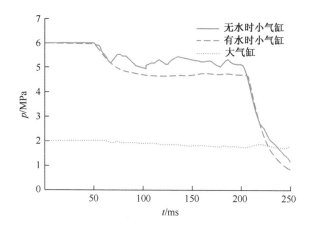

图 4-9 有水和无水时挤压供燃料装置的压力供应试验曲线对比

4.3.2 快速阀技术

1. 工作原理

脉冲燃烧风洞成功运行的一个关键是实现燃料和氧化剂同步注入燃烧加热器,同步时间误差一般要求在 10ms 内,以免氧化剂和燃料不同步注入造成爆轰或不完全燃烧。由此需要一种切换迅速、重复性误差极小(<5ms)的开启装置,普通工业开关阀无法满足此要求。一般使用含电爆丝的聚酯膜,通过高压放电使电爆丝爆炸放热,导致聚酯膜瞬时破裂来实现快速开启。俄罗斯也有使用炸药控制阀门瞬间开启的技术,但两者需要附属放电或点火系统,并且每次试验后需重新装入聚酯膜或炸药,操作复杂。本风洞使用气动快速阀(图 4-10),通过控制作用在阀芯两端的压力差来推动阀芯高速运动,以实现阀门的快速开启/关闭。

2. 开启特性试验

试验前,先由充气孔往阀体内充入一定压力的氮气将密封球头顶在关闭位置,然后往富氧空气管内充入一定压力的氧气和空气混合气。试验时,开启电磁截止阀将笼式阀芯内氮气迅速放掉,当氮气压力降至一定程度时,笼式阀芯就在富氧空气管压力作用下快速运动,密封球头迅速打开,富氧空气管通过笼式阀芯开孔流经限流喉道后注入燃烧加热器。

图 4-11 为气动快速阀开关特性调试曲线。可见:阀体氮气泄压到 b 点时,笼式阀芯开始运动;在 c 点时,笼式阀芯走到阀体限位处,密封球头完全打开,之后阀体内氮气继续外泄,限流喉道从感受到压力之后稳定 27~30ms。表 4-3 给出了气

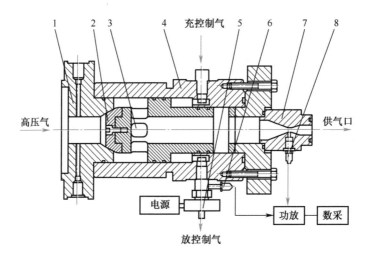

图4-10 气动快速阀的结构及试验原理图

1—阀座；2—密封球头；3—笼式阀芯；4—阀体；5—电磁阀；

6—阀体压力传感器；7—限流喉道；8—喉道压力传感器。

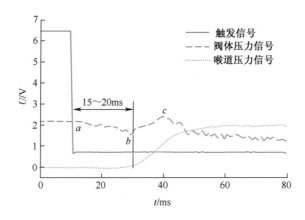

图4-11 气动快速阀开关特性调试曲线

动快速阀重复性试验结果。由表可见，气动快速阀开启的重复性误差在3ms内，因此采用气动快速阀控制燃料和氧化剂同步供应的时间误差在6ms内。

表4-3 气动快速阀重复性试验结果

车次	阀芯开始动作时间/ms	喉道压力稳定时间/ms	快速阀开启时间/ms
1	17.8	28.0	45.8
2	18.2	27.7	45.9
3	18.0	28.2	46.2

4.3.3　宽工作范围氢氧燃烧加热器设计技术

氢氧燃烧加热器技术是在双管式氢氧火箭发动机喷流模拟装置基础上发展起来的,作为产生高温、高压试验气体的燃烧加热器,是风洞的最关键部件之一,其性能好坏在很大程度上决定着整个风洞性能的优劣。加热器的性能主要取决于以下四个因素:

(1) 进入加热器的氢气和富氧空气是否充分混合;

(2) 充分混合后可燃混合气的可靠点火;

(3) 点火后是否稳定并完全燃烧;

(4) 是否能宽范围(马赫数为 4~6)工作。

1. 同轴直通喷嘴

对于本书所述的燃烧加热器,使用的是气体燃料,没有液体燃料雾化过程;加注喷嘴的主要任务是使气体混合均匀,故对喷嘴的设计要求不像液体燃料喷嘴那样严格。根据火箭发动机燃烧室的设计经验,混合较好的加注有离心喷嘴和同轴喷嘴两种方式。离心喷嘴结构如图 4-12 所示。其特点是:混合效果好,但加工复杂,加工成型后很难更改;切向孔较小,对气体的洁净度要求很高,否则容易产生堵塞;喷流切向速度很大,很可能在喷口处着火,产生高温,极容易烧蚀加注面板,必须对面板进行冷却。

同轴喷嘴结构如图 4-13 所示。其优点是加工简单,如果加注压力设计合适,可以产生很好的混合效果;加注面板处无高温区,面板不需要采用保护措施。缺点是由于喷嘴产生的气体无切向速度,火焰无火根,燃烧区要长一些。美国加热器研制也经历了从单个直通喷嘴加注发展到同轴直通喷嘴加注的发展历程,而且这种

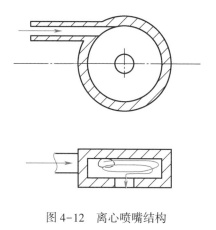

图 4-12　离心喷嘴结构　　　　　图 4-13　同轴喷嘴结构

同轴喷嘴加注方式已经成功地应用于中国空气动力研究与发展中心 1.0kg/s、10kg/s、25kg/s 燃烧加热器的马赫数为 5、6 状态的运行,因此挤压式脉冲燃烧风洞的氢氧燃烧加热器也采取同轴喷嘴方式加注氢气和富氧空气,以保证充分、均匀的混合效果。

2. 点火方法

点火方法主要有以下四种:

(1) 电火花点火:利用电嘴(电火花塞)的两个电极间高压放电或电弧放电产生高压电火花点燃可燃混气。

(2) 炽热点火:可燃混气穿过炽热物体而燃烧。

(3) 先锋火焰点火:首先将预燃室点燃,然后预燃室的火焰喷出,接着点燃主燃室的混气。也有用烟火剂来点火的。

(4) 自燃燃料点火:向燃烧室喷注遇空气就能自动着火燃烧的物质,如三乙基硼烷等。

在脉冲式设备中,比较合适的点火方法是自燃燃料的点火。但是,自燃燃料一般有毒,很不安全,故首选在发动机燃烧室中应用较为广泛而且比较可靠的电火花塞点火。但是,当把这种技术应用于脉冲式设备时,由于脉冲式设备工作时间短,它对点火的要求比一般发动机燃烧室点火要求更高,主要是对点火频率有较高的要求。

根据燃烧学可知,当加热器工作时,火花塞产生电火花点燃一个可燃混合气的微团,这个微团再去点燃它周围的燃气微团,从而点燃整个加热器的可燃混合气。要点燃这个可燃微团,点火能量有一个最小值,即最小点火能量。它的定义是能将一个最小混合气团点燃,并能使这个混合气团的火焰在主燃区传播所需的火花能量。这个能量与可燃混合气的流速、温度、压力、热导率、浓度、燃料性质等因素有关。研究表明,对于任意给定的燃料与空气比,其点火性能与燃烧加热器(或发动机燃烧室)的尺寸、压力损失系数、压力、温度、流量以及点火能量存在以下关系:

$$I = f\left[\frac{E_i^{0.25} A_m p^{1.5} T^{1.5}}{m_a \left(\Delta p_{ft}/q_m\right)^{0.5}}\right] \tag{4-46}$$

式中　　I——点火性能准则参数,代表点火时在火花塞附近的混合气中产生的热率与散热率之比,I 值高,则认为点火性能好;

　　　　E_i——总点火能量中的有效部分;

　　　　p,T——燃烧加热器内混合气的压力和温度;

　　　　m_a——燃烧加热器内可燃混合气流量;

　　　　$\Delta p_{ft}/q_m$——压力损失系数,反映了加热器内的紊流强度,其值越大,则气流流速越大,紊流强度越大。

因为 $m_a = \rho A_m V_m$, $\rho = p/gRT$, 由式 (4-33) 可得

$$I = f\left[\frac{E_i^{0.25} p^{0.5} T^{2.5}}{V_m (\Delta p_{ft}/q_m)^{0.5}}\right] \qquad (4-47)$$

式中　V_m——加热器内参考面的气流流速。

由式 (4-47) 可以看出,对于一个具体的加热器运行状态,可燃混合气的压力和温度不变,要想获得好的点火性能,必须增加点火能量 E_i ,或者降低混合气的流速 V_m 。另外,根据火箭发动机燃烧室设计经验,燃气在加热器燃烧室内的气流速度不宜过大,一般要求燃气的流动马赫数不大于 0.25。如果要提供给超燃冲压发动机马赫数为 5 的试验条件,则加热器内燃气温度约为 1500K,气流的绝对速度约为 190m/s。假设加热器长度为 2m,燃料与气流的混合物在加热器燃烧室内的驻留时间约为 10ms,如果此时还采用频率为 200~400Hz 火花塞点火,相邻两个火花时间为 2.5~5ms,对于同一燃料与气流的混合物的微团在加热器燃烧室内最多可能点上 2 次。点燃这段气流,只有靠它前后两个电火花塞点燃的燃气微团的火焰传播才能实现;受气流速度和燃气性质的影响,火焰的传播速度一般很难满足要求。因此,为确保加热器点火效果好,除增加点火能量、降低气流速度外,还必须增加火花塞的点火频率。根据这一原理,针对大流量脉冲燃烧加热器的点火需要,研制了点火频率大于 25kHz、单个火花塞点火功率约 120W 的高频高能点火装置。目前,该点火装置已成功用于 5 座氢氧燃烧加热设备的加热器点火。

3. 马赫数 4 状态模拟

根据目前超燃冲压发动机研究的要求,用于试验的设备需要模拟马赫数为 4~6(或 7)的来流条件,要求加热器在较宽范围内工作,尤其是在马赫数为 4 时的总温为 900K、总压为 1.5MPa 状态下正常工作。

已建成的 1.0kg/s 和 ϕ300mm 双管式脉冲燃烧风洞采用的加热器在模拟马赫数为 4 的状态时无法正常工作,总结起来有以下三方面的原因:

(1) 这两个加热器长度较短,气体在加热器内的驻留时间较短(小于 10ms);

(2) 马赫数为 4 的状态下的氢气流量(浓度)较小,点火较为困难;

(3) 点火器总能量较小,且都安装在加热器的壁面,使得氢气的点火燃烧非常困难,而且随着加热器直径的加大(ϕ600mm 脉冲燃烧风洞和大尺度脉冲燃烧风洞的加热器直径分别为 250mm 和 650mm),再采取这种壁面安装点火器的方式,加热器将很难在马赫数为 4、低总温条件下工作。

根据国内外的经验,马赫数为 4 状态下风洞的运行,采用加热器产生的高压、高温的热燃气掺混冷空气的方法,即先利用加热器产生较高温度(>1500K)和总压

（4.0MPa）的气体,再掺入冷空气,这样得到温度和压强都符合要求的试验气体。但考虑脉冲型风洞试验时间较短,在同步控制上比较困难,在设计 ϕ600mm 挤压式脉冲燃烧风洞加热器时,主要采取了以下三个方面的措施:

（1）适当增加加热器的长度,以延长气流的驻留时间(>15ms);

（2）增加高频火花塞个数,以增加点火能量;

（3）将点火器伸入加热器主气流中,分多个截面呈阶梯形螺旋状分布(图 4-14),这样不但使多个流动半径上的氢气可以被点火器直接点火燃烧,而且伸入主气流中的点火器可以起到增强混合的作用,使氢气的点火变得更加容易。

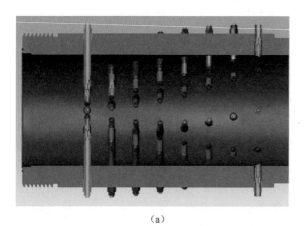

（a）   （b）

图 4-14　加热器结构

通过以上加热器优化设计,能同时提高加热器工作压力,提高燃料浓度,降低所要求的点火能量,使其能够在高总压、低总温(900K)下稳定工作,然后采用多孔板减压的方法产生满足马赫数为 4、低总压要求的状态。减压段结构如图 4-15所示。

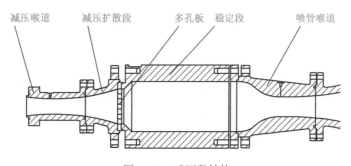

图 4-15　减压段结构

4.4 脉冲燃烧风洞设计

4.4.1 气源系统设计

1. 富氧空气气源系统设计

富氧空气的供给通过高压柱罐实现。试验前,快速阀将富氧空气管和燃烧加热器隔开,在柱罐中按比例要求充入空气和氧气;试验时,快速阀打开,富氧空气流入加热器与氢气混合燃烧。

富氧空气管是利用路德维希管的原理工作,如图 4-16 所示。试验开始时,快速阀打开,产生一道稀疏波系并向路德维希管上游传播。图 4-16 给出了用准一维数值模拟得到的稀疏波在管道内传播和反射的过程。在稀疏波扫过管道的每个周期内,喉道上游附近气流参数保持恒值,这意味着空气管在每个周期内供应给下游的气流流量一定。

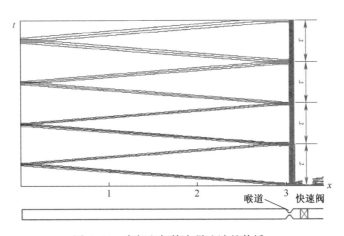

图 4-16 富氧空气管内稀疏波的传播

假设富氧空气管内未受扰动前的参数为 T_0 和 P_0,第一道稀疏波系扫过后的气体温度为 T,气流马赫数为 Ma,在喉道上游附近一点的气流参数可用以下方程描述:

$$c_1 + \frac{\gamma - 1}{2}V_1 = c_2 + \frac{\gamma - 1}{2}V_2 \tag{4-48}$$

式中　c_1——波前气流声速(m/s);

$\quad\quad V_1$——波前气流速度(m/s);

$\quad\quad c_2$——波后气流声速(m/s);

γ——气体的比热比;

V_2——波后气流速度(m/s)。

由于开始时波前速度为0,故满足

$$\sqrt{\gamma R T_0} = \sqrt{\gamma R T} + \frac{\gamma - 1}{2} Ma \sqrt{\gamma R T} \tag{4-49}$$

即

$$\sqrt{T_0} = \sqrt{T} + \frac{\gamma - 1}{2} Ma \sqrt{T} \tag{4-50}$$

· 高压段和喉道的面积比一般很大(16倍以上),故气流的马赫数在0.04以下(远小于1)。式(4-50)两边平方并略去马赫数的2阶小量,可得

$$T_0 = T[1 + (\gamma - 1) Ma] \tag{4-51}$$

即

$$\frac{T}{T_0} = \frac{1}{1 + (\gamma - 1) Ma} \approx 1 - (\gamma - 1) Ma \tag{4-52}$$

根据等熵关系式可得

$$\frac{p}{p_0} = \left(\frac{T}{T_0}\right)^{\frac{\gamma}{\gamma - 1}} \approx 1 - (\gamma - 1) \frac{\gamma}{\gamma - 1} Ma = 1 - \gamma Ma \tag{4-53}$$

$$\frac{\rho}{\rho_0} = \left(\frac{T}{T_0}\right)^{\frac{1}{\gamma - 1}} \approx 1 - (\gamma - 1) \frac{1}{\gamma - 1} Ma = 1 - Ma \tag{4-54}$$

稀疏波系到达高压管顶端并反射回喉道的时间称为一个周期。同样,根据左行及右行稀疏波关系式,可以推导出每个周期内高压管喉道上游的参数与初始充气参数的关系,即

$$\frac{p}{p_0} = 1 - (2K - 1) \gamma Ma \tag{4-55}$$

$$\frac{\rho}{\rho_0} = 1 - (2K - 1) Ma \tag{4-56}$$

$$\frac{T}{T_0} = 1 - (2K - 1)(\gamma - 1) Ma \tag{4-57}$$

$$\frac{\dot{m}}{\dot{m}_0} = 1 - (2K - 1) \frac{\gamma + 1}{2} Ma \tag{4-58}$$

式中 K——周期数;

Ma——路德维希管喉道上游的马赫数;

p_0——气体初始压强(Pa);

T_0——气体初始温度(K);

$\dot{m}_0$——设计流量（kg/s）。

在低马赫数条件下，路德维希管高压段面积与限流喉道面积比和气流马赫数的关系为

$$Ma = \left(\frac{2}{\gamma+1}\right)^{\frac{\gamma+1}{2(\gamma-1)}} \cdot \frac{A_t}{A} \tag{4-59}$$

式中　A_t——限流喉道面积；

　　　A——高压段面积。

对于 $\gamma = 1.4$ 的气体，式（4-55）~式（4-59）可以写为

$$Ma = \frac{0.58}{n} \tag{4-60}$$

$$\frac{p}{p_0} = 1 - (2K-1)\frac{0.81}{n} \tag{4-61}$$

$$\frac{\rho}{\rho_0} = 1 - (2K-1)\frac{0.58}{n} \tag{4-62}$$

$$\frac{T}{T_0} = 1 - (2K-1)\frac{0.23}{n} \tag{4-63}$$

$$\frac{\dot{m}_0}{\dot{m}_0} = 1 - (2K-1)\frac{0.7}{n} \tag{4-64}$$

式中　n——高压段面积与限流喉道面积比。

以上公式有一些近似，只有在高压段面积与喉道面积比比较大的情况下，计算前几个周期时，管内参数才能得到比较理想的计算结果。

路德维希管管内压力的平均衰减本质上还是符合一个大的高压容器突然放气时容器内压强衰减规律的，只是由于在稀疏波扫过的每个周期，路德维希管喉道前一点的参数保持定值，也就是说供应给下游设备的气体流量是定值，这有利于在一定时间内对设备参数给出定量的、精确的分析。

根据稀疏波关系式及变截面管道马赫数与面积比的关系，可以推导出路德维希管高压段任何一点的压强与时间的近似关系。

图 4-17 给出了在一个高压段面积与喉道面积比为 14.8 的路德维希管管道喉道上游，根据简化公式计算的压力及准一维数值模拟结果与试验结果的比较。

高压段初始充气压力为 10MPa，管长为 6m。从图 4-27 中可以看出，三者结果基本一致，数值模拟结果与试验结果符合，简化公式与试验结果的差别主要来自简化公式推导过程中的马赫数近似，并且没有考虑管内气体温度降低导致的稀疏波周期稍有缩短。

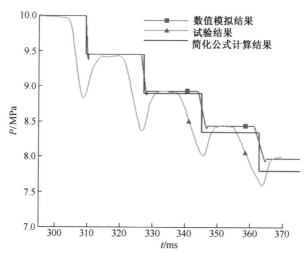

图 4-17　简化公式及数值模拟结果与试验结果比较

稀疏波在空气管中扫过的周期与空气管的长度 L 及声速 a 之间的关系为

$$\tau = \frac{2L}{a} \qquad (4-65)$$

假设设备要求提供的试验时间为 t，那么可以用以下关系式表示同期数：

$$K = \frac{ta}{2L} \qquad (4-66)$$

路德维希管一般要求在试验时间内管内大气压下降小于 5% ~ 10%。理论上，试验时间和稀疏波扫过的一个周期时间相等是最理想的，这样可以保证整个试验时间内气体压强是恒定的。但这是不现实的，如果试验时间为 500ms，试验气体为空气，根据式(4-65)，要求管子长达 85m，需要建造很长的厂房。路德维希管一般将高压段面积与喉道面积比取很大，以降低对管长的要求，保证在几个周期内管内大气压下降小于 10%。具体尺寸需要根据场地和设备要求综合权衡。如果 D 表示路德维希管内径，d 表示路德维希管所带流量计最大喉道尺寸，δ 表示所要求的精度，那么它们相互之间的关系根据式(4-61)可简化成

$$\frac{D}{d} \geqslant 0.9\sqrt{\frac{1}{\delta}}\sqrt{\frac{ta}{L}-1} \approx \sqrt{\frac{1}{\delta}}\sqrt{\frac{ta}{L}-1} \qquad (4-67)$$

在具体设计中，根据以上表达式、路德维希管下游所带最大喉道尺寸、试验时间，并综合具体情况，可选择路德维希管的具体几何尺寸。

2. 燃料供应系统设计

根据前面挤压供燃料研究结论，该装置用于脉冲燃烧加热风洞的燃料供应系

统,方法可行。要使该装置投入实际运行,各分系统之间参数必须满足

$$\frac{d_1}{d^*} = \sqrt{\frac{1}{W_1}} \sqrt{\left(\frac{2}{\gamma+1}\right)^{\frac{\gamma+1}{2(\gamma-1)}}} \tag{4-68}$$

$$\frac{d_3}{d^*} = 1.7 \left(\frac{d_2}{d_1}\right)^{0.5} \left(\frac{W_2}{W_1}\right)^{0.25} \tag{4-69}$$

$$S_{\text{liq}} = 487 \left[\left(\frac{d_2}{d_1}\right)^{0.5} - 1\right] d^{*2} \sqrt{\frac{1}{W_1}} \tag{4-70}$$

$$\frac{V_3}{V_1} > \left(\frac{d_2}{d_1}\right)^{0.5} \frac{1}{1.1^\gamma - 1} \approx 7 \left(\frac{d_2}{d_1}\right)^{0.5} \tag{4-71}$$

式中各项符号的意义见本章第 4.3.1 节。

根据总体参数可知燃料供应系统供应的最大流量、压力、试验时间,从而可换算出燃料供应系统所供燃料的最大体积 V_1 和 d^*、活塞运行速度不能大于 2m/s 和气源允许条件,利用以上关系式换算出燃料供应系统对应各部件的设计参数,然后根据强度要求完成加工图纸设计。表 4-4 是用该方法设计的 ϕ600mm 脉冲燃烧风洞的加热器的挤压供氢装置参数。

表 4-4　挤压供氢装置参数

马赫数	活塞行程 /mm	喉道直径 /mm	氢气压强 /MPa	小活塞直径 /mm	大活塞直径 /mm	补偿气体管道通径 /mm	补偿气体体积/m³
5	300	10.5	11	205	350	60	0.56

各试验状态下共用一套装置,装置尺寸按照最大流量状态下的要求设计,各试验状态下仅更换限流喉道,装置最大喉道直径为 10.5mm。挤压供氢装置的补偿气体容器的体积最大为 0.56m³。对应于最大氢气流量的情况,挤压供氢装置的小活塞直径为 205mm,大活塞直径为 350mm。补偿气体管道通径为 60mm。

4.4.2　燃烧加热器设计

加热器结构如图 4-14 所示。马赫数为 5 、6 的状态下对应的喷管喉道的直径分别为 103mm、64mm。参考火箭发动机燃烧室设计原则,加热器的内径应大于喉道直径的 2 倍,同时考虑气体喷嘴的布置和国外同类设备,此加热器直径为250mm。根据驻室的温度及截面积,可以得到马赫数为 5 、6 的状态对应的气流在驻室的运动速度。根据此加热器最大流量要求,参考国内外同类设备,对于气液燃烧的燃烧室,介质停留时间取 15ms,对于气气燃烧的燃烧室,介质停留时间取 8~

10ms(介质停留时间计算时应包括喷管喉道前的收缩部分)。加热器在此状态工作时,燃气在燃烧室内的驻留时间 τ 约为 15ms。设计时取加热器的长度为 1m。

此外,加热器使用的燃料是易燃易爆物质,为了确保加热器的正常运行,除在强度设计时适当增强燃烧室的设计强度外,还应设计泄爆口,一旦加热器燃烧室内发生爆燃,高压气体可以按预先设定的渠道泄压,保证设备和人员的安全。这种泄爆口一般预留在易发生爆燃的燃料注入口处。为了保证加热器火焰不往加热器上游的气源方向传播,气源与加热器燃烧室之间设置了声速喉道,加热器工作时,燃烧室注入口压力与加热器工作压力保证一定压差。这两个措施可以防止发生回火。

对于这种脉冲燃烧加热器的研制,点火方式应引起重视,因为这种加热器在很短时间内达到高效稳定燃烧,要求点火头发火频率高、能量大。为此专门研制了点火频率达 25kHz、点火功率大于 120W 的高频高能电火花塞。考虑 $\phi600mm$ 脉冲燃烧风洞大流量的要求,应适当增加点火头的数量,并且将点火头深入加热器气流中加强点火效果。共设置了 18 个电火花塞。在加热器中的分布如图 4-14 所示。

4.4.3 喷管设计

为了得到良好的流场品质,脉冲燃烧风洞采用了型面喷管。轴对称喷管的无黏型面设计采用了较成熟的 Cresci 方法。由于试验气体的总温比较高,并且是氮气、氧气和水蒸气的混合气体,因此应考虑真实气体效应的影响,在无黏型面的基础上再进行附面层修正。

4.4.3.1 真实气体流场参数表建立

在马赫数为 4、5、6 的试验状态下,试验气体对应的总温分别为 900K、1250K 和 1650K。因此,喷管设计过程中必须考虑温度对气体性质的影响。计算中,试验气体是氮气、氧气和水蒸气的混合气体,它们之间未发生化学反应,状态方程 $p = \rho R T$ 仍然成立,$c_p = c_v + R$ 成立,但气体的比热比随温度变化。

在总温条件下,由能量方程可得出极限速度为

$$V_e = \sqrt{2h_t} \tag{4-72}$$

沿等熵膨胀线各点的极限速度比为

$$\overline{W} = V/V_e = \sqrt{1 - h/h_t} \tag{4-73}$$

对应各温度下气流的声速和马赫数分别为

$$a = \sqrt{(c_p/(c_p - R))RT} \tag{4-74}$$

$$Ma = \overline{W}V_e/a \tag{4-75}$$

通过插值给出 $Ma = 1$ 时的声速 a^*,引入速度系数 $W = V/a^*$,则有如下速度关系:

$$W = \overline{W} \cdot V_e / a^* \tag{4-76}$$

对于泉流区,一般关系式为

$$(1 - Ma^2) \frac{\mathrm{d}V}{\mathrm{d}r} + 2 \frac{V}{r} = 0 \tag{4-77}$$

式(4-77)整理并积分后,可得

$$\frac{r}{r^*} = \exp\left[\frac{1}{2} \int_{W(Ma=1)}^{W} \frac{Ma^2 - 1}{W} \mathrm{d}W\right] \tag{4-78}$$

$$\theta = \frac{1}{2} \int_{W(Ma=1)}^{W} \frac{(Ma^2 - 1)^{\frac{1}{2}}}{W} \mathrm{d}W \tag{4-79}$$

这样便可建立真实气体条件下 W、Ma、r/r^* 和普朗特-迈斯角(P-M 角)θ 与温度之间的关系。

4.4.3.2　参数计算

Cresci 方法是把超声速区划分为泉流区(Ⅰ区)、过渡流区(Ⅱ区)和平行流均匀区(Ⅲ区)三个区域(图 4-18),并分别进行计算。

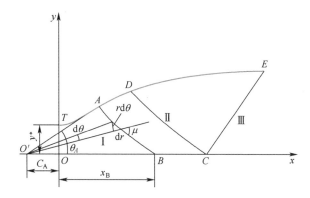

图 4-18　喷管型面计算及区域划分

泉流区(Ⅰ区)为径向流,此处型面采用三次经验曲线:

$$y = y^* + \frac{\tan\theta_A}{x_A} x^2 - \frac{1}{3} \frac{\tan\theta_A}{x_A^2} x^3 \tag{4-80}$$

2. 过渡流区(Ⅱ区)参数计算

为了保持喷管型面的曲率连续,必须保持喷管轴线上的速度梯度是连续的。为此 Cresci 提出了在轴线上增加一段过渡区,即 BC 段。给出一条满足下列条件的三次曲线就可保证这一要求。

B 点和 C 点间的速度分布满足

$$W_C = W_B + \frac{4}{3} \cdot \frac{W_B(Ma_B^2 - 1)}{(Ma_B^2 - 1)(Ma_B^2 - 3) + 4Ma_B W_B \left(\dfrac{\mathrm{d}Ma}{\mathrm{d}W}\right)_B} \tag{4-81}$$

如果给定出口马赫数 Ma_e，则由真实气体数表插值求出 W_c，从式(4-81)求出 W_B，再插值求出 Ma_B、r_B，这样可得到 B 点的参数。

C 点的参数由下式确定：

$$x_C = x_B + \frac{3r_B(W_C - W_B)(Ma_B^2 - 1)}{2W_B} \tag{4-82}$$

A 点的参数确定如下：

由于 AB 是由 Ma_B 或 W_B 确定的特征线，AB 上游为泉流区。因 $\theta = \theta_A$，可以从真实气体数表插值求出 Ma_A、r_A/r^*，则有

$$y_A = y^* r_A / r^* \tag{4-83}$$

$$x_A = \frac{3}{2} \cdot \frac{y_A - y^*}{\tan\theta_A} \tag{4-84}$$

3. 平行流均匀区(Ⅲ区)参数计算

边界 CE 是由 C 点发出的左特征线。在 CE 后气流是平行均匀流，所以 CE 是直线，有

$$x_E = x_C + y_E \cdot \sqrt{Ma_E^2 - 1} \tag{4-85}$$

求得 A、B、C、E 点的坐标及参数后，就可进行喷管无黏型面的计算。将 AB、BC 均分后，用特征线方程求出过渡流区及平行流均匀流区的特征线网格，最后由切线法确定其型面坐标。

4.4.3.3　特征线方程

轴对称喷管中，气流特性是对称于中心线的，只研究通过中心轴的 xy 平面的流态就可决定整个喷管的流态。左已知点定为 $P_1(x_1, y_1)$，右已知点定为 $P_2(x_2, y_2)$，经 P_1 的左特征线和经 P_2 的右特征线交点为 $P_3(x_3, y_3)$。通过特征线方程可得到 P_3 点参数。

4.4.3.4　喷管无黏型面确定

如图 4-18 所示，ADE 是过转折点 A 的一条流线，采用流线的切线法就可以确定无黏型面坐标。

4.4.3.5　附面层修正

喷管实际流动中会有附面层出现，所以设计的喷管型面要在上述无黏型面的基础上进行修正，即将求出的附面层位移厚度 δ^*，加在无黏型面上作为设计的物

理型面。本书采用线性修正。

4.4.3.6　喉道段拟合型面计算方法

在已设计好的马赫数 6 喷管型面上拟合马赫数 5、4 喷管的喉道段,并成为马赫数 5、4 喷管的型面,关键在于选取拟合点处的拟合转折角 θ_A、拟合马赫数 Ma_A。通常试算流场选取拟合点。选取拟合点,计算拟合点下游喷管内的流场分布,若喷管出口截面马赫数分布和流向角分布满足模型试验要求的不均匀度:

（1）马赫数分布的均方根偏差 $\sigma_{Ma} \leqslant 1\%$ ；

（2）气流的最大倾角 $\theta_{MD} \leqslant 0.3°$ 。

这时所选取的拟合点,即作为拟合喷管的转折点。然后按经验公式计算得到喉道段型面,与原喷管拟合点下游型面装配在一起,即构成要求的喷管型面。

4.4.3.7　收缩段型面计算

亚声速收缩段采用理想不可压轴对称流的维托辛斯基经验公式。

4.4.3.8　设计结果

以马赫数 6 喷管为设计点,在此基础上拟合马赫数为 5、4 的喷管。图 4-19 是 ϕ600mm 喷管的内型面设计结果。设计的马赫数喷管亚声速段长为 300mm,设计的马赫数 5、6 喷管亚声速段长 200mm,超声速段长为 2780mm,马赫数 4 的拟合点在以喉道中心为原点的坐标(1040,204.56)处。马赫数 5 拟合点在以喉道中心为原点的坐标(630,137.69)处。

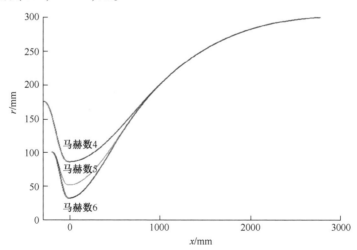

图 4-19　马赫数 6 喷管型面曲线和拟合的马赫数 4、5 喷管喉道曲线

4.4.3.9　喷管流动的数值模拟

初步确定喷管的内型面后,对喷管的内流场和喷管出口附近的流动进行了数值模拟,采用的控制方程是轴对称 N-S 方程。图 4-20 是各喷管出口沿径向的马

赫数分布,图 4-21~图 4-23 是设计的各喷管的内部流场等马赫线。

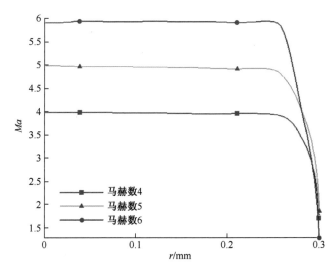

图 4-20　各喷管出口沿径向马赫数分布

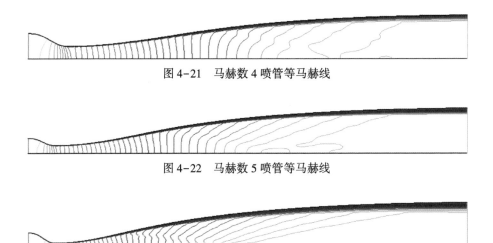

图 4-21　马赫数 4 喷管等马赫线

图 4-22　马赫数 5 喷管等马赫线

图 4-23　马赫数 6 喷管等马赫线

4.4.3.10　喷管结构设计

图 4-24 是马赫 5 喷管的剖视图。为了加工方便,喷管分成数段加工,每段长约 600mm,各段通过止扣定位,螺栓连接。各马赫数共用喷管扩散段,通过更换喉道得到不同喷管出口马赫数。喷管喉道与稳定段通过法兰盘与加热器后室及试验段连接。由于是型面喷管,因此对喷管加工和安装的要求都十分严格。喷管在数

控车床上加工,安装完毕后要求喷管内表面无逆向台阶、无毛刺。由于是脉冲风洞,热的问题不是很突出,因此喷管除热流密度比较大的喉道段材料采用 2Cr13 外,其余各段均采用普通结构钢锻造后加工。

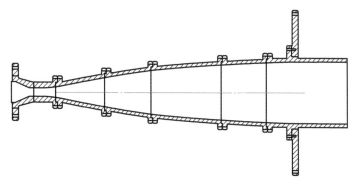

图 4-24　马赫数为 5 喷管工程图

4.4.4　减压段设计

马赫数为 4 的状态下的总温为 900K,总压为 1.5MPa。如此低的温度和压力下,加热器工作不稳定,为此将加热器工作压力提高,降低点火难度。加热器在马赫数为 4 工作时要设计减压段,如图 4-15 所示。

利用马赫数 5 喉道,设计了扩散段,由多孔板、稳定段组成。其原理是:从马赫数 5 喉道出来的超声速气体在多孔板前形成一道激波,通过一道正激波后,气体的总压会降低。根据流量公式方程可得

$$\frac{p_{01}}{c^*}A_{t1} = \frac{p_{02}}{c^*}A_{t2} \tag{4-86}$$

式中　p_{01}——减压前的总压;

　　　p_{02}——减压后的总压;

　　　A_{t1}——马赫数 5 喉道面积;

　　　A_{t2}——马赫数 4.5 喉道面积;

　　　c^*——与分子量、比热比、总温有关的常数,且有

$$c^* = \sqrt{\gamma\left(\frac{2}{\gamma+1}\right)^{\frac{\gamma+1}{\gamma-1}}\frac{T_0}{R}}$$

假设减压前后总温不变,则可得

$$p_{02} = p_{01}\frac{A_{t1}}{A_{t2}} \tag{4-87}$$

可见,减压前后的压强比与喉道的面积比成反比。多孔板的作用是在超声速流场中加入一个扰动,设计成多孔的目的是使减压后的流场尽量均匀。为了达到预定的减压值,要求正激波前的马赫数必须达到一定值,也就是减压扩散段与马赫数为5喷管喉道的面积比足够大。根据正激波关系式

$$\frac{p_{02}}{p_{01}} = \frac{\left[\dfrac{(\gamma+1)Ma^2}{2+(\gamma+1)Ma^2}\right]^{\frac{\gamma}{\gamma-1}}}{\left(\dfrac{2\gamma}{\gamma+1}Ma^2 - \dfrac{\gamma-1}{\gamma+1}\right)^{\frac{1}{\gamma-1}}} \tag{4-88}$$

就可得到将总压减到一定值的所需激波前的马赫数。

根据关系式

$$\frac{A}{A_{1t}} = \frac{1}{Ma}\left[\left(1 + \frac{\gamma-1}{2}Ma^2\right)\left(\frac{2}{\gamma+1}\right)\right]^{\frac{\gamma+1}{2(\gamma-1)}} \tag{4-89}$$

就可以得到多孔板的最小迎风面积,也就是减压扩散段出口的最小面积。设计中,减压扩散段面积必须大于这个值。而且为了不在多孔板的小孔处形成喉道限流,多孔板上小孔的当量流通面积要远大于第二喉道的面积,至少在2倍以上。所以多孔板迎风面积与多孔板上孔的当量流通面积要综合考虑。

对于 ϕ600mm 挤压式脉冲燃烧风洞,马赫数5喉道直径为103mm,马赫数4喉道直径为175mm。本设备的多孔板上有90个直径28mm的小孔,面积约为马赫数4喉道的2.3倍。稳定段长度取马赫数4喉道入口的2倍,马赫数4喉道入口直径为350mm,所以稳定段取长700mm。

由于稳定段有一定的体积,因此涉及稳定段建压时间的问题。风洞的试验时间短,如果稳定段的压强升高的过程很缓慢,则会大大增加试验时间,导致实际试验时间缩短,不能满足发动机试验的要求。

根据质量守恒的原理,建立稳定段气体的压强与时间之间的关系:

$$\frac{\mathrm{d}m}{\mathrm{d}t} = \frac{\mathrm{d}(\rho V)}{\mathrm{d}t} = \frac{V\mathrm{d}(\rho)}{\mathrm{d}t} = \frac{V\mathrm{d}p}{RT_0\mathrm{d}t} = \frac{p_{01}}{c^*}A_{t1} - \frac{p}{c^*}A_{t2} \tag{4-90}$$

式中　V——稳压段的体积;

　　　m——常数,$m = 0.3965$;

　　　R——气体分子量;

　　　A_{t2}——喉道面积;

　　　T_0——气体总温。

由式(4-90)可得

$$t = A\ln \frac{p_{2k}}{p_{2k} - p_2} \tag{4-91}$$

式中　p_2——稳定段气体压强；

　　　p_{2k}——预期建压后的压强。

$$A = \frac{V}{mRA_{t2}\sqrt{T_0}}, p_{2k} = \frac{p_1 A_{t1}}{A_{t2}}$$

稳定段内径为 350mm,长为 700mm,马赫数 4 喉道直径为 175mm。通过式(4-91)可以知道得该状态下稳定段压强上升到所需压强的 90% 时,所需时间为 19.5ms。风洞试验时间长达 200ms,所以建压时间满足要求。

图 4-25 给出了减压前后的总压曲线。从图中可以看出,总压从 45MPa 减到了 1.5MPa,建压时间约为 25ms,压力曲线平稳,试验实际长达 200ms 以上,取得了预期效果。

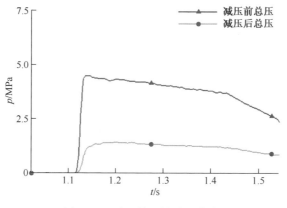

图 4-25　减压前后的总压曲线

4.4.5　排气系统设计

众所周知,在像激波风洞这样的试验中,试验时间在 10ms 左右的脉冲风洞一般不采用扩压器,气流由喷管直接进入真空箱,真空箱兼作试验段使用(图 4-26)。对于长时间风洞,扩压器是重要部件,在很多文献中对其原理和设计准则都有比较详细的论述,国内外也开展过很多研究。对于脉冲燃烧风洞,试验时间在 100ms 以上,介于长时间风洞和传统脉冲风洞之间。在该类型的风洞是否使用扩压器及该类型扩压器的设计准则很少有文献提及。

采用激波风洞运行方式的脉冲风洞,在来流供应时间足够长的情况下,其运行时间取决于压力波从真空箱末端返回到气流菱形区的时间,即取决于真空箱的长度：

$$t = \frac{2L}{a} \tag{4-92}$$

式中　L——真空箱长度（m）；

$\quad\quad$ a——压力波传播速度（m/s）。

由于试验时间很短，在 10ms 量级，压力波的传播速度为每秒几百米，考虑喷管出口菱形区的长度和风洞启动等因素，对于口径不大的风洞，需要的真空箱长度在 10m 以下，在加工和成本等方面来说是完全可以忍受的。但对于脉冲燃烧风洞，试验时间长达 200ms 以上，如果通过延长真空箱长度来满足试验时间需要，意味着真空箱的长度将达数百米，对成本和场地等都提出了很高要求。如果认为压力波很弱，反射回菱形区后，对菱形区没有造成影响，真空箱的压强不高于喷管出口压强可以容忍，那么试验时间取决于真空箱的容积。对于喷管出口直径 600mm 的喷管，如果总温为 1360K，喷管出口马赫数为 5.2，总压为 4MPa，比热比为 1.38，则可以估算得到喷管出口压强为 5500Pa。如果流量为 34kg/s，试验时间为 200ms，则需要的真空容积为

$$V = \frac{\gamma \dot{m} t R T_0}{p - p_i} \tag{4-93}$$

式中　$\dot{m}$——设备流量（kg/s）；

$\quad\quad$ t——试验时间（s）；

$\quad\quad$ R——气体常数；

$\quad\quad$ T_0——总温（K）；

$\quad\quad$ p——喷管出口压强（Pa）；

$\quad\quad$ p_i——真空箱初始压强（Pa）；

$\quad\quad$ γ——气体比热比。

假设认为总温有 200K 的损失，真空箱初始压强为 500Pa，则可以计算得到需要的真空容积为 675m³。对于喷管出口直径 600mm 的风洞，这个体积是相当庞大的。

参考暂冲型时间风洞的经验，考虑在脉冲燃烧风洞上使用扩压器，目的是通过扩压器的抽吸作用吸收风洞启动的压缩波，使其不返回干扰风洞喷管提供的均匀流，延长试验时间。另外，提高风洞的抗反压能力，减小风洞真空箱容积，由于风洞来流在扩压器内压缩、减速，扩压器出口达到要求的压力。最佳效率的扩压器是可调喉道扩压器，在风洞的启动过程中喉道由大向小调节，使扩压器内激波串尾激波始终位于扩压器喉道附近。在实际应用中，常使用固定几何通道的扩压器。扩压器一般由集气段（收缩段）、柱段和扩张段组成，用具有一定长径比的柱形管道中

形成的激波串替代扩压器的喉道功能。

　　虽然这种扩压器的效率比喉道可调扩压器的效率低,但实践表明,当合理匹配扩压器入口位置、收缩段的收缩角、模型堵塞比和扩压器柱段长径比及辅助排气设施参数时,固定几何的扩压器完全可以满足各种风洞的启动需求。对于真空启动的风洞,固定几何扩压器完全能够满足要求。对于脉冲燃烧风洞,调节扩压器的喉道也是不可能的。

　　固定几何形式的扩压器中,来流经一系列的斜激波串压缩成为亚声速流,这个压缩过程可等效为相同马赫数情况下的一道正激波的压缩效果,即扩压器出口压力等于在喷管出口马赫数理想正激波波后的压力乘以扩压器的效率:

$$\frac{p_e}{p_d} = \left(\frac{2\gamma}{\gamma + 1} Ma^2 - \frac{\gamma - 1}{\gamma + 1} \right)^{-\frac{1}{\gamma - 1}} \cdot \left[\frac{(\gamma - 1) Ma^2 + 2}{(\gamma + 1) Ma^2} \right]^{-\frac{\gamma}{\gamma - 1}} e \quad (4-94)$$

式中　p_e——来流总压(MPa);

　　　　p_d——扩压器出口总压(MPa);

　　　　e——扩压器压力恢复系数。

　　结合本研究,扩压器出口压力恢复系数随着扩压器等直段面积与喷管面积比增加而减少,随着风洞模型堵塞度的增加而减少,随着马赫数的增加而减少。从这些试验结果和脉冲燃烧风洞的一些研究结果可知,扩压器应按如下规则设计比较合适:

$$\frac{D_{diff}}{D_{nozz}} = 1.1 \sim 1.4, \quad \frac{L_{entrance}}{D_{nozz}} \approx 1.5, \quad \frac{L_{diff}}{D_{diff}} = 6 \sim 10, \quad \frac{D_{entrance}}{D_{nozz}} \geqslant 1.5$$

　　根据以上条件设计出的扩压器效率约为 0.3,根据风洞状态可计算出扩压器出口压力 P_f。如果将风洞排气过程视为绝热过程(此假设最保守),则对应于风洞的各马赫数状态所需的真空箱容积为

$$V = \frac{\gamma R \dot{m} T_0 t}{p_f - p_i} \quad (4-95)$$

式中　p_i——真空初始压力,$p_i = 100$Pa;

　　　　p_f——真空箱最高工作压力(Pa);

　　　　t——工作时间,$t = 200$ms;

　　　　T_0——试验气流进入真空箱的总温(K),一般取比来流总温低 200K;

　　　　$\dot{m}$——试验气流的流量(kg/s)。

　　将式(4-93)与式(4-95)相比可以看出,采用扩压器的真空箱容积是不采用扩压器容积的 $(p - p_i)/(p_f - p_i)$ 倍,在马赫数为 5.2 的状态下,采用扩压器时真空箱容积仅为不采用扩压器时的 1/17,真空箱容积需求急剧减小。从这里也可以估

算出,为保证试验时间 200ms 的要求,真空箱最小容积为 50m³,扩压器等直段最小直径为 800mm,最小长度为 6m。传统脉冲风洞结构如图 4-26 所示,脉冲风洞带扩压器结构如图 4-27 所示。

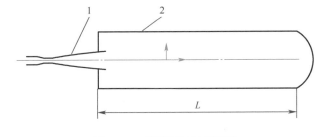

图 4-26　传统脉冲风洞结构

1—喷管;2—真空箱。

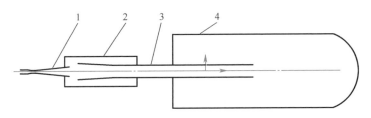

图 4-27　脉冲风洞带扩压器结构

1—喷管;2—试验段;3—扩压器;4—真空箱。

🔧 4.5　风洞调试结果与分析

4.5.1　风洞调试

由于研制的 φ600mm 风洞采用挤压式脉冲方式运行,对各部件的同步精度要求高,需要逐步调试。首先对各部件进行调试,目的是给出各部件的性能参数及相应的控制时序;其次进行风洞联调确定风洞开车时序;最后完成风洞流场校测。本风洞部件调试分为富氧空气快速阀、挤压燃料供应、加热器点火和加热器联调四个部分的调试。

由于此快速阀首次应用于设备,设计时快速阀阀腔与阀芯的面积比约为 3,其具体充气参数需通过调试确定。快速阀调试的目的是确定快速阀的开启时间和快速阀运行的重复性。其具体调试方法如下:

(1)快速阀阀腔充 N_2 大于高压段的 1/3,使阀芯封闭富氧空气高压段;

（2）富氧空气高压段充 N_2 至 11MPa；

（3）启动放气装置的电磁阀，使快速阀的阀腔迅速放空；

（4）测量喉道压力、阀腔和高压段压力，判断快速阀的开启时间和重复性。

图 4-28 为快速阀调试原始压力信号曲线。调试结果表明，当快速阀的阀腔充 N_2 至 6.5MPa 时，快速阀动作稳定、可靠，由触发信号到喉道建立稳定流动的时间为（170±5）ms，重复良好，控制方便，完全满足风洞运行控制要求。

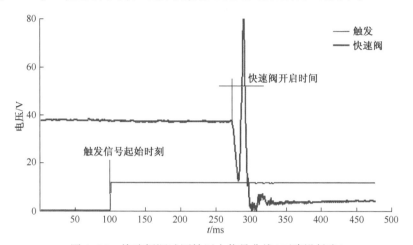

图 4-28　快速阀调试原始压力信号曲线（下降沿触发）

挤压供氢装置调试时，打开补偿气体阀门，在大气缸中缓缓充入低压 N_2，推动活塞运动到小气缸底部后，将大气缸内的 N_2 放空；在小气缸前的快速阀阀腔中充入 6.5MPa 的 N_2，使阀芯封闭氢气储气罐，关闭补偿气体阀门，开启大气缸放气阀，在小气缸中充入 H_2，推动活塞运动到大气缸底部，直到小气缸内充至 11MPa；在大气缸中充入 3.65MPa 的 N_2，启动放气装置的电磁阀，通过测量喉道压力判断启动时间。

图 4-29 为挤压供氢装置 H_2 调试曲线，喉道直径为 9.6mm，充气压强为 11MPa。从图中可看出，快速阀开启后，小气缸和喉道压力建立时间约为 4ms，启动时间过后，喉道压力趋于稳定，氢气稳定供应了 300ms 以上。调试结果表明，通过匹配出水孔面积，在有效试验时间内，小气缸内气体基本没有振荡，喉道压力平稳。在本次调试中，出水孔为 8 个，出水孔直径为 40mm。

风洞脉冲加热器燃烧后要获得 900K 左右的低总温参数，必须自行研制大功率点火电源。点火电源由 2 台 1kW 逆变电源、18 个 5kV 高频点火变压器、18 个火花塞以及点火控制电路等组成。点火系统调试分两步进行：首先将火花塞置于干燥、绝缘性能良好的地方进行试验，观察火花塞放电火花，当火花均匀、各高压线接

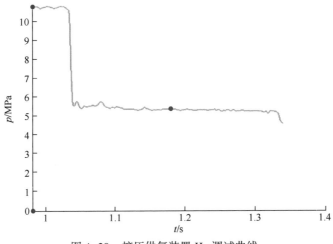

图 4-29 挤压供氢装置 H₂ 调试曲线

头无漏电、无接触不良,点火变压器无明显温度升高,逆变电源工作正常,无过流和过压保护时,认为火花塞工作正常。然后将火花塞装入风洞加热器,连接好高频高压线,重复上述步骤,必要时更换高压变压器、高频高压线以及火花塞,直至点火系统满足试验要求。

完成以上部件调试后,进行风洞同步调试。调试时,在富氧空气高压段和挤压供氢装置中充入 11MPa 的 H₂,启动富氧空气高压段和挤压供氢装置的气动快速阀,通过测量喉道压力和注入口压力判断燃料与氧化剂注入加热器的同步时间,调节快速阀开启延迟时间,使注入口压力达到同步。图 4-30 为风洞同步调试曲线。

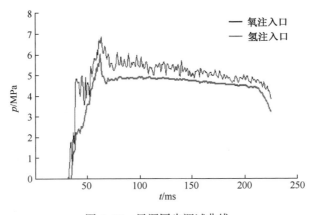

图 4-30 风洞同步调试曲线

从图 4-30 可以看出,氢氧注入口不同步时间为 3ms,氧气比氢气提前注入,达到了氧化剂比燃料先到达的目的,可以保证在加热器内不发生爆燃。由于本风洞富氧空气高压段和挤压供氢装置采用了气动快速阀,快速阀中放气装置采用了重复性良好的电磁阀,电磁阀开启由可编程中断控制器(PIC)控制,减少了聚酯膜开启时间的不确定性,大大提高了风洞运行的控制精度,风洞运行的可靠性和重复性比以前脉冲燃烧风洞都有较大改善。

在完成以上调试后,设备进入加热器联调。

加热器调试分冷、热状态进行。加热器冷调时,在富氧空气管和挤压供氢装置中充入氮气进行,主要目的是调节注入口压力、风洞启动同步联调、控制测量系统联调,使风洞各系统运行可靠,具备热调条件。

在风洞调试时,马赫数为 5、6 的状态用同一套同轴喷嘴注入系统,同轴喷嘴尺寸及计算参数如表 4-5 所列。

表 4-5　加注面板参数

马赫数	压差/MPa	总压/MPa	总流量/(kg/s)	富氧空气注入口参数				
				流量/(kg/s)	密度/(kg/m³)	直径 D/mm	喉道直径 D*/mm	流速/(m/s)
				42.7	52.3	16.5	7.6	138
5	0.5	5	43.3	氢气注入口参数				
				流量/(kg/s)	密度/(kg/m³)	直径 D/mm	喉道直径 D*/mm	流速/(m/s)
				0.588	3.6	3.35	—	526
注:取 50 个注入孔。								

根据表 4-2 的参数充气,调试时测量加热器前、后室压力,使加热器后室压力达到设计要求。必要时微调同轴喷嘴面积,修正计算结果的误差,使注入口压力满足要求,加热器后室压力稳定,且稳定时间达到 200ms 左右。在不同状态下,通过更换氢气和富氧空气喉道,满足试验状态氢气和富氧空气流量要求,调节排水孔的面积使氢气喉道前压力平稳。

图 4-31 为风洞热调时序。由图 4-31 可以看出,燃料、氧化剂注入加热器的同步误差小于 3ms,加热器前室建压时间为 25ms 左右,在燃料供应时间内,加热器后室压力平稳。图 4-32 给出了马赫数为 5 的状态(配气总温为 1600K,总压为 4MPa)下挤压供氢装置喉道和加热器后室压力曲线。从曲线可以看出,挤压供氢装置氢气供应时间在 300ms 以上,加热器后室压力持续了 200ms 以上,马赫数为 5

的状态(配气总温为 1600K,总压为 4MPa)喷管出口流量在 33kg/s 以上。在马赫数为 4 的试验状态下,燃烧室压力为 4.50MPa,通过减压段减压后总压为 1.5MPa,喷管出口总流量为 45.4kg/s;风洞在马赫数为 5 的状态下的燃烧室压力为 2.50MPa,喷管出口总流量为 16.2kg/s;风洞在马赫数为 6 的状态下的燃烧室压力分别为 3.0MPa 和 5.5MPa,喷管出口总流量分别为 9.6kg/s 和 17.6kg/s。各状态具体调试参数结果见表 4-6。

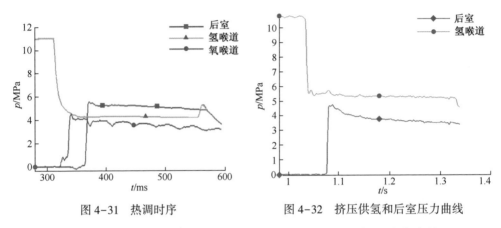

图 4-31　热调时序　　　　　图 4-32　挤压供氢和后室压力曲线

表 4-6　ϕ600mm 挤压式脉冲燃烧风洞加热器调试实际总体参数

马赫数	总压 /MPa	总温 /K		驻室热力学参数					总流量 /(kg/s)
		理论	实际	水	氧	氮	比热比	分子量	
4	1.5	1100	900	0.11	0.21	0.68	1.33	27.8	45.4
5	2.5	2000	1700	0.25	0.21	0.54	1.27	26.3	16.2
5	3.8	1600	1360	0.18	0.21	0.61	1.29	27	33
6	3.0	1900	1600	0.23	0.21	0.56	1.276	26.5	9.6
6	5.5	1900	1600	0.23	0.21	0.56	1.276	26.5	17.6

4.5.2　风洞流场校测

加热器调试完成后,对发动机试验所需的状态进行了流场校测。流场校测采用如图 4-33 所示的十字排架,一个方向布置压力传感器,另一个方向布置总温测量热电偶。采用 0.2MPa 压阻式压力传感器,选用铂铑 30-铂铑 6 热电偶作为感温元件。测量了 0mm、500mm、900mm 三个截面。

在进行数据处理时,采用两种方法:第一种流场校测的马赫数按下式计算,即

图 4-33 风洞流场校测排架

$$\frac{p_2^*}{p_1^*} = \frac{\left[\dfrac{(\gamma+1)Ma_1^2}{2+(\gamma-1)Ma_1^2}\right]^{\frac{\gamma}{\gamma-1}}}{\left[\dfrac{2\gamma}{\gamma+1}Ma_1^2 - \dfrac{\gamma-1}{\gamma+1}\right]^{\frac{1}{\gamma-1}}} \tag{4-96}$$

式中 Ma_1——激波前马赫数；

p_2^*——激波后总压；

p_1^*——激波前总压；

γ——气体比热比。

式(4-96)是在激波前后气体比热比相等的情况下推导出来的,但燃烧风洞喷管出口气流的总温高达 1700K,激波前后气体的比热不再是定值,故对于燃烧风洞,式(4-96)不再适用。必须从基本的正激波关系式出发,通过皮托压及总压的测量值迭代计算马赫数。设激波前马赫数为 Ma_1、压强为 p_1、温度为 T_1、总温为 T_0、总压为 p_{01},则激波前有以下关系式：

$$h(T_0) = h(T_1) + u_1^2/2 \tag{4-97}$$

$$u_1 = Ma_1\sqrt{\gamma_1 R T_1} \tag{4-98}$$

$$S(T_0) - R\ln(p_{01}) = S(T_1) - R\ln(p_1) \tag{4-99}$$

$$p_1 = \rho_1 R T_1 \tag{4-100}$$

$$p_{01} = \rho_{01} R T_{01} \tag{4-101}$$

设激波后马赫数为 Ma_2、压强为 p_2、温度为 T_2、总温为 T_0、总压为 p_{02},则激波后有以下关系式：

$$h(T_0) = h(T_2) + u_2^2/2 \tag{4-102}$$

$$u_2 = Ma_2\sqrt{\gamma_2 RT_2} \tag{4-103}$$

$$S(T_0) - R\ln(p_{02}) = S(T_2) - R\ln(p_2) \tag{4-104}$$

$$p_2 = \rho_2 RT_2 \tag{4-105}$$

$$p_{02} = \rho_{02} RT_{02} \tag{4-106}$$

正激波前后满足以下关系式:

$$\rho_1 u_1 = \rho_2 u_2 \tag{4-107}$$

$$p_1 + \rho_1 u_1^2 = p_2 + \rho_2 u_2^2 \tag{4-108}$$

$$h(T_1) + u_1^2/2 = h(T_2) + u_2^2/2 \tag{4-109}$$

进行流场校测时,根据测得的激波前后总压和总温及试验气体各组分的比例,采用式(4-97)~式(4-109)进行迭代计算,就可以得到激波前后的马赫数。

如果按照以上考虑真实气体效应的方法计算,则得到的各喷管出口马赫数分别为4.07、4.85、6.07。马赫数5喷管的名义马赫数和实际马赫数差别较大,主要是因为马赫数5喷管的设计状态配气温度为1600K,实际总温为1360K。为了模拟截断发动机的试验状态,配气温度为2000K,实际总温为1700K,与喷管型面设计状态差别太大。

图4-34为马赫数为4的状态(配气总温为1100K)时,离喷管出口不同截面处

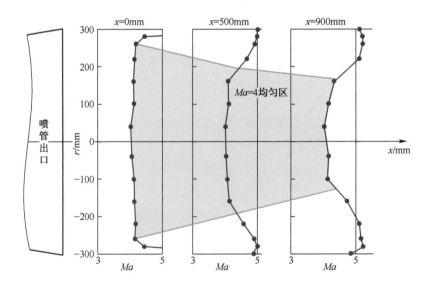

图4-34 马赫数为4的状态喷管出口附近马赫数分布

的马赫数分布。对 0mm 截面而言,整个截面内流场较为均匀,均匀区直径不小于520mm,均匀区内平均马赫数为 4.06,均方根误差为 0.85%;在 500mm 截面,流场均匀区比 0mm 截面有所收缩,均匀区直径为 320~440mm,平均马赫数为 4.07,均方根误差为 0.88%;在 900mm 截面,均匀区直径为 200~320mm,平均马赫数为4.07,均方根误差为 1.2%。

　　图 4-35 为马赫数为 6 的状态(配气总温为 1900K,总压为 5.5MPa)时,距喷管出口不同截面处马赫数分布。由图可知:在 0mm 截,整个截面内流场较为均匀,均匀区直径不小于 440mm,平均马赫数为 6.07,均方根误差为 1.8%;在 500mm 截面,流场均匀区比 0mm 截面有所收缩,均匀区直径为 440~520mm,平均马赫数为6.06,均方根误差为 1.07%;在 900mm 截面,均匀区直径为 320~440mm,平均马赫数为 6.08,均方根误差为 1.32%。

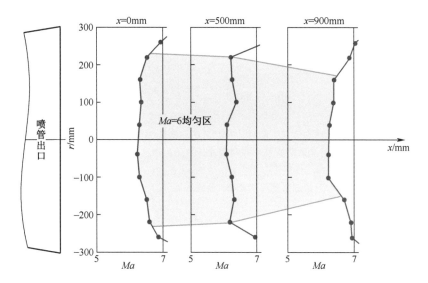

图 4-35　马赫数为 6 的状态(总压为 5.5MPa)喷管出口附近马赫数分布

　　图 4-36 给出了皮托压与总温热电偶随后室压力的响应曲线。在该试验状态下,配气温度为 1880K,喷管出口马赫数为 6。从图中可以看出:皮托压随后室压力响应很快,几乎没有滞后;总温有数十毫秒的响应时间,但由于风洞试验时间长达 200ms 以上,在试验时间内,总温热电偶电压信号达到了其峰值,准确测得了总温,在该状态下实际总温为 1600K 左右。

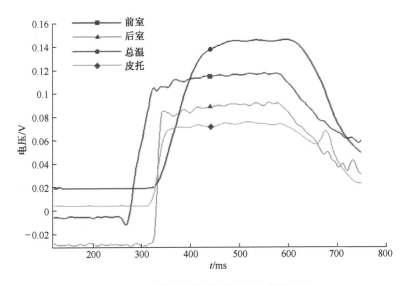

图 4-36 皮托压及热电偶与后室信号对比

参考文献

[1] 杨样. 污染组分对超燃冲压发动机性能的影响研究[D]. 成都：西南交通大学,2009.

[2] 刘伟雄. φ600mm 脉冲燃烧风洞研制及在超燃冲压发动机研究中的应用[D]. 西安：西北工业大学,2007.

[3] 乐嘉陵,胡欲立,刘陵. 双模态超燃冲压发动机研究进展[J]. 流体力学实验与测量,2002,14(1)：1-12.

[4] 乐嘉陵,刘伟雄,等. 脉冲燃烧风洞及其在火箭和超燃发动机研究中的应用[J]. 实验流体力学,2005,19(1)：1-10.

[5] 卞荫贵. 气动热力学[M]. 合肥：中国科学技术大学出版社,1997.

[6] 冯青,李世武,张丽. 工程热力学[M]. 西安：西北工业大学出版社,2006.

第5章 暂冲式燃烧加热高温高超声速风洞设计

风洞试验是进行超燃冲压发动机技术和机体/推进一体化技术研究的重要手段。为了尽可能真实模拟飞行中的条件,需要开展长时间、自由射流风洞试验,长时间试验可使整个系统达到热平衡,而自由射流试验能够较大程度地模拟高超声速飞行环境的温度、压力、马赫数和来流组分等参数,这就需要建造暂冲式高温高超声速风洞。

本章中,高温高超声速风洞特指采用燃烧加热方式,喷管出口马赫数在 5 以上,能够再现真实飞行条件气流总温的风洞。该类风洞是超燃冲压发动机、机体/推进一体化飞行器试验的关键设备,也是进行航空航天飞行器大尺寸部件热结构试验的主要设备,是极其重要的国家级空气动力研究战略资源。它们一方面可以试验/验证发动机、一体化飞行器的性能,与其他类型风洞试验结果和计算结果比较,为优化设计提供依据;另一方面可以承担接近飞行条件下的试验、考核、验证,降低飞行试验与飞行器研制的风险。

本章以中国空气动力研究与发展中心的 ϕ600mm 暂冲式高温高超声速风洞为例[1],重点介绍风洞总体技术及参数计算、部件设计、风洞调试与分析结果。

5.1 暂冲式高温高超声速风洞总体方案

暂冲式高温高超声速风洞与脉冲式燃烧加热高温高超声速风洞相同(参考4.2 节),采用可燃气体与富氧空气混合燃烧的方法产生高温、高压试验气体。该类风洞主要用于进行吸气式发动机推进和飞行器一体化试验,由于涉及燃烧现象,不仅要模拟高空气流的焓值和压强等参数,还要保证氧气的摩尔分数与空气相同。

5.1.1 暂冲式高温高超声速风洞的基本组成

本节以 ϕ600mm 高温高超声速风洞为例,介绍暂冲式高温高超声速风洞的基本组成和总体指标。该风洞主要由气源系统、配气系统、燃烧加热器、喷管、试验段、扩压器、真空管道、真空罐、大型真空泵、冷却水系统、控制系统以及其他附属设施组成,如图 5-1 所示。

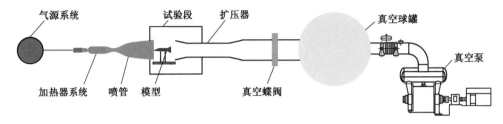

图 5-1 ϕ600mm 高温高超声速风洞组成

ϕ600mm 高温高超声速风洞采用燃烧加热,真空球罐排气。风洞在不同的试验状态下分别采用不同运行模式工作。在马赫数为 6 的试验状态下,总温高,总压高,流量小,加热器能够稳定高效工作,采用"直接燃烧加热"模式,即加热器直接与喷管相连,如图 5-2 所示。马赫数为 4、5 的试验状态下,由于总温低至 900K,总压低至 1.1MPa,加热器难以稳定高效工作,为此风洞采用"燃烧加热+混气降温"模式,从加热器出来的高温、高压(约 1500K,6MPa)气体在混气段与冷空气掺混后得到较低温度的试验气体,流入喷管,这样不但可以降低对燃烧加热器的尺寸要求,还能确保加热器工作在高温高压状态下,如图 5-3 所示。

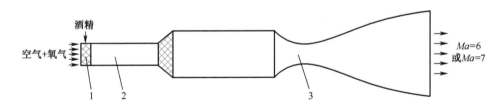

图 5-2 高温高超声速风洞高马赫数运行模式
1—酒精注入段;2—燃烧室;3—喷管。

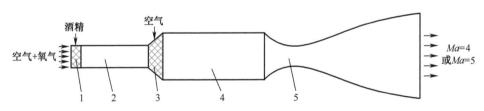

图 5-3 高温高超声速风洞小马赫数运行模式
1—酒精注入段;2—燃烧室;3—混气降温装置;4—稳定段;5—喷管。

5.1.2　总体参数计算

高超声速吸气式推进试验风洞最重要的模拟参数有焓值、动压、马赫数和氧的摩尔分数。进行总体参数计算时,先根据飞行器的飞行弹道得到需要模拟的动压和焓值,再根据马赫数和氧的摩尔分数的要求,得到风洞的总温、总压、喷管基本尺寸等基本参数。

对于每个特定的模拟状态,都对应一个总温、总压,考虑加热器的热损失,理论配气温度要高于试验需要的总温,再结合第 4 章的公式,经过迭代就可以得到喷管喉道处的密度和速度,以及喷管出口马赫数、喷管出口与喉道的面积比、喷管出口参数。由于喷管出口的尺寸是给定的,考虑喷管出口附面层的影响,就可以得到每个试验状态下的喷管喉道参数及流量。

当采用的燃料为氢气时,加热器各组分的匹配关系参见第 4 章。当采用碳氢燃烧加热富氧空气的方法产生高温、高压的试验气体时,化学反应方程式为

$$aC_xH_y + bO_2 + c(0.21O_2 + 0.79N_2)$$

$$\xrightarrow{T_0} \frac{ay}{2}H_2O + 2axCO_2 + \left(b - \frac{ay}{4} - 2ax + 0.21c\right)O_2 + 0.79cN_2 + \Delta H_1$$

$$\xrightarrow{T} 2aH_2O + aCO_2 + (b - 2a + 0.21c)O_2 + 0.79cN_2 + \Delta H_2$$

$$\begin{cases} \Delta H_1 + \Delta H_2 = 0 \\ \dfrac{b + 0.21c - 2a}{a + b + c} = 0.21 \\ a + b + c = 1 \end{cases} \tag{5-1}$$

根据所要求的总温,查热力学函数表得出 ΔH_1 和 ΔH_2,解以上方程组,即可得出 a、b、c 的值和燃烧后的化学组分,得到加热器所对应各种状态的热力学参数。如果采用液氧,则还要考虑液氧汽化的影响。

当采用碳氢燃料时,试验气体为水、二氧化碳、氧和氮的混合物,与纯空气相比在性质上存在很大差异。对于相同的静温、静压和马赫数,气体成分不同时,计算得到的对应总温、总压是不同的。采用模拟动压和总焓的原则,设备模拟参数与高空模拟参数应具有以下对应关系:

$$h(T_0)_{mix} = h(T_0)_{air} \tag{5-2}$$

$$(\rho u^2)mix = (\rho u^2)_{air} \tag{5-3}$$

如选择异丁烷,参考根据典型弹道,考虑气源压力等级的实际情况,加热器总体参数见表 5-1,加热器喷管估算见表 5-2。

表 5-1　加热器总体参数

模拟状态		动压/kPa	总压/MPa	实际总温/K	H_2O 摩尔分数	CO_2 摩尔分数
马赫数	高度/km					
4	18.7	75.11	1.1	860	0.060	0.040
5	21.3	78.46	2.9	1170	0.088	0.059
6	25.0	64.24	6.1	1550	0.126	0.084

表 5-2　加热器喷管估算

模拟马赫数	喷管口径/m	实际总温/K	喷管面积比	喷管喉道直径/mm
4	0.6	860	12.307	171.02
5	0.6	1170	32.94	104.54
6	0.6	1550	88.72	63.70

由此制定的 $\phi600mm$ 高温高超声速风洞典型状态参数如下：

（1）模拟马赫数：4、5、6。

（2）模拟总温范围：900～1550K。

（3）模拟总压范围：1.1～6.1MPa。

（4）有效试验时间：5s。

（5）喷管口径：600mm。

5.2　暂冲式高温高超声速风洞关键技术

在暂冲式高温高超声速风洞设计过程中，选择加热器和排气方式至关重要，因为它们与风洞的运行时间密切相关，直接影响风洞的试验能力。

5.2.1　燃烧加热器关键技术

5.2.1.1　加热器总体方案

暂冲式高温高超声速风洞燃烧加热器属于典型的大尺度燃烧动力系统，涉及空气动力学、喷雾燃烧学、高温热结构、材料和机械制造等多学科，工作过程包含不同时间和空间尺度上的各种物理/化学子过程，不管在工程应用还是在学术研究领域都存在诸多问题有待深入研究。

燃烧加热器设计的关键是确定燃烧组织形式、工作分段、喷注设计、点火和启动方式和技术成熟度等方面。燃烧加热器一般采用燃料(甲烷、酒精、异丁烷等)、空气、氧三种组元，目前存在两种燃烧组元组织形式(图5-4)：

（1）空气和氧先混合成氧化剂后进入喷注器集流腔,此时喷注器包含氧化剂和燃料两个集流腔,称为空氧先混或两组元燃烧方式。

（2）燃料、空气和氧分别进入喷注器各自的集流腔,此时喷注器包含三个独立集流腔,称为空氧独立或三组元燃烧方式。

相对于三组元燃烧方式,两组元燃烧方式喷注器结构、燃烧组织形式简单,本质上为气液燃烧,大尺度时燃烧稳定性等更优。三组元燃烧方式实质是液氧和燃料先燃烧,空气作为掺混组元进入,在不同试验状态下,液氧和燃料混合比不变,对点火和快速燃烧有利。

从实践情况来看,美国 8 英尺高温风洞和 APTU 风洞均采用空氧先混的燃烧模式,运行良好。采用三组元燃烧方式,该加热器对液氧预冷温度、吹除流量、点火时序控制精度等要求较为苛刻,直接推广应用至大尺度加热器有风险。采用两组元燃烧方式较三组元燃烧方式在抗振荡燃烧、减弱时序控制要求、增加燃烧加热器结构健壮性等方面具有优势。

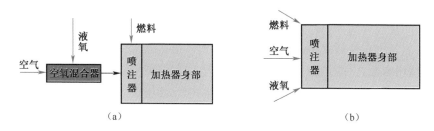

图 5-4　两种燃烧组元组织形式
(a)两组元燃烧方式;(b)三组元燃烧方式。

典型的燃烧加热风洞通常需要模拟的飞行马赫数为 4~7,此时加热器总温为 900~2000K、总压为 1.5~16MPa。为了适应宽参数工作,通常有三种方法:

（1）分区段独立设计燃烧加热器。基本按一个马赫数对应一个加热器来设计,此时加热器设计较为容易;但成本高,更换试验状态工作量大。

（2）采用"直接燃烧+混气降温"的方式满足全区段工作需求。在高马赫数(如 5.5~7),采用燃料与氧化剂直接燃烧加热;在低马赫数(如 4~5),燃烧部分直接沿用高马赫数燃烧加热器,增设一个掺混器来混入常温空气获得试验气体。8 英尺高温风洞采用此方式,优点是:有利于减小燃烧加热器尺度;试验状态更换容易;制造成本低。

（3）分区段更换喷注器、共用身部的方案。这是 APTU 风洞的方案,按其设计通过更换三个头部,可覆盖其马赫数 2~8 范围。优点是可省去掺混器;缺点是在低马赫数下由于极度贫油,点火和燃烧组织的设计难度大。

综上并结合国内外的设计和应用经验,本风洞加热器优先考虑采用"直接燃烧+混气降温"。为进一步拓宽试验能力,可结合分区段更换喷注器、共用身部的方式,即优先采用"一个身部+多个头部+掺混器"的组合形式实现宽参数范围工作。

喷注器是燃烧加热器的关键部件,很大程度决定了燃烧加热器点火和燃烧组织特性、抗振荡燃烧特性、热防护性能及对配套系统设计的需求。从国内外情况来看,大致可分为如下三种:

(1)同轴喷嘴形式:这种形式在液体火箭发动机上广泛采用,优点是设计紧凑,便于拓展。典型如国防科技大学的三组元同轴喷嘴方案、APTU风洞空气旋流同轴喷注方案、CARDC的燃烧加热风洞氢氧同轴喷注方案。

(2)同轴喷嘴+掺混孔形式:一般分流部分氧化剂(空气或富氧空气等)进入掺混孔。

(3)类燃气炉形式:如8英尺高温风洞同心圆环形喷注方案。甲烷从14个环形同心圆管上的602个喷孔喷出,富氧空气从环形管间喷出。

点火方式是燃烧加热器设计需要关心的另一关键环节。点火方式一般有直接点火和间接点火两种,直接点火是指直接采用点火电嘴点燃加热器主气流,间接点火是指先通过点先锋火炬或烟火点火器等点燃加热器主气流。采用点火电嘴直接点火,使用方便,但能量较火炬低并且点火电嘴的安装位置影响较大。从国内外情况来看,为了提高点火可靠性,燃烧加热器应优先选用便于维护和重复使用的火炬点火器。

启动和停车方案对燃烧加热器工作影响很大。启动和停车阶段是典型的非定常过程,涉及复杂的物理化学现象,也是易发生故障的阶段。启动可分为炮式启动或分级启动。炮式各组元供应流量一次调节到位,启动过程短暂,有利减小排气系统需求,这对采用真空罐启动的风洞非常重要;但设计不当容易引起过冲。分级启动各组元先小流量供应,待燃烧稳定后,再将各组元供应量调节到位,如APTU风洞可视为分级启动,先注入空气和异丁烷,待燃烧稳定后再注入液氧。这种方式容易点火、启动柔和;但启动时间长,对采用真空箱启动的风洞非常不利。当采用真空箱启动时,优先选用炮式启动。

5.2.1.2 加热器燃料选取

选定所需燃料是开展燃烧加热器设计的首要输入条件,因为燃料种类很大程度决定了加热器及配套系统供应系统设计。美国NASA 8英尺风洞燃烧加热器燃料为甲烷,APTU的风洞(20世纪80年代)燃烧加热器燃料为异丁烷。国防科技大学的大尺度暂冲式高温高超声速风洞是目前国内同类风洞的典型代表,其加热器燃料为乙醇。

在选择加热器燃料时主要考虑加热器流场特性、喷管水凝结、加热器点火性能、经济性及安全性[2]。结合国内外大尺度燃烧加热器调研结果,下面从这四个方面评估煤油、乙醇、甲烷和异丁烷四种加热器燃料优劣性。

1. 加热器流场特性

假定加热器配气时按照马赫数、总焓、动压相同的原则进行匹配。燃料经过燃烧后,污染空气组分与纯空气不同,导致风洞其他参数与纯空气设备有所偏离。其中,总压、总温、比热比的偏差将导致试验模型气动力以及内流场流动、燃烧性能变化;分子量的偏差会对试验模型捕获流量产生较大影响。污染空气中的组分对发动机点火及其整体性能也会产生影响,二氧化碳和水含量偏差也会导致发动机中煤油点火延迟时间变化。水的含量提高会导致发动机燃烧效率与推力性能降低,水对点火性能存在较明显的影响,在评估发动机点火性能时,水组分的污染应作为一个更重要的指标。

表 5-3 给出了污染空气参数和纯空气设备的对比。从表 5-3 可以看出:

(1) 污染空气中的组分主要为水、二氧化碳。各燃料污染影响主要体现在总压、总温及分子量,静压、静温、比热比与纯空气偏差较小。

(2) 水组分的影响程度从高到低依次为乙醇、甲烷、异丁烷和煤油。

(3) 总组分含量污染(H_2O+CO_2)从高到低依次为乙醇、甲烷、异丁烷和煤油(乙醇的焓值最低,导致其燃烧产物中组分污染最严重)。

(4) 乙醇燃烧后比热比较低,其他组分比热比相差不大。

(5) 各个马赫数条件下的分子量偏差不呈线性关系,甲烷分子量偏差均最大。

(6) 总压的偏差从高到低依次为乙醇、煤油、异丁烷和甲烷。

(7) 总温的偏差从高到低依次为乙醇、甲烷、异丁烷和煤油。

表 5-3　$Ma=6.0$ 时喷管出口参数

燃料成分	H_2O 摩尔组分	CO_2 摩尔组分	总压/MPa	总温/K	比热比	静压/Pa	静温/K	分子量
煤油	0.0914	0.0831	6.008	1575.4	1.3850	2576.8	225.50	29.26
甲烷	0.1228	0.0614	5.865	1554.6	1.3847	2577.4	221.31	28.59
乙醇	0.1250	0.0833	6.116	1553.1	1.3827	2581.1	223.75	28.92
异丁烷	0.0988	0.07904	5.985	1570.5	1.3848	2577.1	224.64	29.12
纯空气	—	—	4.880	1648	1.400	2549.2	221.60	29.00

综上所述,相对于纯空气,燃烧空气加热器产生的污染空气发生参数偏离是必然的,其“污染”程度对风洞流场特性及模型发动机的性能都存在影响,应当尽量选择参数偏离少、“污染”程度小的燃料。

2. 水凝结

在加热器出口空气通过高速膨胀进入试验模型之前,由于温度低,空气中的水压会高于当地温度条件下水的饱和蒸汽压而发生水凝结。凝结释放潜热的加入,改变了试验所需的流动参数,并在气态流场中生成了液滴,这就会影响风洞试验结果。由于在高速气流中存在"过冲"的概念,实际发生凝结需要更低的温度(约60K)条件。但如果风洞尺度较大,气流在喷管内膨胀时间较长,一般模拟气流静温在220K左右,水蒸气可能会凝结,对风洞运行带来严峻考验。水凝结问题很难解决,美国8英尺高温风洞水凝结问题仍未得到有效评估和解决。因而,燃料选择时,应尽可能使燃烧产物中水组分含量低一些。

污染空气中水凝结对试验模型的外流场具有较大的影响。研究表明:由于加热器喷管中水的凝结,导致喷管出口马赫数下降,压力升高,温度升高。同时,考虑试验模型一般存在斜劈结构,水经过激波蒸发以及经过膨胀波再度凝结相变。水凝结对飞行器的力学性能和内流量会造成一定影响,对于不太严重的凝结,影响在10%以内。

以马赫数为6.00的状态为例,表5-4给出了加热器喷管燃气中有/无凝结因素对喷管出口参数的影响。从表5-4可以看出,凝结对喷管出口参数影响随着燃气中的水含量的提高而增大。采用异丁烷时,喷管出口参数在有/无凝结两种情况下变化小于其他三种燃料。该结果为仿真结果,可对喷管水凝结进行参考性的评估。

表5-4 有/无水凝结对喷管出口参数的影响

燃料	有/无水凝结	马赫数	静温/K	总温/K	静压/Pa
煤油	无凝结	6.00	231.3	1580	2751
	有凝结	5.64	257.0	1602	2947
甲烷	无凝结	6.00	222.2	1545	2643
	有凝结	5.49	264.9	1586	2903
乙醇	无凝结	6.00	228.9	1550	2787
	有凝结	5.52	265.0	1585	2956
异丁烷	无凝结	6.00	227.8	1570	2711
	有凝结	5.58	261.2	1602	2869
纯空气	—	6.00	221.6	1648	2549

3. 加热器点火性能

燃料的点火性能与燃料本身的物理性质相关,也与其自身的分子结构相关。分析表5-5的数据知:

(1)异丁烷引燃温度略高于乙醇,甲烷最高,煤油最低。

(2)乙醇的焓值最低,这将导致在相同的空气加热器模拟条件下,其燃烧产物

表 5-5　不同燃料物理性质对比

燃料	闪点 /℃	引燃温度 /℃	爆炸下限 (体积分数)/%	爆炸上限 (体积分数)/%	临界压力 /MPa	临界温度 /℃	燃烧热 /(MJ/kg)	饱和蒸汽压 (303K)/ Pa	表面张力 (303K)/ (×10⁻³N/m)
煤油	43~72	—	0.7	5.0	—	—	44.0	778.5	23.29
甲烷	−188	538	5.0	14.8	4.59	−82.6	55.6	—	—
乙醇	12	363	3.3	19.0	6.38	243.1	29.7	9210	21.9
异丁烷	−82.8	460	1.8	8.5	3.65	135.0	49.15	283000	12.0

污染最严重;接下来焓值从低到高依次是煤油、异丁烷、甲烷。

(3) 燃料的饱和蒸汽压和表面张力会影响燃料的雾化、挥发性能,表中的异丁烷雾化、挥发性能最好。

点火性能方面,试验结果也显示,相同点火位置及点火能量的条件下,煤油、异丁烷和乙醇点火性能没有发现差别,甲烷则存在点火不成功的现象。可见,甲烷的点火性能最差。

4. 经济性及安全性

目前,大口径加热器一般选择液体碳氢燃料,可以减小储存容器的体积,提高风洞的安全性;氧化剂采用液氧,主要是风洞口径较大时,高压、大流量纯氧对阀门和管道材料的要求十分苛刻,需要庞大的高压氧气气罐群,存在巨大的安全隐患,采用液氧则可以回避这个问题。但由此带来了另外一个技术难题,加热器燃料和氧化剂都是液体,"液液燃烧"将导致加热器存在振荡燃烧的巨大风险,这已经被工程实践证明。

为了解决"液液燃烧"导致的振荡燃烧难题,我国新一代大推力补燃液氧煤油发动机研制采用了"液氧汽化器"技术,在液氧进入加热器之前,采用少量煤油与液氧混合燃烧,若将液氧汽化为温度 900K 左右的富氧燃气,再进入加热器与剩余的煤油混合燃烧。在加热器中的燃烧为"气液"燃烧模式,降低了振荡燃烧的风险;但对气源系统的压力等级要求较高,增加了气源系统建设的难度和成本。

5.2.2　排气系统关键技术

维持高超声速风洞的运行需要提供相当大的动力,暂冲式风洞按照提供压力比的方式不同可以分为吸式、引射式、下吹式、吹吸式、吹引式。单纯的吸式和引射式很难提供高超声速风洞启动和运行所需的压力比,因此在实际中几乎不采用。

试验气体经扩压器排入大气,即风洞采用下吹式也是允许的;但对气源的要求很高,尤其是对于高马赫数的试验状态。因此,国内外高超声速风洞一般采用高压气源和排气系统共同提供风洞启动及运行所需的压力比,即采用吹吸式、吹引式运行方式。目前,国内外高超声速高温风洞广泛采用的排气方式有真空式、引射式两种,下面详细介绍这两种排气系统。

5.2.2.1 真空式排气系统

真空式排气系统主要由真空管道、真空阀、真空箱、真空机组组成,如图5-5所示,虚线框内表示排气系统主要组成部分。风洞启动前先对真空箱、试验段等进行抽空,使真空箱内达到设定的真空状态,并开启真空阀使真空箱与试验段连通。风洞运行时,气流由喷管喷出经试验段、扩压器、真空管道进入真空箱。随着气流的排入,真空箱内压力逐渐升高,压力的上升会通过真空管道上传到扩压器。当真空箱内压力上升到一定值,使得风洞压比不足以维持稳定的试验流场时,系统将失去其有效的排气功能。

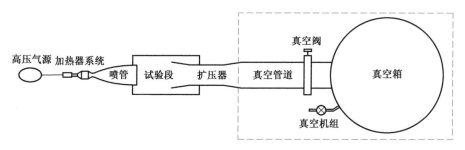

图5-5 采用真空式排气系统的风洞原理

真空式排气系统的优点是可以在试验前将真空箱抽到很低的压力水平。与引射式相比,风洞的启动和流场的稳定更加容易及快速,风洞运行参数下限更低、雷诺数模拟范围更宽、模拟高度更高,流场稳定快,风洞启动对洞体和模型的热影响小、对模型的冲击载荷更小,风洞结构和运行操作相对简单,风洞运行的噪声更低。另外相关设备和部件多为成熟的工业产品,真空系统设计比较成熟且建设成本较低。其不足之处是风洞试验时间受真空箱容积限制,如果风洞时间较长,则需要的真空箱容积特别大。因此,真空式排气系统更适合应用于试验时间短的或流量小的风洞中。

5.2.2.2 引射式排气系统

引射式排气系统的核心装置是引射器,引射器是利用高能气流来提高低能气流总压的装置,广泛应用于航空、流体机械、化工等领域。引射器基本组成如图5-6所示。

引射器的基本工作原理是,高压引射气体经喷嘴加速后流入吸入室,将低压的

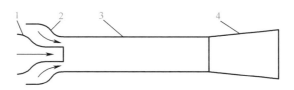

图 5-6　引射器基本组成

1—主喷管;2—被引射气流喷管;3—混合段;4—扩张段。

被动气体引射带入混合室,两种气流在混合室内通过分子扩散、湍流脉动、气流漩涡和激波作用进行充分混合,引射气流将动量传递给被引射气流,混合气流经扩压段减速增压排入外部环境,如图 5-7 所示。

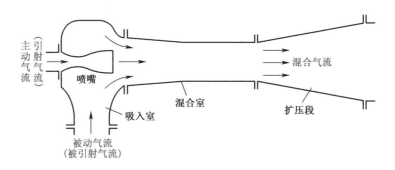

图 5-7　引射器工作原理

引射器内气体流动包括三个过程:①高压引射气体经喷嘴快速膨胀形成超声速引射气流;②引射气流与被引射气流在混合室内充分混合;③混合气流在扩压段内的减速增压过程。引射器内各流体过程相互关联并相互影响,其性能特点与适用范围与气流混合特性、喷嘴形式和用于驱动引射器的引射气体介质物理性质等密切相关。

从气流混合特性,主要有(等面积混合和等压混合)亚声速-超声速混合形式和超声速-超声速混合形式;从喷嘴形式,主要有中心引射、环状缝隙引射和多喷嘴引射;从引射器引射气体介质物理性质,有压缩空气引射、蒸汽引射和燃气引射。

按照引射器的设计理论,引射器内气流流动须满足质量守恒、动量守恒和能量守恒三大基本定律(图 5-8)。

由质量守恒可得

$$\dot{m}_s + \dot{m}_p = \dot{m}_2 \tag{5-4}$$

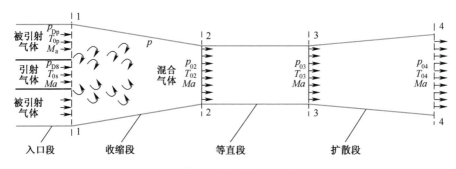

图 5-8　等压引射器内气流混合机理

由动量守恒可得

$$\dot{m}_s U_s + \dot{m}_p U_p = \dot{m}_2 U_2 \tag{5-5}$$

由能量守恒可得

$$\dot{m}_s H_{0s} + \dot{m}_p H_{0p} = \dot{m}_2 H_{02} \tag{5-6}$$

引射器系统设计时,通常已知被引射气流的流量 $\dot{m}_s$、总压 P_{0s}、马赫数 Ma_s 或速度系数 λ_s、总温 T_{0s} 以及被引射气体介质的热物性参数 c_{Ps} 和 c_{Vs}。根据引射器系统的使用环境,可知扩散段出口气流总压 P_{04}。

引射器设计过程:首先选择合适的引射气源;然后确定合理的引射气流参数,如引射气流的流量 $\dot{m}_p$、总压 P_{0p}、马赫数 Ma_p 或速度系数 λ_p 等。

引射器的增压比一般要求是恒定的,引射器的性能好坏主要根据引射系数、引射气源系统规模、引射器总体尺寸和系统有效运行时间等进行评价,其中引射系数是评估性能高低的关键指标。引射系数越大,性能越好,引射气源规模和引射器总体尺寸也可以越小,在相同气源规模条件下系统运行时间也更长。对引射器性能影响较大的参数主要有被引射气流马赫数 Ma_s、引射气流马赫数 Ma_p、引射气流总温 T_{0p}、被引射气流总温 T_{0s} 以及气体物性参数(如分子量,比热比)等。驱动气源参数包括引射气流总温 T_{0p} 和引射气体介质热物性参数,它们对引射器性能有明显影响。

图 5-9 描述了引射器的引射系数受引射气体和被引射气体总温比影响情况。由图 5-9 可见,在一定范围内,提高引射气体总温,或者降低被引射气体总温,可以显著提高引射器的工作效率。

图 5-10 给出了引射器的引射系数与引射马赫数和引射压力的关系。由图 5-10可见,引射马赫数越高,引射系数就越大。因此为了提高引射器的工作效率,应该尽可能采用高的引射马赫数。同时,还应该注意到,随着引射马赫数的提

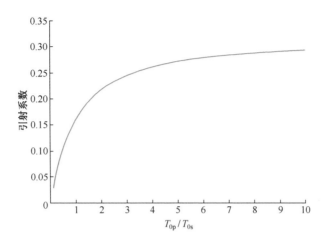

图 5-9　引射系数与引射气体和被引射气体总温比之间的关系

高,引射压力也在增加,可能会给引射气源以及供气管道的结构设计带来困难。引射马赫数的提高还会给引射气源带来另一个问题:引射气体中所含水分,甚至引射气体本身的组分,可能随着温度的下降而发生冷凝。这个问题在选取合适的引射器驱动气源,尤其是像蒸汽发生器这样含水量比较高的气源时尤为重要。

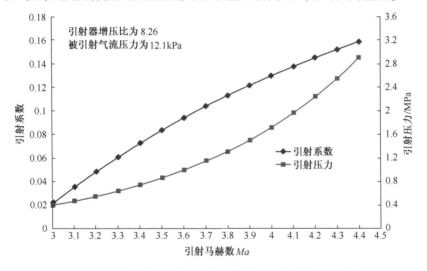

图 5-10　引射系数与引射马赫数和引射压力之间的关系

以空气为例,按照等熵公式计算,在一定的驻点压力和驻点温度下,空气压力与温度之间的关系为

$$\frac{p_1}{T_1} = \frac{p_0}{T_0}\left(1 + \frac{\gamma - 1}{2}Ma^2\right)^{\frac{-1}{\gamma - 1}} \tag{5-7}$$

当引射马赫数达到 5 时,总压 1MPa、总温 288K 的空气膨胀后的静压和静温分别约为 1890Pa 和 48K,此时空气中的氧气当地静压已经低于饱和蒸汽压,氧气会液化。而氧气液化会放出热量,从而导致引射马赫数发生变化或者波动。因此,在使用空气作为引射器驱动气源时,有必要限制引射马赫数的大小,或者是对引射空气进行预加热。

根据目前应用情况,采用多喷嘴形式的等压混合引射器具有比较高的引射效率,引射器的阵列化可以显著降低引射器系统的规模,提高引射式压力恢复系统的应用能力。

对于大型风洞,采用多模块引射器形式有以下优点:

(1)引射器本体直径和长度均可以大大降低,使得部段结构设计,尤其是喷嘴段结构设计和加工难度减小。

(2)采用多模块引射器后可以用小口径真空阀代替大口径真空阀,真空阀开闭时间可以减小,真空阀投资可以降低。

(3)每个模块可以单独采用一个气体发生器提供引射驱动气体,相应的气体发生器流量和规模大大减小,设计难度和建设费用降低。

(4)采用多个气体发生器后,相关辅助管道和阀门通径减小,加工难度和费用降低。

采用多模块引射方案需要解决多个模块运行同步性对引射能力的影响问题,根据压力恢复系统研制经验可以解决该问题。

选择引射气源方案时,可使用以下驱动气源:压缩空气气源(方案1)、"液氧+酒精+水"燃气发生器(方案2)、"气氧+酒精/煤油+水"燃气发生器(方案3)、过氧化氢纯分解气体发生器(方案4)、过氧化氢加燃料自燃气体发生器(方案5)和"空气+酒精燃烧"气体发生器(方案6)。几种驱动气源应用于压力恢复系统时的优、缺点见表5-6。表5-6中,A表示优、B表示良、C表示中等、D表示差,均表示几种方案之间的相对关系。

表 5-6　不同驱动气源方案各种性能参数等级指数综合比较

序号	方案 项目	1	2	3	4	5	6
1	对引射器几何尺寸大小影响	D	A	A	C	A	A
2	驱动气源规模	D	B	C	A	A	C

（续）

序号	方案 项目	1	2	3	4	5	6
3	运行控制复杂性	A	D	C	B	B	B
4	设备一次性投资	A	D	C	B	B	A
5	运行经济性	A	B	B	D	C	A
6	系统运行安全规范	A	C	C	D	D	A
7	工程化实践经验	A	C	B	A	A	B
8	综合性能	3	6	5	4	1	1

高浓度过氧化氢溶液是一种用于火箭发动机的传统推进剂,在催化剂作用下分解生成氧、水并释放出大量的热,反应生成物无毒、无污染,对环境十分友好。因此,在日益强调环境保护和人体安全健康的发展趋势下,基于过氧化氢溶液催化分解产生高温排气的气体发生器得到了广泛的研究和应用。过氧化氢加燃料自燃气体发生器方案利用高浓度过氧化氢催化分解时能产生气体的高温环境和富含氧气的特点,将燃点较低的酒精或煤油等燃料喷入后发生自动燃烧,从而提高引射器引射气体的温度,进而提高引射器的引射效率,降低整个引射器的规模。但是,这种基于过氧化氢的高温气源用于常规风洞的引射器驱动时,存在燃料使用成本高的问题。

液氧或气氧加酒精/煤油等燃料燃烧产生高温气体的方案在应用于引射器系统时,使用要求和环境都与火箭发动机有所不同,如需要在高温燃气中喷水以调节气体发生器排气温度,而由此带来了点火可靠性、喷水方案、温度场均匀性等问题。根据国内外应用情况,液氧或氧气的应用对系统安全性提出了很高的要求,进而对系统的使用环境和维护保养等方面也提出了较高的要求。而且基于液氧或氧气的驱动气源方案存在系统复杂、控制要求难度大等不足。

高压压缩空气是广泛应用于引射器的一种常规气源,技术成熟度高、系统简单、安全和可靠,使用成本最低,具有较丰富的工程化实践经验。不足之处是,作为引射器驱动气源,压缩空气的工作温度比较低,引射器的引射效率难以达到高水平。如果在空气中加入酒精或者煤油等燃料进行燃烧加热,将引射气体的温度提高到一定的水平,将可以大大提高引射器的引射效率,从而在不增加太多部件和太大投资的条件下,显著降低引射器的尺寸和规模。

根据上述分析以及工程实际经验,在条件容许的情况下,尽量采用高压压缩空气气源,或者是空气加酒精燃烧气体发生器方案。本书针对某风洞喷管出口马赫数为7,排气温度由喷水冷却系统降低到388K,来流总压30kPa和40kPa的引射器来流条件下,进行了采用常温空气和空气加酒精燃气两种驱动气源的引射器性能计算,结果见表5-7。

表5-7　设计状态D引射器性能计算结果

序号	Ma	来流压力/kPa	来流流量/(kg/s)	来流温度/K	引射马赫数	引射压力/MPa	引射流量/(kg/s)	引射器总长/m	备注
1		30			3.9	3.7	2320	48.0	空气引射
2		40			3.7	3.8	1650	42.5	
3	7	30	932	388	3.8	3.9	1010	48.0	高温引射
4		40			3.6	3.9	720	42.0	

由表5-9计算结果可见,采用高温引射时,引射器的引射气流流量比采用常温空气引射时降低50%以上,而引射器的总体尺寸则基本相当。

引射式排气系统主要由真空管道、引射器、引射气源等组成。采用引射式排气系统的风洞(吹引式风洞)原理如图5-11所示,虚线框内为排气系统主要组成部件。

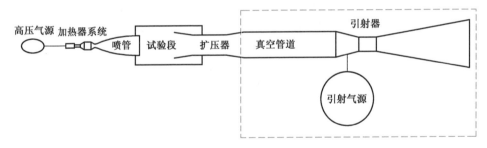

图5-11　采用引射式排气系统的风洞(吹引式风洞)原理

引射排气风洞在风洞运行前启动引射器,在引射器的抽吸作用下试验段、真空管道等均处于真空状态,风洞启动后,气流由喷管喷出经真空管道、引射器排出。一方面,引射排气没有形成由固壁封闭的区域,风洞喷管、试验段内部始终与外界大气保持连通,风洞运行安全性高于真空式;另一方面,气流经引射器直接排入大气,其有效排气时间一般大于真空式。引射排气的不足之处是其能够达到的真空度较低,获得高马赫数状态下风洞启动所需的压力比较困难。

5.2.2.3　组合式排气系统

从风洞运行要求来看,真空式排气系统能够满足风洞便于启动和快速建立流场的要求,但风洞运行时间受到真空箱容积的限制。若满足风洞长时间运行需求,就必须建设超大容积的真空箱,无论是在技术难度上还是建设成本上都难以接受。

引射式排气方案的特点与真空式相反,如果提供足够的引射气体,就能够满足风洞长时间运行需求,但该方案较难提供满足风洞启动的高压力比,尤其在高马赫数运行状态时这种不足更加突出。

对于真空式排气方案,应用中的主要限制是真空箱容积。如果风洞启动后,在运行过程中利用大型抽气装置将排入真空箱的气体抽出,就可以解决有效排气时间受真空容积限制的问题。这是一种组合接力式——"真空+抽吸"排气方案,在某种意义上可以将这种方案理解为真空式和引射式两种方案的组合,因为引射器在排气系统中充当大型抽气装置的角色。而从本质上也可以认为这种组合接力式排气方式依然是真空式排气的一种,而抽气装置是真空排气系统中维持真空的一个部分。在"真空+抽吸"排气方案中,大流量抽气装置可以采用引射器,也可以采用大型真空泵或风机,按照抽吸装置不同可以分为"真空+引射"排气方案和"真空+机械抽吸"排气方案。

1. "真空+引射"排气方案

"真空+引射"排气方案即是将引射器接在真空箱后,如图 5-12 所示,风洞启动后,气流经扩压器、真空管道进入真空箱,在某一时刻启动引射器,当真空箱内压力达到一定值时,打开真空箱后的真空阀门,在引射器的引射作用下气体源源不断地被排出。

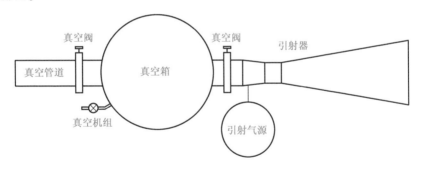

图 5-12　"真空+引射"方案原理

2. "真空+机械抽吸"方案

"真空+机械抽吸"方案是在真空箱后连接大型真空泵(或风机),如图 5-13 所示,在真空箱内压力达到一定值时打开真空阀,真空泵将真空箱内气体抽走,实现维持真空箱内压力稳定的目的。根据调研和统计,水环真空泵是一种具备大流量抽吸能力的设备,极限抽气压力可达到 10kPa,可以覆盖该风洞各种运行工况下真空箱的压力要求。水环真空泵具有如下特点:

(1) 性能稳定,压缩比大,在工况区间有稳定的吸气量,在较高真空区间仍然具有较强的抽吸能力。

（2）转速适中，无运动摩擦面，在工作过程中温升低，可靠性高。

（3）结构相对简单，易损件较少，维护简单。

（4）工作介质宽泛，可以抽吸可燃气体。

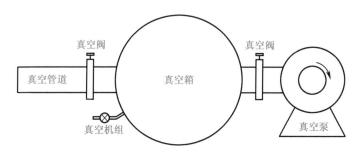

图 5-13 "真空+机械抽吸"方案原理

我国真空泵企业具备成熟的水环真空泵研发和生产能力，国内最大的超大型水环真空泵最大抽吸流量达 $1620m^3/min$，数台泵并联使用可以满足抽气要求，水环真空泵适合作为排气系统"真空+机械抽吸"方案中的抽吸设备。

3. 两种方案的对比

如上面所述，以上两种方案都可以满足排气要求。下面从系统复杂程度与建设投入、技术可行性、持续运行时间、扩展性方面对以上两种方案进行比较分析。

（1）系统复杂程度与建设投入。"真空+引射"方案的主要设备为引射器，引射器是一套比较复杂的系统，引射气源需要配套的高压容器、管道、阀门等。"真空+机械抽吸"方案的设备主体是大型真空泵，设备也比较复杂，需要进行配套设施如水电设备的配置，真空泵是成熟的工业产品，只需要采购和进行匹配而不需要自行设计制造。

（2）技术可行性。引射器是一种常规设备，其在国内外风洞中应用颇为广泛，国内在引射器设计和应用方面也积累了丰富的经验。"真空+机械抽吸"方案的主体设备——水环真空泵可以直接采购，相关水电阀门等配套设施的设计和建设难度也较小。引射器的引射能力与引射喷管的结构形式、引射器的气动构型密切相关，不同的状态下可能需要不同构型的引射器，很难确定最优的结构形式；相比之下，真空泵的抽吸效率比较稳定且其各项参数明确，系统匹配难度更小。

某设备采用"真空+机械抽吸"排气方案，设备有效运行时间提高了数倍，系统运行安全可靠，在一定程度上验证了该方案的可行性。在系统设计建设和集成方面，"真空+机械抽吸"方案难度更小，且有相关的技术经验可以借鉴，所以采用"真空+机械抽吸"方案，技术难度更小，具有更高的可行性。

（3）可持续运行时间。在稳定运行条件下，引射器需要压力、流量稳定的引射气体供应,因此引射器的长时间运行受到气源供应的限制。水环真空泵的运行需要电力供应,只要提供电力真空泵,就可以持续运行。理论上,"真空+机械抽吸"方案的排气时间可以扩展到无限长时间。显然,后者在运行时间方面具有前者不可比拟的优势。

(4) 扩展性。如果需要进一步延长排气时间,对于"真空+引射"方案需要增加射器源,而真空+机械抽吸方案则只需延长真空泵运行时间即可。采用机械抽吸实现延长排气时间与采用引射器在建设成本和运行成本上均有不同程度的优势,而且运行时间越长,机械抽吸的优势就越明显。

综合分析两种方案的优势与不足,"真空+机械抽吸"方案在多个方面都优于"真空+引射"方案,更适合于该风洞排气系统设计建造要求。

4. 不同试验时间工况的排气系统运行方式

风洞试验中的试验类型不同,所需求的试验时间、试验总温等各不相同。比如,进行发动机热结构试验需要模拟飞行过程中的热效应,所需的试验时间比一般的飞行器气动力学方面的试验时间长。根据试验需求,许多试验仅需要风洞运行几秒到十几秒即可完成模拟和测试,而一些试验需要风洞运行的时间较长。根据风洞总体设计要求,该风洞可以进行短时间的试验,同时也需要具备长时间连续运行的能力。

水环真空泵的启动和停机过程需要较长的时间,大型水环真空泵启动、运行、停机运行的总时间一般不少于900s,而单台真空泵功率就高达2000多千瓦。由此可知,在运行时间较短的工况中,真空泵的功耗绝大部分用于泵的启动和停机,而用于排气的只占很小的比例。宜采取一种长时间运行和短时间运行分开的办法:当风洞短时间运行时,不启动真空泵,即采用单纯的真空式排气;在风洞长时间运行时,采用"真空+机械抽吸"的接力排气方式,当在某一时刻真空箱内压力升高到某一设定值时,开启真空泵将真空箱内的气体源源不断地抽走,维持试验所需的压力比。

5.3　暂冲式高温高超声速风洞设计

5.3.1　加热器设计

1. 燃烧加热器总体方案

在加热方案选取上,美国的 APTU 技术方案值得借鉴,该方案形成最晚,代表了加热器研制的发展方向。该风洞的加热器燃料为异丁烷,主要是基于异丁烷具有以下优点:一是临界温度低,易汽化,可以回避"液液燃烧"的问题;二是在模拟相同焓值时,燃烧产物水含量较少,污染组分的摩尔分数最低。综合考虑,$\phi600\text{mm}$ 高温高超声速风洞采用"异丁烷+液氧+空气"方案,空气和氧混合成氧化剂后进入喷注器集流腔,即"空氧先混"或"两组元燃烧方式"。

图 5-14 给出了碳氢燃料加热器的结构,主要部件包括空氧混合器、喷注器、点火段、稳定段等。

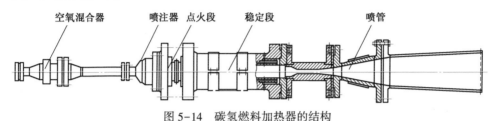

空氧混合器　　　　　喷注器　点火段　　　稳定段　　　　　　　喷管

图 5-14　碳氢燃料加热器的结构

加热器燃烧室内工作过程的综合特性可用停留时间 τ 表征。为了保证氧化剂和燃料的充分燃烧,氧化剂和燃料应有足够的停留时间。τ 可用下式计算:

$$\tau_s = \frac{V_c \bar{\rho}_g}{q_{mc}} \tag{5-8}$$

式中　　V_c——燃烧室容积;

　　　　$\bar{\rho}_g$——平均燃气密度;

　　　　q_{mc}——质量流量。

按液体火箭发动机燃气发生器经验,当燃气停留时间大于 10ms 时,燃烧效率接近 1.0,考虑燃烧加热器对出口组分、温度要求更高,一般设计的停留时间更长些。

喷嘴采用带二次喷注孔的同轴式内混喷嘴形式,基本设计思想:在加热器配气状态下燃料(异丁烷)和氧化剂(空气和液氧混合物)配比偏离化学恰当比较远,不利点火和组织燃烧。为此,氧化剂在外喷嘴(环缝)和二次喷注孔中分流,从而在喷嘴中心区域形成适合点火和燃烧的混合气。该区域点火燃烧后形成较高温度的中央火炬,多余的氧化剂通过二次喷注方式与中央高温燃气掺混,最终在加热器出口形成温度均匀的试验气体。喷嘴压降十分重要,经验表明,喷嘴压降过小(小于 0.3MPa),不利于雾化,并易于激发低频振荡燃烧;喷嘴压降过大,增大配气负担,同时可能激发高频振荡燃烧。根据火箭发动机经验,喷嘴压降最好控制在 $0.3\text{MPa} \sim 30\%P_C$(其中 P_C 为加热器燃烧室压)。

加热器点火段一般采用焊接水冷结构,在点火段中间部位设计有点火头安装孔。点火头的能量来源于点火系统,点火系统主要由电源、控制柜、变压器柜、点火头等部分组成。加热器燃烧室外壳采用炮钢,内层采用不锈钢,内外层之间采用滑动密封结构,内层受热后可自由膨胀、伸缩。

马赫数为 4、5 时采用"高温燃气+混气降温"的低温工作模式,需在高温工作模式的基础上增配减压段和混气降温装置。其原理如图 5-15 所示,燃烧室产生的高温燃气通过减压喉道达到声速,在扩散段加速到超声速;扩散段喷入冷空气并产生激波,激波后气体总压降低,气体在稳定段进一步混合均匀,最后流入喷管并在喉道处达到壅塞状态。混气降温装置由减压段、混气段和稳定段组成。

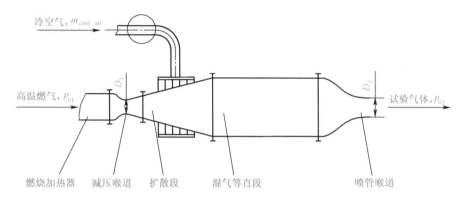

图 5-15　混气降温装置原理

减压段的主要作用是,在燃烧室和稳定段之间形成一个声速喉道,使下游混气带来的压力波动不干扰到燃烧室,燃烧室中的富氧空气和氢气处于稳定的燃烧状态。根据流量公式可得

$$\frac{p_{01}}{c^*}A_{t1} + \dot{m}_{cool\_air} = \frac{p_{02}}{c^*}A_{t2} \tag{5-9}$$

式中　p_{01}——减压前的总压;

　　　p_{02}——减压并混入冷气后的试验气体总压;

　　　A_{t1}——减压喉道面积;

　　　A_{t2}——喷管喉道面积;

　　　c^*——与相对分子质量、比热比、总温有关的常数。

降温冷气由四个截面注入,各混气注入孔截面之间设计有夹层水冷结构;在混气段左端面与减压段之间留有狭缝,冷空气由狭缝流出,在混气段左端面附近形成一道气膜冷却,对其内表面前部进行热防护。

高温燃气和降温空气在混气段完成混合后,再流经稳定段形成满足试验总温、总压需求的混合气体。稳定段采用夹层冷却结构,内外壳之间采用滑动密封。另外,在稳定段主体与喷管亚声速收缩段之间还设计有一段专门用于压力测量的测量环。

2. 冷却通道设计方法

加热器的热现象包括许多过程的相互作用:燃烧室中的燃烧;通过对流换热燃

气向燃烧室固壁的传热;固壁中的热传导以及固壁向冷却液的对流换热。这些相互作用导致加热器的热分析变得很复杂,这种复杂性表现在:三维几何;冷却剂和燃气对流换热系数依赖于燃气和冷却剂的压力、固壁温度、未知的冷却剂压降和物性以及固壁内的三维热传导。热分析模型必须综合考虑这些因素。

热分析的计算方案:首先确定燃烧室固壁的材料和厚度,固壁由涂层、通道和外层组成,它们可以用不同的材料构造。固壁内沿冷却剂流动方向被细分成了许多的站位。站位是人为设置的,目的是计算评估方便,类似数值模拟用的网格。这些站位没有必要均匀隔开;实际上,在热流和温度梯度最大的地方,需要放置更多的站位。站位的编号方式从冷却通道入口处开始,在冷却通道出口处结束。

燃气的热物性参数和输运物性参数可以由多组分公式计算得到;燃油物性计算程序可用于获得冷却剂的热力和输运物性参数;由于燃气和冷却剂的对流换热系数与固壁表面温度有关,因此使用迭代过程求得对流换热系数和燃气绝热壁面温度。

固壁中的温度分布可通过三维有限差分格式求解,计算前需要在不同站位的固壁上预先添加有限差分网格。每个节点的温度是相邻节点温度的函数(同一个站位上有四个相邻节点,相邻站位上有两个相邻节点)。计算从一个站位到另一个站位沿 x 轴方向推进。在每一个站位上,使用了 Gauss-Siedel 迭代方法用于获得沿 y 轴向和 z 轴向收敛的温度分布。当 x 轴向推进完成以后,当前推进的结果与先前推进结果之间比较,判断 x 轴方向上的收敛标准是否得到满足。如果不满足,程序又从第一个站位开始,沿冷却通道进行另外一次推进,这个过程一直持续到满足收敛为止。下面详细介绍其数学模型。

美国学者巴兹[3,4]在实验基础上,将液体火箭发动机推力室内燃气体对流传热系数整理成管内充分发展湍流传热的准则方程形式,即

$$Nu_f = 0.026 Re_f^{0.8} Pr_f^{0.4} \qquad (5-10)$$

将式(5-10)展开并整理,可得

$$h = 0.026 c_{pf} \eta_f^{0.2} (\rho_f v)^{0.8} / (Pr_f^{0.6} d^{0.2}) \qquad (5-11)$$

式中　　v——燃气流速;

　　　　d——当量直径;

　　　　c_{pf}——燃气比定压热容;

　　　　η_f——燃气动力黏度;

　　　　ρ_f——燃气密度;

　　　　Pr_f——燃气普朗特数,且有

$$Pr_f = \eta_f c_{pf} / \lambda_f \qquad (5-12)$$

式中　　λ_f——燃气热导率;

T_f——膜温,其为定性温度,$T_f = 0.5(T_{wg} + T_g)$,T_{wg} 为气壁温,T_g 为气流静温。

对流换热的热流密度为

$$q_{cv} = h(T_{ad} - T_{wg}) \tag{5-13}$$

式中　T_{ad}——绝热壁温,这里选取燃气总温 T_t。则有

$$q_{cv} = h(T_t - T_{wg}) \tag{5-14}$$

$$\rho_f v = \frac{m_g}{A_g} \tag{5-15}$$

式中　m_g——燃气质量流率;

　　　A_g——燃烧室横截面积。

因此,需要由一维质量加权流场获得燃气质量流率 m_g、燃烧室横截面积 A_g、燃气静温 T_g、燃气总温 T_t 和燃烧室当量直径 d。

对冷却通道中燃油的流动做一维简化处理,燃油在冷却通道中的流动为充分发展的湍流流动。燃油与固壁的对流换热系数采用冷却剂平均温度计算,使用 Sieder-Tate 公式[6,7]:

$$\frac{hd}{k_f} = Nu_f = 0.027 Re_f^{0.8} Pr_f^{1/3} \left(\frac{\eta_f}{\eta_w} \right)^{0.14} \tag{5-16}$$

除 η_w 按假定的液壁温确定外,式(5-16)中其他量采用燃油平均温度计算,冷却通道水力直径 d 为特征长度。由于物性参数 η_w(燃油物性在下面介绍)与液壁温度有关,因此需要迭代求解。基于冷却通道下壁、侧壁和上壁节点的平均温度可以分别估算出三个相应的对流换热系数,将站位 n 上的三个对流换热系数和燃油平均温度作为站位 n 处冷却剂侧的对流换热边界条件。

沿冷却剂侧固壁四周积分,可以得到沿冷却通道截面四周向冷却剂传的热量 $Q_c(W/m)$。因此,两相邻站位之间的冷却剂温升为

$$T_{n+1} - T_n = Q_c \Delta s_{n+1,n} / (c_p m_c) \tag{5-17}$$

式中　c_p——以两站位燃油平均温度定性的燃油比定压热容;

　　　m_c——冷却通道中燃油的质量流率;

　　　$\Delta s_{n+1,n}$——相邻两站位之间的距离。

3. 应用实例分析

$\phi 600mm$ 高温高超声速风洞加热器采用了如图 5-16 所示的夹层水冷结构,该加热器的型面如图 5-17 所示。以马赫数为 6 的状态为例,风洞总温为 1900K,总压为 5.0MPa。使用前述方法进行初步设计与热分析[8]。

冷却通道传热分析计算需要沿程的一维等熵流动参数作为热分析计算的输入条件。在等熵流动中,使流动参数变化的唯一驱动势是面积变化。

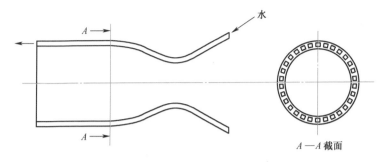

图 5-16　加热器冷却结构

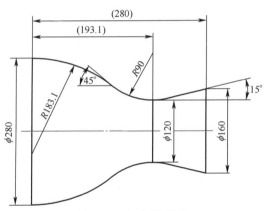

图 5-17　加热器型面

$$\frac{A}{A_t} = \frac{1}{Ma}\left[\left(\frac{2}{\gamma + 1}\right)\left(1 + \frac{\gamma - 1}{2}Ma^2\right)\right]^{\frac{\gamma+1}{2(\gamma-1)}} \qquad (5-18)$$

式中　A——喷管的当地面积；

$A_t = \pi\left(\dfrac{d_t}{2}\right)^2$，$d_t$ 为喉道直径；

　　　Ma——当地马赫数；

　　　γ——燃气比热比。

在确定喷管的当地面积 A 的情况下，对式(5-18)使用二分法可以计算出喷管不同截面处的马赫数。

再由式(5-19)~式(5-21)确定对应于马赫数 Ma 的燃气静温 t、静压 p 和密度 ρ：

$$\frac{T}{t} = \left(1 + \frac{\gamma - 1}{2}Ma^2\right) \qquad (5-19)$$

$$\frac{P}{p} = \left(1 + \frac{\gamma - 1}{2}Ma^2\right)^{\frac{1}{\gamma-1}} \qquad (5-20)$$

$$p = \rho R t \tag{5-21}$$

式中　T——燃气总温；

　　　P——燃气总压；

　　　R——混合气气体常数 J/（kg·K），$R = \dfrac{R_0 \times 1000}{M}$，其中，$R_0$ 为通用气体常

　　　数，$R_0 = 8.31434$ J/mol·K；

　　　M——燃气平均分子量（g/mol）。

　　马赫数 6 喉道收缩扩张段的一维等熵流动的燃气马赫数 Ma、燃气静温 t、燃气静压 p、燃气密度 ρ，沿程分布如图 5-18~图 5-21 所示。

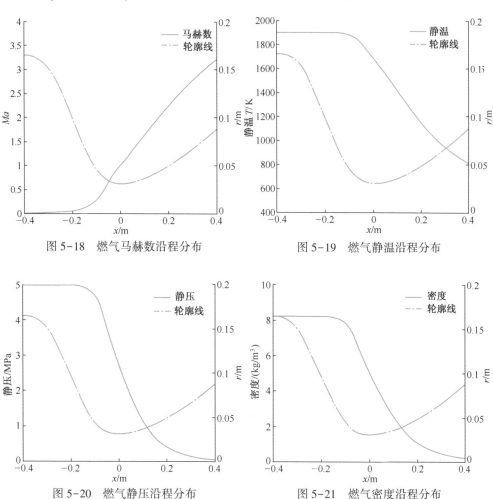

图 5-18　燃气马赫数沿程分布　　　　图 5-19　燃气静温沿程分布

图 5-20　燃气静压沿程分布　　　　图 5-21　燃气密度沿程分布

图 5-22 为燃烧加热器冷却通道的布局,图 5-23 为将马赫数 6 喉道划分成许多的站位。因为结构的对称性,所以仅对一个单元进行计算。燃气与固壁的对流换热采用巴兹法,以一维等熵流动参数作为输入条件。由于燃气总温为 1900K时,辐射热流很小,因此相对于对流换热热流来说可以忽略不计。

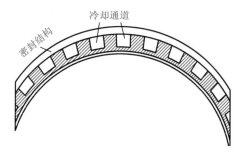

图 5-22　加热器冷却通道布局

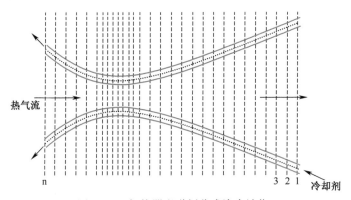

图 5-23　加热器喉道划分成许多站位

喉道处肋宽为 a,冷却通道宽度为 b,冷却通道高度为 h,衬层厚度为 δ,喉道直径为 d_t,保持等冷却通道宽度设计,根据这些数据确定出可布置的冷却通道数为

$$n = \frac{\pi(d_t + h + 2\delta)}{a + b} \qquad (5\text{-}22)$$

沿程肋片厚度为

$$b = \frac{\pi(d_t + h + 2\delta)}{n} - a \qquad (5\text{-}23)$$

冷却水入口压力为 4.0MPa,总的入口质量流率为 20kg/s,入口温度为 293K。加热器使用的材料均为 1Cr18Ni9Ti。

根据冷却通道基本尺寸和布局不同,研究了如表 5-8 所列五种不同的设计方案,对五种方案的冷却通道分别进行了热分析。

表 5-8　五种设计方案

设计序号	参　数	最大气壁温度/K	通道布局
方案一	通道宽度 3mm 通道高度 3mm 最小肋片宽度(喉道处)0.8mm 喉道处通道数 57 条 外层厚度 3mm	790	−400mm≤x≤400mm 布置 57 条冷却通道
方案二	通道宽度 2mm 通道高度 3mm 最小肋片宽度(喉道处)0.8mm 喉道处通道数 77 条 外层厚度 3mm	789	−400mm≤x≤400mm 布置 77 条冷却通道
方案三	通道宽度 3mm 通道高度 3mm 最小肋片宽度(喉道处)1.5mm 喉道处通道数 46 条 外层厚度 3mm	828	−400mm≤x≤400mm 布置 46 条冷却通道
方案四	通道宽度 2mm 通道高度 3mm 最小肋片宽度(喉道处)1.5mm 喉道处通道数 59 条 外层厚度 3mm	825	−400mm≤x≤400mm 布置 59 条冷却通道
方案五	通道宽度 3mm 通道高度 3mm 最小肋片宽度(喉道处)1.5mm 喉道处通道数 46 条 外层厚度 3mm	828	−400mm≤x≤−143mm 布置 92 条冷却通道; −143mm<x≤287mm 布置 46 条冷却通道; 287mm≤x≤400mm 布置 92 条冷却通道

图 5-24~图 5-34 为方案一完整的热分析计算结果。其中图 5-28 至图 5-34 为不同站位每个冷却通道单元区域的温度场云图,各图的横坐标、纵坐标单位为 m。由表 5-8 可见:方案一的通道宽度比方案二的小 1mm,通道数比方案二少 20 条,但最大气壁温度相差很小。方案三、方案四分别将最小肋片厚度(喉道处)从原来的 0.8mm 增加大了 1.5mm,通道数目也分别减小为 46 条和 59 条,发现最大气壁温度比方案一和方案二有少许增加(分别增加 38K 和 36K);但肋片厚度增加后,既有利于冷却通道的加工,也有利于肋片处的焊接。

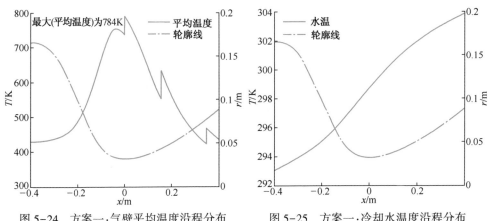

图 5-24　方案一:气壁平均温度沿程分布　　图 5-25　方案一:冷却水温度沿程分布

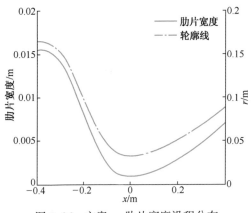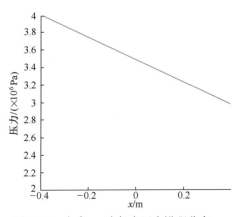

图 5-26　方案一:肋片宽度沿程分布　　图 5-27　方案一:冷却水压力沿程分布

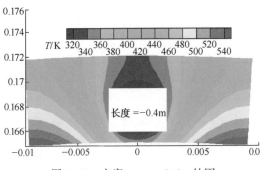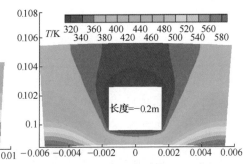

图 5-28　方案一:$x=-0.4$m 处固　　图 5-29　方案一:$x=-0.2$m 处固
壁温度分布　　　　　　　　　　壁温度分布

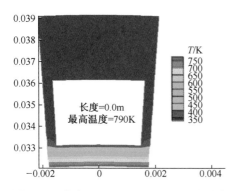

图 5-30　方案一: $x=0.0$ m 处固壁温度分布

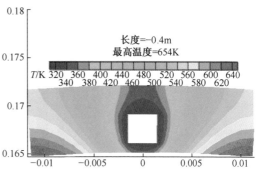

图 5-31　方案三: $x=-0.4$ m 处固壁温度分布

（ $T_{max}=654$ K ）

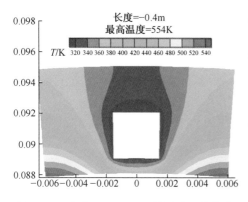

图 5-32　方案三: $x=0.4$ m 处固壁温度分布

（ $T_{max}=554$ K ）

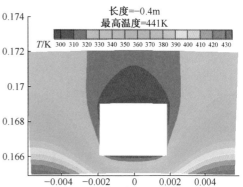

图 5-33　方案五: $x=-0.4$ m 处固壁温度分布

（ $T_{max}=441$ K ）

　　方案三中,在 $x=0$ m(喉道处) 的肋片宽度为 1.5mm,由于采用等冷却通道宽度设计, $x=-0.4$ m 处的肋片厚度约为 17mm, $x=0.4$ m 处的肋片厚度约为 9mm,计算结果发现肋片上的温度梯度比较大,如图 5-31 和图 5-32 所示。

　　为了改善这种情况,提出方案五这种分段的冷却通道布局, $x=-0.4$ m 处的肋片厚度由约 17mm 减小为约 8mm,温度梯度较方案三减小,如图 5-33 和图 5-34 所示。方案五的几何造型如图 5-37 所示。基于方案五设计了加热器冷却通道,图 5-36 为试验中使用的氢氧燃烧加热器。加热器长时间工作状况良好,多次循环使用后内型面无烧损,说明了加热器冷却通道设计是合理的,验证了加热器冷却通道热分析的可信性,也验证了再生冷却热分析计算方法及冷却通道设计方法。

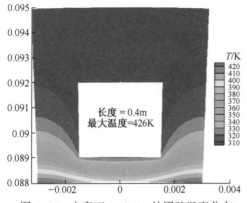

图 5-34　方案五 $x=0.4$m 处固壁温度分布

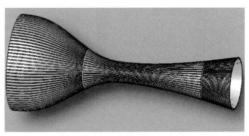

图 5-35　方案五的几何造型

图 5-36　氢氧燃烧加热器

5.3.2　排气系统设计

5.3.2.1　排气方式总体方案

大部分的暂冲式高温高超声速风洞采用了引射式排气方式,如 NASA 兰利研究中心的 8 英尺高温风洞和阿诺德工程发展中心的 APTU 设备均采用了空气引射排气的方式,这类排气方式存在组成复杂、运行环节多、参数匹配要求高、引射效率低、运转费用高等不足。

ϕ600mm 高温高超声速风洞采用"真空罐+抽气泵"组合抽吸排气方式,如图 5-1 所示。风洞的工作原理:开启真空机组,将真空球罐、真空管道、扩散段、试验段等风洞本体抽至低压;启动大型抽气泵系统,将抽吸管路抽至极限真空压力(约为 13kPa);启动气源系统管路阀门,使气流以设定的流量和压力注入加热器并点火燃烧形成高焓试验气流;试验气流通过喷管压缩膨胀后流过试验段、扩散段和真空球罐,在喷管出口形成满足试验要求的高超声速流场;随着试验气流的不断流入,真空球罐的压力将不断升高,当其压力超过大型抽气泵极限真空压力后,开启真空球罐与大型抽气泵之间的真空快速阀,完成真空罐与抽气泵组合抽吸排气的切换,并在满足风洞运行压比的某个压力下实现抽吸平衡(注入流量等于大型抽气泵抽吸流量),从而实现风洞长时间运行的连续排气[9]。

5.3.2.2　扩压器设计

扩压器结构如图 5-37 所示,扩压器分为超扩段、平直段和亚扩段。扩压器超扩段、平直段为水冷夹层结构。亚扩段布置了 4 圈喷水冷却支杆(图 5-38),对气流进行降温,提高了扩压器排气效率。

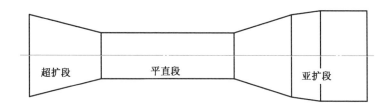

图 5-37　扩压器结构

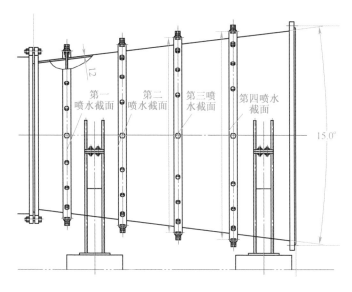

图 5-38　扩压器喷水截面

5.3.2.3 真空系统设计

1. 真空球罐

采用真空排气时,主流在扩压器出口喷水冷却到350K,然后进入真空箱。球罐容积要保证试验时间,所需容纳的气流量包括加热器的热气流和冷却喷水雾化气流。风洞高温气流采用喷水冷却的方式,可省略风洞冷却器,提高冷却的效果。但冷却水的喷入,增加了真空排气系统排气量。所需冷却水流量计算如下:

根据能量平衡,气体释放能量为 $G_{气体} \times [h(T_0) - E(T_1)]$。冷却水汽化为饱和蒸汽吸收的能量为 $G_{水} \times (h_{温升} + r)$,其中,$h_{温升}$ 为冷却水温升吸收的能量,$h_{温升} = 4.18 \times \Delta T$($\Delta T$ 为冷却水升至350K的温升)。

需用冷却水流量为

$$G_{水} = G_{气体} \times [h(T_0) - E(T_1)]/(h_{温升} + r) \tag{5-24}$$

式中　$h(T_0)$——风洞来流气体焓值;

　　　$E(T_1)$——饱和温度下,风洞来流气体内能;

　　　r——水的汽化潜热;

　　　$G_{气体}$——风洞来流气体流量。

将真空抽吸考虑成绝热过程,则对应于风洞的各马赫数状态,所需的真空箱容积为

$$V = \frac{R_{水} \, G_{水} \, Tt}{p_f - p_i} + \frac{R_{气} \, G_{气} \, Tt}{p_f - p_i} \tag{5-25}$$

式中　p_i——真空初始压力(取为100Pa);

　　　p_f——真空箱最高工作压力(Pa);

　　　t——工作时间(取为5s);

　　　T——进入真空箱的气流温度(取为350K)。

真空容积取值时,需要综合考虑风洞启动过程,满足真空排气方式试验有效时间大于15s,未来扩展余量等因素影响。

2. 高真空机组

高真空系统共配置了8套JZPS600-3P型真空机组,由ZJP-600型罗茨泵和SK-12A型水环泵组成;单套真空机组的抽气速率600L/s,极限抽空压力为40Pa。

3. 冷凝器

为了将试验台降温器出口气流其中的大部水蒸气冷凝,降低后面抽气真空设备的能耗,在球罐和大型水环泵之间还设置了预冷器。风洞运行模式即"真空球罐+冷凝器+大型水环真空泵"的排气的方式。设来流流量为 $\dot{m}_{all}$,试验气体初始温度为 T_1,比热容为 c_p,将试验气体降温到 T_2,析出的水流量为 $\Delta \dot{m}$,单位质量水

的汽化热为 q_{water},冷却水的温升为 ΔT,则需要冷却水的流量为

$$\dot{m}_{water} = \frac{\dot{m}_{all} c_p (T_1 - T_2) + \Delta \dot{m} \cdot q_{water}}{4.2 \Delta T} \tag{5-26}$$

析出水的流量由水在 T_2 下的饱和蒸汽压决定,水的饱和蒸汽压是温度的函数,即

$$p_{water} = \exp\left(55.897 - \frac{6641.7}{T} - 4.4864\ln T\right) \tag{5-27}$$

设预冷器内压强为 p,则水的分压为 p_{water},剩余气体则为原来进入预冷器中的 O_2、N_2 和 CO_2,其摩尔分数和流量已知,由此可推出在冷凝器出口的各种气体的分压和摩尔分数。

冷凝器出口剩余水的流量为

$$\dot{m}_{water1} = \dot{m}O_2 \frac{18 p_{water}}{32 p O_2} \tag{5-28}$$

设来流中水的流量为 $\dot{m}_{waterall}$,析出水的流量 $\Delta \dot{m} = \dot{m}_{waterall} - \dot{m}_{water1}$。需要真空泵的抽速为

$$\dot{V} = \frac{\dot{m}_{all} - \Delta \dot{m}}{\rho} = \frac{(\dot{m}_{all} - \Delta \dot{m}) R T_2}{p} = \frac{8314 (\dot{m}_{all} - \Delta \dot{m}) T_2}{p M} \tag{5-29}$$

式中　M——预冷器出口气体的平均分子量。

5.3.3　气源系统设计

设空气罐群内气体初始压力和质量分别为 p_i、m_i,供气结束时压力和质量分别为 p_e、m_e,气体流量为 $\dot{m}$,对空气罐容积的需求为

$$V = \frac{\dot{m} \tau R T_i}{p_i [1 - (p_e/p_i)^{1/\gamma}]} \tag{5-30}$$

可用压力 p_e 的选取需要考虑减压阀、调压器压降,管路、文氏管损失,加注喷嘴压降等,其之间的关系为

$$p_e = (p_C + \Delta p_J)/\eta + \Delta p_{tube} \tag{5-31}$$

式中　p_C——燃烧室总压;

　　　Δp_J——文氏管至燃烧室间压降(取为 1.0MPa);

　　　η——文氏管损失系数(取为 0.75);

　　　Δp_{tube}——减压阀及管路损失(取为 1.0MPa)。

空气气源系统需求参数见表 5-9 ~ 表 5-11。对空气气源系统,压力等级 22MPa、28m³ 的空气气罐,可满足试验时间 20s 左右的要求,仅需考虑空气管道的

适应性。需要为加热器提供两路空气气源:一路通过空氧混合器注入加热器燃烧室与氧气和燃料混合并燃烧产生高温、高压气流;另一路通过掺混器注入混气段与高温气流混合形成温度和压力较低的试验气流。对于马赫数为6的高温状态,只使用前一路空气;对于马赫数为4~5的低温状态,两路空气一起使用。

表 5-9 加热器空气参数计算(高马赫数)

模拟马赫数	喷管口径/m	总压/MPa	实际总温/K	总流量/(kg/s)	空气流量/(kg/s)	气源工作压力/MPa
6.0	0.6	5.0	1510	15.01	11.69	13.00

表 5-10 加热器空气配气参数(低马赫数)

模拟马赫数	加热器参数			气源工作压力/MPa
	实际总温/K	工作总压/MPa	空气流量/(kg/s)	
4.0	900	1.35	12.52	13.00
5.0	1250	3.30	12.63	13.00

表 5-11 掺混气空气配气参数(低马赫数)

模拟马赫数	流量/(kg/s)	气源工作压力/MPa
4.0	22.37	13.00
5.0	12.65	13.00

空气采用文氏管限流,限流喉道直径采用文氏管限流喉道公式计算。空气气源系统管路为两路 $\phi159\text{mm}\times20\text{mm}$(通径 DN120),空气管路分别向加热器燃烧室和混气段注入空气,同时在两路空气管道上配置 DN120 的截止阀、调压阀、快速阀和文氏管。

氧气气源系统需求参数见表 5-12。氧气管道为 $\phi80\text{mm}\times15\text{mm}$(通径 DN50)的黄铜管道或蒙乃尔钢管,并配置 DN50 的用于纯氧环境的截止阀、调压阀和快速阀。

表 5-12 加热器气氧系统需求参数

模拟马赫数	氧流量/(kg/s)	气氧压力/MPa	文式管喉道直径/mm	管道直径/mm
4.0	3.3	10	13.1	
5.0	4.1	10	14.6	30
6.0	4.0	10	14.4	

燃料供应系统采用汽蚀管作为燃料的流量控制元件,质量流量(kg/s)按下式计算:

$$\dot{m} = CA_t \sqrt{2(p_{iv} - p_s)\rho_{iv}} \qquad (5\text{-}32)$$

式中　C——流量系数,一般取 $0.8\sim0.95$;

A_t——汽蚀管喉道面积(m^2);

p_{iv}——汽蚀管入口液体静压力(Pa);

p_s——液体在喉道处温度对应下的饱和蒸汽压(Pa);

ρ_{iv}——汽蚀管入口液体密度(kg/m^3)。

燃料供应采用挤压方式,挤压气体采用压缩氮气。设挤压气罐的初始压力为 p_{1a},最终气体压力为 p_{2a},挤压后异丁烷的压力为 p_B,需保证减压阀和调压器正常工作的必需压降的 Δp_2(在此取为 2MPa),则有

$$p_{2a} = p_B + \Delta p_2 \tag{5-33}$$

挤压气罐所需容积按下式计算:

$$V_a = \frac{p_B V_B}{p_{1a}(1 - (p_{2a}/p_{1a})^{1/k})} \tag{5-34}$$

对燃料供应系统,需要为加热器配置一套用于液态碳氢燃料(异丁烷或酒精)供应系统,设计指标:流量大于 5kg/s,供应时间大于 10s,供应压力大于 12MPa。采用高压氮气挤压液态碳氢燃料的燃料供应方式,采用汽蚀管控制燃料流量(图 5-39)。

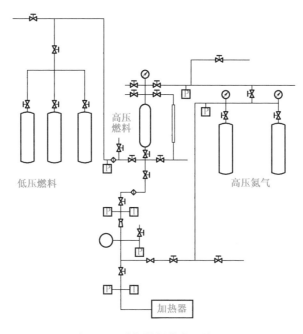

图 5-39　碳氢燃料供应系统原理

表 5-13 给出了异丁烷供应系统的参数计算结果。

表 5-13　异丁烷供应系统的参数计算结果

模拟马赫数	异丁烷流量 /（kg/s）	异丁烷 驱动压力/MPa	汽蚀管喉道直径 /mm	管道直径 /mm
4.0	0.75	11	3.43	
5.0	0.85	11	3.83	32
6.0	0.59	11	3.78	

5.3.4　喷管设计

喷管以马赫数 6 为设计点,马赫数 4 和马赫数 5 采用喉道拟合。其无黏型面计算采用 Cresci 方法;试验气体总温较高且含污染成分,必须考虑真实气体效应。

图 5-40 为模拟得到的马赫数 6 喷管的流场等马赫线和出口径向马赫数分布。由图可见,拟合得到的马赫数为 4、5 的管流场均匀性好,马赫数均方根误差在 1% 以内,满足发动机试验要求。

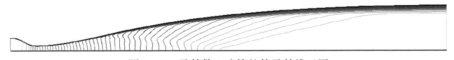

图 5-40　马赫数 6 喷管的等马赫线云图

由于高温气流经过喷管喉道后将加速降温,因此在设计喷管时仅考虑对喉道进行冷却,而不考虑对喉道以后的扩张段进行冷却。另外,马赫数为 4 状态气流总温仅为 900K,在 1Cr18Ni9Ti 的工作温度范围内,故对马赫数为 4 喉道也不考虑冷却。

以如图 5-41 所示的 ϕ600mm 轴对称喷管及拟合喉道为例,喷管左端通过螺

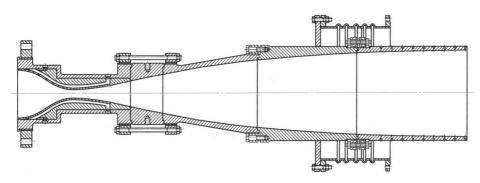

图 5-41　ϕ600mm 轴对称喷管

纹法兰与稳定段相接,右端则由通径 900mm 的波纹管连接到试验段的接口法兰上。喷管内型面进口直径为 330mm,亚声速收缩段长度为 400mm,从喉道截面到出口截面的喷管扩张段总长为 2782m,喷管总长 3182mm。喷管喉道段采用夹层水冷结构,内壁厚度为 10mm。内、外壳采用焊接结构,在外壳外表面两端分别设计有 6 个 M36×2 的螺纹孔,用于安装冷却水接头。

5.3.5　试验段设计

试验段壳体采用 16MnR 钢,设计工作压力为 0.4MPa,设计工作温度为 200℃,内部横截面为 2.5m×2.5m,内部长为 6m,箱体两端采用法兰盘形式与加热器喷管及风洞扩压器连接。

在试验段箱体外围布有纵横交错的加强肋,加强肋采用宽度为 100mm、厚度为 16mm 的 16MnR 钢板焊接而成。侧面开门,尺寸为 600mm×1400mm,用于试验人员进出试验段;顶部开窗,尺寸为 600mm×4000mm,用于模型进出试验段;侧面留观察窗,窗口尺寸为 φ500mm,可以轴向覆盖到 1000mm 的范围;顶部设计有安全泄爆口。试验段底部设计有长 2.8m、宽 450mm 的燕尾槽,用于安装模型支架并使其可在一定范围内轴向平移。

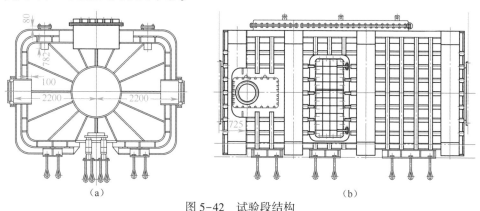

图 5-42　试验段结构

5.3.6　测控系统方案设计

控制系统采用集散型控制方式,以 PLC 作为控制系统的下位机,是整个控制系统的核心。控制面板上的各种按钮开关、信号指示与 PLC 的输入/输出相连,通过操作者——控制面板——PLC——中间转换器件——被控对象,实现对风洞部件的控制;通过与之相反的顺序,获得控制对象的当前状态信息。以工业控制计算机作为控制系统的上位机,主要作用是修改 PLC 程序、控制操作(人机交互)界面等。风洞控制系统构成如图 5-43 所示。

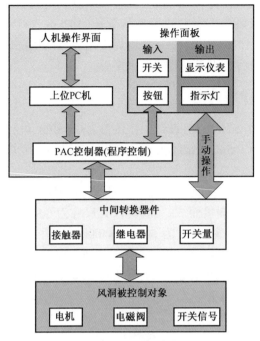

图 5-43　控制系统构成

其主要组成如下：

（1）模拟量输入部分：包括各个测点的压力变送器和 7 块模拟量输入模块。

（2）主要控制部件：cRIO 系统控制器，型号为 cRIO-9082，带有 FPGA 背板机箱；集成嵌入式控制器；1.3 GHz 工业实时处理器用于控制、数据记录和分析；500 万门电路用于定制的 I/O 定时、控制和处理；10/100BaseT 以太网端口；支持 RS-232 串口通信。

（3）数据采集系统：主要用于测量试验的压力、温度、热流、应力/应变、气动力等，采用常规的压力、温度、应变/应力、力传感器，具体形式为压阻、热阻、热电偶、应变电桥和天平等输出信号（一般为几毫伏到几百毫伏）或者传感器带信号变送器，信号带宽 DC~10kHz。通道数量为 256，最高采样速率 ≥100kSa/s（每个通道）。

（4）压力扫描阀系统：主要完成风洞试验中压力的采集，电子扫描阀体积小，既能装进试验模型中又能放在洞体外，适合风洞试验多点高精度测压。

（5）视频监视系统：实现风洞现场实时图像的采集、处理和显示，监视关键设备、要害部位/关键参数仪表。在设备大厅、试验段内、燃料供应设备区、液氧供应设备区、气源供应设备区(高压空气、高压氮气)、排气系统设备区、真空球罐设备区、冷却水泵厂房、供配电设备厂房、风洞测控中心、试验区管道和道路配置摄像机进行监视。

5.3.7　流场显示系统设计

为了研究气流流动机理,风洞配置有口径 500mm 的纹影系统,其主要由准直系统、成像系统和图像记录系统三部分组成。其中:准直系统的作用是产生平行光,由光源、聚光镜(带观察镜组)、狭缝(带红色、蓝色、绿色和黄色组合滤光片)、马蹄镜、纹影镜筒、主球面反射镜和支架组成;成像系统的作用是对穿过测试流场的平行光进行汇聚,和图像记录系统一起参与对测试区进行成像,其组成部件同准直系统一样(狭缝代替了刀口);图像记录系统的作用是记录纹影图像供事后处理,由高速 CCD 摄像机等设备组成。

5.4　暂冲式高温高超声速风洞调试

高温高超声速风洞调试包括子系统调试、冷态联调、点火调试、长时间运行调试和流场校测等。风洞调试的结果对发动机、飞行器试验以及风洞能力拓展都有着重要意义。

5.4.1　风洞子系统调试

风洞子系统调试包括气源系统调试、燃料供应系统调试、扩压器及喷水冷却系统调试、真空系统调试和控制系统及安全联锁调试。

1. 气源系统调试

首先对气源系统开展静态调试工作:检查电动阀门是否连接好控制电缆、气动阀门是否连接好气控管道,管道是否存在泄漏现象、各部件安装是否符合技术要求,检查各种截止阀、减压阀的安装是否满足技术要求。检查正常后,手动开启和关闭各手动阀门,电动开启和关闭电动截止阀及气动快速阀。技术要求:各手动阀门和电动截止阀开关平稳,气动快速阀开关时间小于 2s。

然后开展流量调试,主要开展空气和氧气(用氮气代替)的单管路调试,找出满足各管道配气流量的调节阀初始开度和 PID 控制参数。某次调试结果如图 5-44 和图 5-45 所示,可以看出:空气流量控制的相对偏差小于 0.8%,氧气流量控制的相对偏差小于 1.5%。

2. 燃料供应系统调试

燃料供应系统静态调试主要开展阀门开关动作、管道吹扫、管路水压试验及气

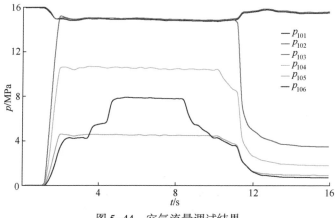

图 5-44　空气流量调试结果

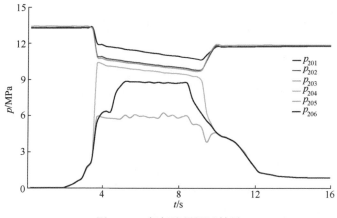

图 5-45　氧气流量调试结果

密性试验。首先在常压及带压条件下对氮气充气阀、燃料储罐出口阀、燃料加注阀、氮气吹扫阀四个气动快速阀进行开关动作;然后对氮气手动充气阀、燃料储罐抽空阀、燃料手动加注阀、燃料放空阀、手动吹扫阀等手动阀进行常压及带压条件下开关调试。技术要求:手动阀及气动快速阀开关平稳,无卡死现象;气动快速阀开关时间小于1s。

管道吹扫调试步骤:拆卸燃料加注软管,打开燃料加注阀和燃料储罐出口阀,打开氮气手动充气阀,对燃料储罐及管路用干燥无油氮气进行吹扫。

针对不同喉道尺寸汽蚀管分别用水和酒精进行流量系数标定,试验介质为酒精的调试结果如图5-46所示。

完成静态调试和汽蚀管流量标定后,对燃料供应系统进行系统联调,联调步骤

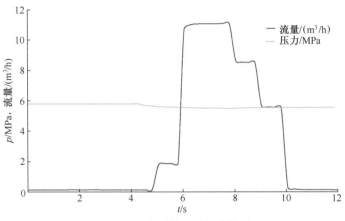

图 5-46 汽蚀管流量标定结果

如下：
(1) 对燃料储罐及加注管道抽真空；
(2) 向燃料储罐注入燃料；
(3) 打开氮气吹扫气动阀；
(4) 关闭氮气吹扫气动阀,同时打开燃料供给主阀；
(5) 关闭燃料供给主阀,打开氮气吹扫气动阀；
(6) 关闭氮气吹扫阀；
(7) 打开燃料手动放空阀,对储罐和管道泄压。
系统联调中压力及流量结果如图 5-47 所示。

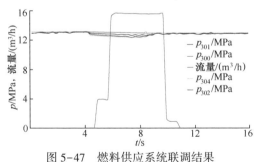

图 5-47 燃料供应系统联调结果

3. 扩压器及喷水冷却系统调试

检查电动阀门控制电缆和气动阀门气控管道。阀门能灵活开启和有效关闭,所有部件调试都以满足其技术任务书的要求。

完成静态调试和部件调试后,开展喷水冷却系统联调,步骤如下：
(1) 给储水罐加水并观察水位；

（2）当储水罐中水位升高到规定水位时，关闭自来水进水阀和水位计上的手动阀门；

（3）向系统提供高压气源；

（4）打开储水罐入口电动截止阀；

（5）通过控制系统开启各喷水支路出水阀和喷水总阀，使冷却水喷入扩压器内；

（6）关闭各喷水支路出水阀、喷水总阀和储水罐入口电动截止阀，打开储水罐底部排污阀，排空其中残留的水和气。

喷水冷却系统联调结果如图5-48所示。

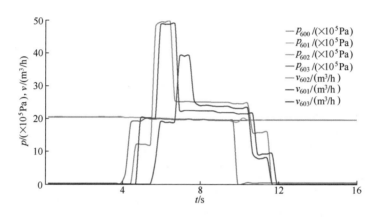

图5-48　喷水冷却系统联调结果

4. 真空系统调试

首先在常压下对真空阀门进行开关动作调试，使得空闸板阀和真空蝶阀运行平稳，开关时间满足技术指标要求。

其次对真空球罐及真空管道进行抽空调试，使得真空阀门开关平稳、开关时间满足技术要求，各阀门连接处、真空波纹管、真空球罐和真空管道无泄漏，保压满足技术要求。

5. 控制系统及安全联锁调试

首先进行阀门动作及状态显示、压力监测、辅助系统通信调试。对于由电磁阀驱动的快速阀，经过通断电完成阀门的开关控制，检查开关到位信号并记录阀门开关时间；对于压力变送器，将其输出端直接与PLC系统模拟量输入模块相连，在软件中通过编程，将电流信号装换为工程量值，直接显示到人机运行界面上；对于流量计和液位计，先流量计通电，在流量计的现场显示屏设置好量程和输出参数，再将其输出端直接连接PLC系统模拟量输入模块，在软件中通过编程，将其工程量值显示到人机运行界面上。

　　其次开展软件功能调试，包括点动调试、管路调试、参数设置等功能。安全联锁调试的目的是测试控制系统在各种异常情况下安全联锁软件和硬件功能的可靠性。安全联锁调试的方法是：风洞按调试程序运转，在风洞准备或运行过程中通过人工方式发出异常信号，测试控制软件对异常信号的反应，从而检验安全联锁程序的运行可靠性。

5.4.2　风洞冷态联调和点火调试

1. 冷态联调

　　冷态联调是指除氧气和异丁烷(用氮气模拟)不注入外，其他系统都进入风洞开车程序，冷态联合调试主要检验风洞所有系统协调运行性能，并建立全系统试验运行流程。调试步骤如下：

　　(1) 启动真空机组，对真空球罐抽空；

　　(2) 对喷水冷却系统储水罐加水，并对挤推气源加压；

　　(3) 球罐压力到位后，对试验段预抽；

　　(4) 燃料供应系统加压；

　　(5) 向加热器、喷管等提供循环冷却水；

　　(6) 向配气系统提供高压气源；

　　(7) 开启氧气气源总阀；

　　(8) 分别向驱动气罐和驱动气瓶充入驱动气；

　　(9) 风洞开车准备就绪；

　　(10) 平衡试验段和真空球罐压力；

　　(11) 配置控制系统开车参数，启动风洞控制程序，风洞进入程序化控制运行；

　　(12) 关闭冷却水泵，冷态联调结束。

　　调试结果为各部件动作正常，冷态联调运行结果如图5-49所示。

2. 点火调试

　　在成功完成风洞分系统调试和冷态联调后，开始点火调试。与冷态联调相比，点火调试中的风洞程序中需要氧气和燃料注入，并启动点火系统，其他与冷态联调的步骤相同。点火调试运行结果如图5-50所示，从图中可以得出：空气、氧气和异丁烷按要求时序注入，加热器正常点火并稳定工作3s。

5.4.3　风洞流场校测

　　在开展发动机、飞行器风洞试验前，需要校测风洞流场，得到流场总温、总压、马赫数等参数。

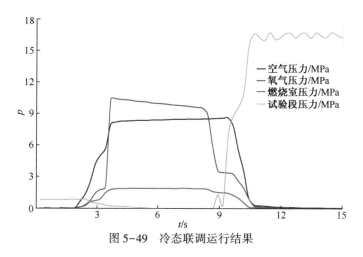

图 5-49　冷态联调运行结果

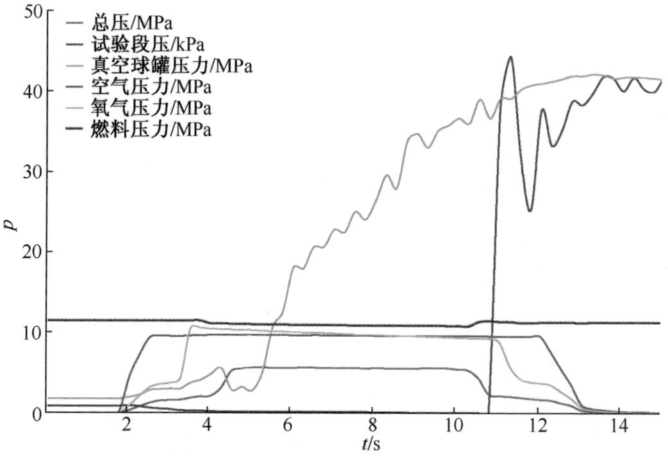

图 5-50　点火调试运行结果

1. 流场校测系统

流场校测系统包括流场校测排架、压力测量系统、温度采集系统,流场校测排架采用如图 5-51 所示十字排架。对于流场校测排架,取其对应喷管直径的 60% 将排架的测点分为两个区域:中心区域用于测量均匀区范围内的温度和速度分布,测点布置较稀;周边区域用于测量非均匀区以及均匀区和非均匀区的交界点,测点布置相对较密。

测量探头包括皮托探头、总温探头和组分探头。皮托探头考虑热防护,探头材料为 TU1,前缘进行钝化处理,其结构如图 5-52 所示。总温探头主体材料为 TU1,滞止室材料为刚玉,其结构如图 5-53 所示,总温测量选用直径 0.2mm 的 B 型(铂铑 30-铂铑 6)热电偶。组分探头材料为 TU1,前缘钝化处理。

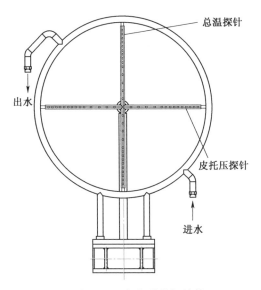

图 5-51　十字形排架结构

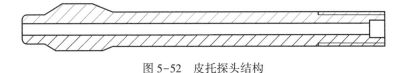

图 5-52　皮托探头结构

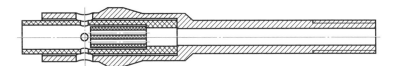

图 5-53　总温探头结构

2. 参数测量及数据处理方法

把喷管出口不同截面上速度偏差小于或等于 5% 内的区域定义为均匀区, 均匀区的大小用于评估喷管出口流场的可用范围, 而均匀区内的各个测点处的马赫数标准差用于评估均匀内的马赫数均匀程度。同时, 通过不同截面的均匀区范围还能得到沿气流方向的速度场收缩半角, 用于评估扩压器、引射器等设备的排气效率。

主要评估指标如下:

(1) 各截面速度场的绝对均匀区 Φ_{Ma}, 速度偏差小于或等于 5% 内的区域;

(2) 各截面均匀内的平均马赫数, 给出均匀区内的马赫数统计平均值, 即

$$\overline{Ma} = \frac{1}{n} \sum_{i=1}^{n} Ma_i \qquad (5-35)$$

（3）均匀区内的马赫数标准差，用于评估均匀内的马赫数均匀程度，即

$$\sigma_{Ma} = \sqrt{\frac{1}{n-1} \sum_{i=1}^{n} (\Delta Ma_i)^2} \qquad (5-36)$$

（4）相对偏差为

$$\xi = \sigma_{Ma} \sqrt{\overline{Ma}} \qquad (5-37)$$

相关辅助评价指标如下：

（1）喷管出口的名义马赫数 Ma_d；

（2）喷管出口的单点实际马赫数 Ma，由校测试验获得；

（3）各截面速度场的相对均匀区 φ_{Ma}，用于评估喷管出口流场的速度场可用程度，即

$$\varphi_{Ma} = \frac{\Phi_{Ma}}{D_n} \times 100\% \qquad (5-38)$$

（4）速度场菱形区收缩半角 θ_{Ma}，评估速度场的收缩情况。

与速度场一样，把各个截面上温度偏差在指定范围内的区域定义为均匀区，均匀区的大小用于评估喷管出口温度场的可用范围，而均匀区内的各个测点处的温度标准差用于评估均匀内的温度均匀程度。

主要评估指标如下：

（1）各截面温度场的绝对均匀区 ΦT；

（2）各截面均匀内的平均总温，给出均匀区内的总温统计平均值，即

$$\overline{T} = \frac{1}{n} \sum_{i=1}^{n} T_i \qquad (5-39)$$

（3）均匀区内的总温标准差，用于评估均匀区内的温度均匀程度，即

$$\sigma_T = \sqrt{\frac{1}{n-1} \sum_{i=1}^{n} (\Delta T_i)^2} \qquad (5-40)$$

（4）相对偏差为

$$\xi = \sigma_T \sqrt{\overline{T}} \qquad (5-41)$$

相关指标和辅助评价指标如下：

（1）理论总温 T_0^{th}，由空气、氧气、燃料的比例确定；

（2）单点实际总温 T_0^{act}，由总温热电偶和温度扫描器测得；

（3）温度场菱形区收缩半角 θ_T，评估流场内温度场的收缩情况。

3. 流场校测结果

以马赫数为6的状态为例介绍流场校测结果，该状态模拟总温为1510K、模拟

总压为 5.0MPa,流场校测时对距离喷管出口 30mm、300mm 和 600mm 三个截面进行了皮托压力测量和总温测量。

速度场校测中,各截面的皮托压力分布曲线如图 5-54 所示,利用皮托压力计算得到的各截面马赫数分布曲线如图 5-55 所示,具体校测结果见表 5-14。三个截面的速度场均匀区分别为 $\phi440mm$、$\phi360mm$、$\phi300mm$,平均马赫数分别为 6.05、6.03、6.06,均匀区内马赫数均方根误差分别为 0.102、0.071、0.073,相对偏差分别为 1.69%、1.22% 和 1.26%,整个流场均匀区内的平均马赫为 6.05,均匀区内的马赫数相对偏差较小,速度场均匀性较好。

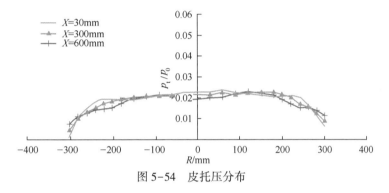

图 5-54　皮托压分布

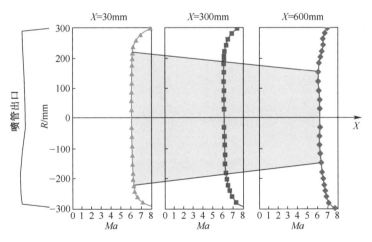

图 5-55　马赫数分布

表 5-14　速度场校测结果

截面位置	30mm 截面	300mm 截面	600mm 截面
均匀区大小	$\phi440mm$	$\phi360mm$	$\phi300mm$

（续）

截面位置	30mm 截面	300mm 截面	600mm 截面
平均马赫数	6.05	6.03	6.06
均方根偏差	0.102	0.071	0.073
相对均方根偏差/%	1.69	1.22	1.26

温度场校测中,均匀区内的总温分布曲线如图 5-56 所示,具体校测结果见表 5-15。校测数据表明:不同截面温度均匀区的平均总温分别为 1577K、1539K、1533K,均匀区内总温均方根误差分别为 46.38、23.48 和 17.42,相对偏差分别为 2.94%、1.53% 和 1.14%,整个流场均匀区内平均总温为 1550K,均匀区内总温相对偏差较小,温度场均匀性较好。

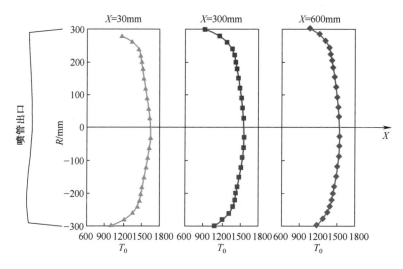

图 5-56　温度场分布

表 5-15　温度场校测结果

截面位置	30mm 截面	300mm 截面	600mm 截面
均匀区大小	ϕ440mm	ϕ360mm	ϕ300mm
平均马赫数	1577	1539	1533
均方根偏差	46.38	23.48	17.42
相对均方根偏差/%	2.94	1.53	1.14

5.4.4　组合排气系统调试

图 5-57~图 5-59 给出了风洞全系统运行试验结果,试验时间为 60s,马赫数为 4、5.5 及 6。可以看到:在马赫数为 4 状态下,燃烧室稳定段和试验段压力分别稳定在 1.33MPa 和 3.88kPa,真空球罐压力超过 17kPa 后完成大型抽气泵切换排气,60s 后真空球罐压力上升到 60kPa;在马赫数为 5.5 状态下,稳定段和试验段压力分别稳定在 4.15MPa 和 1.22kPa,真空球罐压力超过 17kPa 后完成大型抽气泵切换排气,60s 后真空球罐压力上升到 41kPa;在马赫数为 6.0 状态下,稳定段和试验段压力分别稳定在 4.87MPa 和 0.34kPa,真空球罐压力超过 16kPa 后完成大型抽气泵切换排气,60s 后真空球罐压力上升到 29kPa,表明"真空球罐+大型抽气泵"组合排气运行稳定,喷管出口保持了超声速流场。

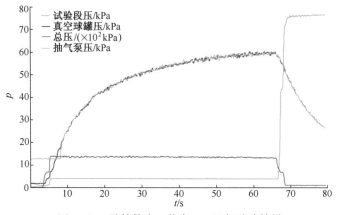

图 5-57　马赫数为 4 状态 60s 运行试验结果

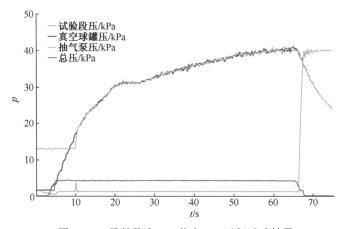

图 5-58　马赫数为 5.5 状态 60s 运行试验结果

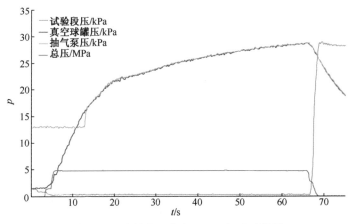

图 5-59 马赫数 6 状态 60s 运行试验结果

图 5-60 给出了带有超燃发动机模型的风洞试验,模型前体投影面积相对于喷管出口面积的堵塞度为 55%。在试验中测量了试验段压力、扩压器压力和加热器总压以及模型内流道静压。从图 5-60 中可以看到:对试验段及真空球罐抽空后,试验段压力降至约 2.3kPa;时间 $t=1.3s$ 时,空气注入,由于空气的引射作用,试验段压力进一步降低至 1.5kPa;时间 $t=6.1s$ 时,氢气氧气注入加热器并点火燃烧,加热器总压上升至 5.6MPa;此后,系统进入稳定状态,试验段和扩压器压力分别稳定在 2.4kPa、3.4kPa,表明风洞已建立稳定的高超声速流场;时间 $t=11.6s$ 时,风洞开始关车,加热器停止供气,试验结束。后续多次试验均实现了风洞的正常启动,表明该类型风洞具备较大模型堵塞度条件下试验能力,也显示了风洞的排气系统设计是成功的。

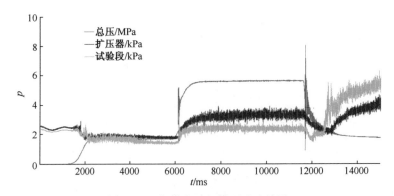

图 5-60 超燃发动机模型试验结果

通过以上分析可得到以下结论:

（1）采用"真空罐+抽气泵"进行组合抽吸排气,由真空罐完成风洞快速启动,抽气泵实现风洞长时间连续运行,是一种组成清晰、布局合理、运行经济可靠的气动布局方案,该方案为更大口径高超声速高焓风洞建造提供了一种有效的技术途径。

（2）采用该方案的 ϕ600mm 高温高超声速风洞,在试验模型前体投影面积堵塞度为55%条件下能实现风洞正常启动运行。由此表明,该风洞能有效用于吸气式高超声速技术研究,显示该方案的有效性。

参考文献

[1] 刘伟雄. ϕ600mm 脉冲燃烧风洞研制及在超燃冲压发动机研究中的应用[D].西安:西北工业大学,2007.

[2] 杨样. 污染组分对超燃冲压发动机性能的影响研究[D]. 成都:西南交通大学,2009.

[3] 刘国球. 液体火箭发动机原理[M]. 北京:宇航出版社,1993.

[4] Bartz D R. Turbulent boundary-layer heat transfer from rapidly accelerating flow of rocket combustion gases and of heated air[J]. Advances in Heat Transfer, 1965,4 :2-108.

[5] 中国航空材料手册编辑委员会. 中国航空材料手册[M]. 北京:中国标准出版社出版,1988.

[6] Linne D L, Meyer M L, Edwards T, et al. Evaluation of heat transfer and thermal stability of supercritical JP-7 fuel[C]//AIAA Paper 1997-3041,1997.

[7] 杨世铭,陶文铨. 传热学 [M]. 3 版.北京:高等教育出版社,2002.

[8] 蒋劲. 再生冷却超燃冲压发动机燃烧室热结构分析与设计研究[D]. 西安: 西北工业大学,2003.

[9] 巴金玉. 大口径高温风洞排气系统及其管道设计分析[D]. 成都: 西南交通大学,2015.

第6章 超燃冲压发动机风洞试验

按照超燃冲压发动机由前至后的组成部件分类,超燃冲压发动机风洞试验包含前体/进气道试验、燃烧室试验(直连式试验)、喷流试验、带动力发动机性能试验等类型。

6.1 前体/进气道试验

前体/进气道既是超燃冲压发动机的一个关键部件,又是机体/推进一体化在气动与结构上的联系纽带,它肩负着捕获并压缩气流、稳定供气以及提供升力、平衡低头力矩等使命,在吸气式高超声速飞行器及超燃冲压发动机中占有极其重要的地位。与本节相关定义、概念和公式可参考文献[1,2]。

6.1.1 模拟准则与模型设计

1. 模拟准则

风洞试验状态与真实飞行状态存在明显不同,主要表现在模型与来流方面:①风洞试验进气道模型尽管与真实飞行器几何相似,但一般要小得多,甚至会缩小1个量级左右。②尽管进气道试验的风洞马赫数与飞行状态相同,但高超声速风洞试验段的绝对速度要比真实飞行速度低得多。比如马赫数为6时,试验段的静温在70K左右,对应的声速只有167.7m/s,绝对速度只有1006.2m/s。然而实际飞行器以马赫数为6飞行时,速度约为1770m/s,是风洞试验段的1.75倍。③风洞来流的温度、压力以及湍流度与飞行状态不一致,从而导致模型表面的边界层厚度可能比实际状态小(如常规风洞来流总温低,高焓风洞的情况要好些)、来流的动压比飞行值低(来流总压不能模拟)以及风洞气流的黏度低于飞行状态、风洞气流的湍流度高于飞行状态。

尽管风洞试验与真实飞行状态存在明显的不同,但风洞试验所测数据可推广至飞行状态,中间的桥梁就是相似准则。一般情况下,只有保持几何相似、运动相似、动力相似、热力学相似、质量相似以及初始条件和边界条件相同才能保证两个流场完全相似。但相似参数的完全模拟存在一定困难,进气道风洞试验中需优先保证几何相似、马赫数相同,雷诺数尽量接近。

2. 前体/进气道模型设计要求

风洞试验进气道模型设计需满足如下要求:

(1) 模型的长度要求不影响其在风洞的安装、攻角摆位、最大试验攻角时流场的建立、正常位置时对扩压器的影响以及投放/收回或半投放/收回。模型应在试验段的流场均匀区内,进气道模型进气口之后 1 倍当量直径处是一个关键截面,此截面之后可以超出流场均匀区。

(2) 模型展长不超过 0.6 倍试验段宽。

(3) 模型堵塞度:在亚、跨声速时,在 $\alpha \leqslant 10°$ 时, $\varepsilon \leqslant 0.03$;在 $10° < \alpha \leqslant 30°$ 时, $\varepsilon \leqslant 0.02$。在超声速时, $\varepsilon \leqslant 0.05$。对于采用真空罐抽吸的风洞,启动能力更强,模型堵塞度 ε 可以取得更大。

(4) 进气道模型应与飞行器保持几何相似,其内管道形状要求模拟到发动机进口截面前。对于两侧进气或腹部进气的高超声速进气道,必须模拟飞行器进气道入口之前机身外形。其后的形状的模拟可根据需要适当选取,通常可模拟到进气道的边界层放气门处。规定进口之后 1 倍当量进口直径长度处之前为全模拟,进气道的内流道为全模拟。

进气道模型支撑方式有尾支撑、腹支撑、背支撑及侧支撑等。尾支撑通常用在进气道长度较短,整个迎风面积不大的情况。腹支撑和背支撑通常用在模型尺寸较大,特别是较长的情形,有时还用"腹支撑+背支撑",即上下双支撑的形式,或者用腹部双支撑,以确保模型支撑稳定可靠,且能够实现模型的特殊调节动作(如攻角、侧滑等)。侧支撑主要方便通过观察窗观察进气道压缩面的受热及流动状况,有时利用攻角机构模拟偏航状态也需要用侧支撑,例如将模型旋转 90° 后支撑在攻角机构时,对模型而言是侧支撑状态,此时可以利用风洞的攻角机构模拟进气道的偏航状态。

6.1.2　性能评估方法

1. 捕获流量/流量系数

在高超声速进气道试验中,流量的获取主要通过总静压排架进行计算获得。试验中有两种方法:一是在进气道的下游设置扩压器,在扩压器的下游设置流量计与节流装置,并使用节流装置对流道节流,使扩压器中产生强激波,以保证流量计处于内流的亚声速区域,这样,流量计总静压排架测量截面的静压与总压相对均匀,测量更加准确;二是不通过节流直接测量超声速流道某截面的总静压分布,通过换算得到截面的流量,这种方法要求流量计截面的流动方向尽量沿通道轴线,而且流动截面上的静压尽量一致,对于测量截面上有斜激波跨过的情况测量误差较大。

为了方便数据处理,通常将总静压排架的测点位置安排在等面积环或等面积矩形块的中心,如图 6-1 所示。

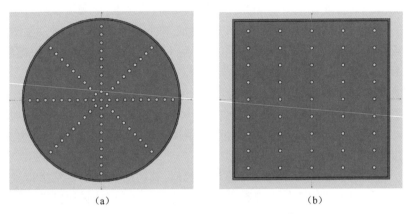

(a)   (b)

图 6-1 流量计

(a)圆形截面;(b)矩形截面。

通过总压排架测得的总压和侧壁静压孔测得的静压,用流量叠加法可得进气道流量,即

$$G_{\mathrm{i}} = k \frac{\sum\limits_{j=1}^{N} \bar{p}_{0\,j} \Delta A_j q(\lambda_j)}{\sqrt{T_0}} \tag{6-1}$$

若加速段存在二喉道,当气流压力比(静压/总压)低于临界值时, $\lambda = 1$, $q(\lambda) = 1$,因而流量可用下式计算:

$$G_{\mathrm{i}} = k \frac{p_{0\mathrm{t}} A_{\mathrm{t}}}{\sqrt{T_0}} = k \frac{p_{\mathrm{t}} A_{\mathrm{t}}}{0.528 \sqrt{T_0}} \tag{6-2}$$

式中 $p_{0\mathrm{t}}, p_{\mathrm{t}}, A_{\mathrm{t}}$ ——尾喉道处的总压、静压(尾喉道处的静压平均值)和面积。

由于二喉道各测量点的静压差别较小,因此,所测得的 G_{i} 较为准确。

值得注意的是对于高超声速进气道试验,由于二喉道的存在,往往存在启动问题。为了避免进气道出现不启动,二喉道应该尽量做成可调的,实际上常常将二喉道与节流门或节流锥合并在一起。

由于喉道的可调结构,二喉道处的流量测量准确度有所下降。为了提高进气道流量系数测量准度,测流量的喷管(测流量的总压排管所在管道的二喉管)必须校准。这是因为喷管壁面有边界层,喷管的有效面积 A_{te} 比实际几何面积 A_t 要小,故计算所得流量比实际值要大。应按下式修正:

$$A_{te} = CA_t \tag{6-3}$$

式中　C——修正系数,可通过喷管的流量校准试验求得。

将需校准的喷管与标准声速喷管相串联或与孔板流量计相串联进行校测,即可求得 C。若喷管不做校准,将给 G_i 的测值带来很大的系统误差,可达±5%。

进气道的流量系数是实际流入进气道的实际捕获流量 G 与以进气道入口面积为参考面积的自由流流量 G_{ref} 之比,即

$$\varphi = G/G_{ref} \tag{6-4}$$

根据试验段来流总压 $p_{0\infty}$、静压 p_{∞}、总温 T_0 以及进气道入口面积 A_i,可求得进气道参考流量,即

$$G = K \frac{p_{0\infty} A_i}{\sqrt{T_0}} q(\lambda_{\infty}) \tag{6-5}$$

式中　K——常数,且有

$$K = \sqrt{\frac{\gamma}{R} \left(\frac{2}{\gamma + 1} \right)^{\frac{\gamma+1}{\gamma-1}}} \tag{6-6}$$

式中　R——气体常数;

　　　γ——气体比热比。

φ 值越小,表示流入发动机内的流量越小,发动机的推力也就越小。φ 值还反映了进气道入口前的流动特点:$\varphi = 1.0$,进气道无溢流,实现设计流量的完全捕获;$\varphi < 1.0$,进气道存在溢流,一般是进气道激波不封口或者侧向的超声速溢流造成的。对 φ 测量精确度要求达到1%,如果进气道气流不均匀度很高,φ 值的误差可能远大于1%。

2. 压缩性能

超燃冲压发动机进气道的压缩性能主要通过总压恢复系数、测量截面马赫数、测量截面压比及流场畸变等参数来表征。

1)总压恢复系数

总压恢复系数是进气道出口截面的平均总压 $\bar{p}_0$ 与入口前自由流总压 $p_{0\infty}$ 之比,即

$$\sigma = \frac{\bar{p}_0}{p_{0\infty}} \tag{6-7}$$

σ 越小,表示气流流过进气道的总压损失越大。σ 对发动机推力影响很大,其影响表现为两个方面:一是进气道气流总压损失使进入发动机的流量减小,推力下

降;二是进气道气流总压损失使尾喷管出口流速减小(喷管处于亚临界工作状态),或使出口静压减小(喷管处于超临界工作状态),使推力降低。σ 是表征进气道性能的一个重要参数,要求其测量精度不低于 0.5%。

风洞试验中,获取进气道的总压恢复系数主要依靠截面总压静压排架(又称总压耙)进行的。由于高焓风洞来流总温高,选择的总压耙材料必须适应高温的冲击,同时总压耙还必须满足截面流通能力要求。试验中多选用连在一起的片式厚壁支架结构,这样既能承热又能承力。

平均总压 $\bar{p}_0$ 可用下面三种方法计算:

(1) 算术平均法。用截面上所有测压管测得的总压算术平均值作为 $\bar{p}_0$,即

$$\bar{p}_0 = \frac{\sum_{i=1}^{n} p_{0j}}{n} \tag{6-8}$$

式中 p_{0j} ——第 j 个测压管所测总压;

  n ——测点数。

(2) 面积平均法。面积平均法以测点为中心,将所测截面划分为若干个单元,用下式求 $\bar{p}_0$, 即

$$\bar{p}_0 = \frac{\sum_{j=1}^{N} \bar{p}_{0j} \Delta A_j}{\sum_{j=1}^{N} \Delta A_j} \tag{6-9}$$

$$\bar{p}_{0j} = \frac{\sum_{i=1}^{n} \bar{p}_{0ij}}{n} \tag{6-10}$$

式中 ΔA_j ——各面积单元的面积;

  N ——面积单元数;

  $\bar{p}_{0ij}, \bar{p}_{0j}$ ——第 j 个面积单元 i 点测值和算术平均值;

  n ——第 j 个面积单元中的总压测量点数。

当面积单元在截面上平均分配时,例如对圆截面或圆环截面在等面积环中心分布测点,对矩形截面在等矩形区域中心分布测点,则使用面积平均法与算术平均法的处理方法完全相同。

(3) 流量加权法。该方法是以流量加权求 $\bar{p}_0$,即

$$\bar{p}_0 = \frac{\sum\limits_{j=1}^{N} \bar{p}_{0j} \Delta G_j}{\sum\limits_{j=1}^{N} \Delta G_j} = \frac{\sum\limits_{j=1}^{N} \bar{p}_{0j}^2 \Delta A_j q(\lambda_j)}{\sum\limits_{j=1}^{N} \bar{p}_{0j} \Delta A_j q(\lambda_j)} \tag{6-11}$$

式中　ΔG_j——流过第 j 个面积单元的流量；

　　　$q(\lambda_j)$——第 j 个面积单元的流量函数。

以上三种方法中,流量加权法 $\Delta q(\lambda_j)$ 是通过测量的静压和总压比算得,虽存在一定误差,但充分考虑了不同位置上的流量的权重,因此目前较为通用。该处理方法与数值计算的处理方法也是对应的。

风洞试验的 $p_{0\infty}$ 可由下式计算:

$$p_{0\infty} = p_\varphi (1 - k) \tag{6-12}$$

式中　p_φ——风洞稳定段总压；

　　　k——稳定段到试验段模型区自由流的总压损失系数,可以通过试验获得。

2) 测量截面马赫数

测点马赫数 Ma_1 可通过排架(探针)的总压和壁面静压孔的静压计算获得。

当 $Ma_1 \leqslant 1$ 时,有

$$\frac{p_1}{p_0} = (1 + 0.2 Ma_1^2)^{-3.5}$$

当 $Ma_1 > 1$ 时,有

$$\frac{p_1}{p_{02}} = \left(\frac{5}{6 Ma_1}\right)^{3.5} \left(\frac{7 Ma_1 - 1}{6}\right)^{2.5}$$

式中　p_1——壁面上测得的静压；

　　　p_{02}——波后总压。

最后将所有测点的马赫数流量加权,获得整个截面的马赫数。

3. 测量截面压比

压比是测量处壁面静压与来流静压之比,即

$$\pi = p_1 / p_\infty$$

截面平均静压的处理方式与平均总压相同。试验中可通过压力扫描阀或脉动压力传感器等来测量壁面静压。需要指出的是,用脉动压力传感器时还可以获得测点的脉动压力系数和功率谱密度。通过高频压力传感器测得模型表面的脉动压力信息,基于瞬时压力 $p(t)$,计算得到体现压力脉动特性的幅值域参数,即均方根脉动压力和/脉动压力系数:

$$p_{\mathrm{rms}} = \lim_{T \to \infty} \sqrt{\frac{1}{T} \int_0^T (p(t) - \bar{p})^2 \mathrm{d}t} \tag{6-13}$$

$$Cp_{\mathrm{rms}} = \frac{p_{\mathrm{rms}}}{q_\infty} \times 100\% \qquad (6\text{-}14)$$

式中　q_∞——来流动压；

　　$\bar{p}$——平均压力。

功率谱密度是描述脉动压力频率域特性的函数，能够反映流场脉动量所包含的频率成分及其对应的能量大小，是反映压力脉动特性的重要频率域的统计函数：

$$G(\omega) = \int_{-\infty}^{+\infty} p(\tau)\,\mathrm{e}^{-\mathrm{i}\omega\tau}\,\mathrm{d}\tau \qquad (6\text{-}15)$$

4. 流场畸变

进气道与发动机不仅要求流量匹配，而且要求进气道出口流场均匀。进气道出口流场的不均匀称为流场畸变。流场畸变一般包括气流总压、静压和流向角的不均匀(速度畸变可以转化为总压、静压、流向角等的畸变)。由于静压和流向角的不均匀度随流动衰减较快，因此研究进气道畸变主要是分析研究出口流场的总压分布不均匀。

流场畸变分稳态畸变和动态畸变两种。稳态畸变是指压力在出口截面不随时间变化的不均匀度，动态畸变是指压力随空间和时间变化的不均匀度。造成进气道出口流场畸变的因素很多，如进气道唇口处气流分离、进气道内激波与边界层的干扰、进气道前方的滑流层进入进气道内、机身边界层或机翼滑流被吸入进气道以及进气道的弯曲内通道等。

试验中主要是通过测量进气道隔离段出口截面的总压、静压等分布来获得流场均匀度或畸变度。鉴于高超声速进气道对流场均匀度与畸变的认识还不到位，当前使用的流场均匀度、畸变指标暂时参考航空发动机进行测试与评估。

(1) 稳态畸变参数。

① $\bar{D}$、D、D_1：

$$\bar{D} = \frac{p_{0\max} - p_{0\min}}{\bar{p}_0} \qquad (6\text{-}16)$$

$$D = \frac{\bar{p}_0 - p_{0\min}}{\bar{p}_0} \qquad (6\text{-}17)$$

$$D_1 = \frac{p_{0\max} - p_{0\min}}{p_{0\max}} \qquad (6\text{-}18)$$

式中　$\bar{p}_0$, $p_{0\max}$, $p_{0\min}$——进气道出口截面的平均总压、最大总压和最小总压。

② DC_θ：指标 DC_θ 原先用于航空发动机，主要针对旋转部件设定的，其可表示为

$$\mathrm{DC}_\theta = \frac{\bar{p}_0 - p_{0\theta\min}}{\bar{q}} \tag{6-19}$$

式中　$\bar{q}$——进气道出口截面平均动压；

$\bar{p}_{0\theta_{\min}}$——进气道出口截面任一 θ 角扇形面内平均总压的最小值，θ 角取值随不同的发动机而异，θ 一般取 $60° \sim 120°$。

DC_θ 不仅考虑了压力畸变的幅值和范围，而且考虑了进气道出口气流速度的大小。

DC_θ 指标在高超声速进气道中尚无明确用途（主要是因为高超声速进气道后没有压气机等旋转部件），随着高超声速 TBCC 组合动力的研究深入，该指标是高超声速进气道在超声速且在涡轮模态时流场质量的一个重要指标。

（2）动态畸变参数。进气道出口总压动态畸变数据是随机的，其大小可用统计参数和瞬态参数两种方法表示。

①动态畸变的统计参数。进气道出口总压动态畸变的统计参数通常用畸变 T 及其频谱 $G_\mathrm{P}(f)$ 来表示：

$$T = \frac{\bar{p}_{0\mathrm{rms}}}{\bar{p}_0} \tag{6-20}$$

式中　$\bar{p}_{0\mathrm{rms}}$——进气道出口截面各测试点总压脉动均方根值 $p_{0\mathrm{rms}}$ 的平均值，且有

$$p_{0\mathrm{rms}} = \sqrt{\frac{1}{T} \int_0^T (p_{0\ i} - \bar{p}_0)^2 \mathrm{d}T} \tag{6-21}$$

$$\bar{p}_{0\mathrm{rms}} = \frac{1}{n} \sum_{j=1}^n (p_{0\mathrm{rms}})_j \tag{6-22}$$

$$G_\mathrm{P}(f) = \lim_{\Delta f \to 0} \frac{[\Delta \bar{p}_0^2](f, \Delta f)}{\Delta f} = \lim_{\Delta f \to 0} \Delta f \left[\lim \frac{1}{T} \int_0^T \Delta P_0^2(t, f, \Delta f) \mathrm{d}t \right] \tag{6-23}$$

式中　$\Delta p_0 = p_{0i} - \bar{p}_0$。

②动态畸变的瞬时参数。常用的动态畸变瞬时参数的表达形式与稳态畸变参数的相似，只是前者是时间的函数。例如：

$$\bar{D}(t) = \frac{p_0(t)_{\max} - p_0(t)_{\min}}{\bar{p}_0(t)} \tag{6-24}$$

$$\mathrm{DC}_\theta(t) = \frac{p_0\theta_{\max}(t) - \bar{p}_0(t)}{\bar{q}(t)} \tag{6-25}$$

大量的研究结果表明，最大瞬态畸变值是引起发动机不稳定工作的主要根源，因此，采用最大瞬态畸变参数能更好地反映进气道的动态畸变特性。然而测量最

大瞬态畸变值技术复杂,试验工作量及费用都很大,所以有时也采用简单、省时的统计参数来估算最大瞬态畸变值;但是,其精度不高,误差可达 10%～20%。

5. 抗反压性能

抗反压是进气道与燃烧室匹配工作的一个重要指标。超燃冲压进气道的隔离段在背压作用下能够形成气动长度可以调节的激波串,从而使得出口背压存在一个最大值(极限值),若背压再增大,进气道往往立即不启动。通常以出口截面的最大静压与来流静压之比来衡量。进气道能承受的背压越大,表明进气道的工作越稳定,或者说其稳定裕度越高。

理论上,隔离段中激波串能承受的最大背压与入口处的一道正激波波后的最大静压接近(考虑背景激波系以及边界层黏性等影响,实际最大背压与理论并不相同)。由于单独进气道试验,研究中往往在下游采用节流方法将激波串向上游推进,在进气道即将进入不启动之前测得隔离段出口的静压作为最大背压,该试验过程称为进气道的抗反压过程。

在抗反压试验中,要求进气道依然能够保持启动状态;在最大反压下测量隔离段出口以及喉道截面的静压,并与来流静压求比例,即得到进气道的最大抗反压性能。

试验中进气道反压的加载可通过两种方法:一是进发匹配试验,通过超燃冲压发动机点火燃烧提高下游反压;二是通过下游设置节流装置,逐步减小节流门/节流锥截面的喉道面积增大出口的反压。

节流锥或节流门是进气道常用的节流装置。图 6-2 给出了进气道节流锥/节流门的示意图。通常,节流锥使用在圆截面通道情况下,节流门使用在矩形截面通道情况下。

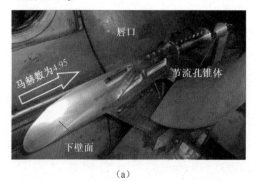

（a）

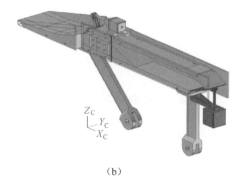

（b）

图 6-2 节流锥、节流门

（a）圆形节流锥;（b）节流门。

6. 启动性能

作为超燃冲压发动机的"吸气"部件,只有当进气道处于正常工作状态时,发动机才有可能正常工作,此时进气道内除了激波/边界层干扰处的局部区域外均为超声速流场,流动既没有影响进气道的流量捕获性能,又没有影响进气道总的压缩性能,这个工作状态称为启动状态。反之,当内收缩段内存在大规模的流动分离,导致进气道的内压缩总压损失过大,甚至流动分离被推出进气道,导致进气道外压缩面上出现分离激波使得进气道的捕获流量大幅下降时,进气道进入不启动状态。

启动性能对进气道至关重要。与不启动的进气道相比,启动的进气道流量大,总压恢复高,进气道的阻力小;并且壁面热流适中,抗反压能力大,发动机能够提供正常的推力,整机的力矩特性正常可控。高超声速进气道常见的不启动主要有两个原因,一是内收缩比过大;二是反压过高。反压过高时的进气道往往会进入振荡状态,此时流场会出现大幅度低频次激波振荡,可能会引起结构共振并产生结构破坏,而且会导致燃烧室回火、歇火或大幅度周期性振荡燃烧,发动机无法稳定工作,激波振荡影响进气道的上游与下游,使飞行器失去动力与失稳。美国 X-51A 第二次飞行试验就是由于进气道的不启动导致飞行任务失败。

高超声速进气道普遍存在内压缩,这使得启动的迟滞效应无可避免,试验无法获得定几何进气道的变马赫数迟滞圈;但这种迟滞的存在常常使得进气道处于不启动状态,或者使得进气道难以启动。而进气道试验中流量、压力分布、抗反压等性能均需要在进气道启动的状态下获得。图 6-3(a) 给出了进气道启动性能马赫数迟滞圈。由于风洞喷管出口的马赫数固定,试验中能获得的进气道启动迟滞圈常常是启动性能攻角迟滞圈(图 6-3(b))。

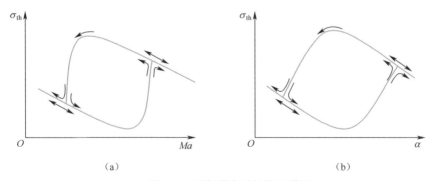

（a）　　　　　　　　　　　　　　　（b）

图 6-3　进气道启动性能迟滞圈

(a)变马赫数;(b)变攻角。

风洞试验的马赫数一般是确定的,因此进气道试验中只能取一系列离散的马赫数点。已有一些通过变攻角方案来进行进气道自启动马赫数的获取试验,但更多的是开展定马赫数下进气道是否启动以及是否能够自启动的试验。后者的做法:先使用节流使进气道处于不启动状态,然后撤销节流,当进气道能恢复启动状态时,说明进气道可以自启动。在连续风洞中,由于试验时间足够长,通常通过电动机、活塞等驱动堵锥、节流门(图 6-2)来实现进气道节流及放开;而在脉冲风洞或者激波风洞中,由于试验时间特别短(毫秒级),往往采取一些特别的方法来实现节流。中国科学技术大学李祝飞等在激波风洞中运用轻质堵块堵塞流道(图 6-4),由于堵块的存在,进气道下游流动很快发生壅塞,高压区持续向上游扩展,将气流推出进气道,导致进气道不启动;同时,气流将堵块吹向下游,最终吹出进气道,壅塞消失。运用该方法即可获得进气道的自启动性能。

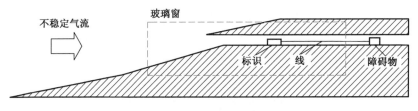

图 6-4 轻质堵块示意图

试验中,判断进气道能否启动是进气道启动性能试验以及进气道其他气动性能试验的关键。通常在进气道壁面上布置若干压力测点,通过其沿程压力分布进行判断。实践中,有两种方法协助判断进气道的启动状态:一是对比数值计算结果,并辅以理论来分析压力分布是否符合启动进气道的特点;二是通过纹影波系进行观察与分析。一般而言,除非不启动特别明显可以使用纹影波系判别进气道的启动状态,更多的还是使用沿程压力分布来判断进气道是否启动。

7. 进气道阻力

高超声速进气道利用激波压缩时不可避免地产生波阻;同时压缩面形成的实际流管逐渐收缩也必将产生迎风压阻;当流量系数小于 1 时,进气道还因溢流而在流面上产生附加阻力;另外,黏性的存在使得壁面还普遍存在摩阻,这些阻力形成的总阻力就是进气道的阻力。测量进气道的阻力对数值计算以及对机体/推进一体化总阻力的评估具有重要意义。

进气道的阻力按内流、外流可分为内流阻力(简称内阻)与外流阻力(简称外阻);内阻与外阻合起来构成进气道的总阻力。按前后位置,可分为附加阻力、外压缩面阻力、内压缩面阻力、隔离段阻力;外压缩面阻力、内压缩面阻力、隔离段阻力合起来构成进气道的内壁面阻力,进气道内壁面阻力与附加阻力合起来构成进气道的流管阻力(类似于发动机流道的有效推力)。

测量进气道的阻力可以使用直接测量法,即在进气道部件与其他部件之间使用小型天平进行连接,试验时实时测量进气道的阻力。需要注意:进气道部件与其他部件之间的接触应是虚接触,接触部位应做成迷宫式并保证存在一定的间隙,接触部位使用迷宫式的目的是防止串气,减少测量误差;接触面保持一定的间隙是防止接触面硬接触,否则测得的阻力数据不准确。

直接使用天平测得到的阻力是控制体内、外表面沿流动方向的阻力。天平测得的阻力除包括内流与外流接触的所有流面上的压力、摩擦力,还包括所测部件的后端面底部阻力。底部阻力可以通过测量底部压力并乘以面积进行评估,然后在天平所测得的进气道内、外流面总阻力中扣除。

测量进气道的内阻可使用冲量法,即用进、出口冲量差来衡量。这时必须测得进气道的流量以及出口截面的总静压,然后根据流量平衡得到入口与出口的冲量,二者相比较就得到了进气道的流道阻力。冲量法测阻力原理如图 6-5 所示,得到的沿模型轴向的阻力公式如下:

$$F_x = I_e - I_o = (p_e A_e + \dot{m}_e V_e) - (p_o A_o + \dot{m}_o V_o) \tag{6-26}$$

式中　$p_e, V_e, \dot{m}_e, A_e$——控制体出口截面气流静压、速度、质量流率和截面面积;

　　　$p_o, V_o, \dot{m}_o, A_o$——控制体入口截面气流静压、速度、质量流率和截面面积。

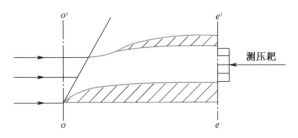

图 6-5　冲量法测阻力原理

冲量法获得的是进气道整个流管侧面受到的总阻力,结果小于 0。这个负值表明,流管控制体受到的是逆流向的阻力。整个流管指的是捕获以及压缩流管,对于捕获流管而言,阻力包括附加阻力。从测量原理可见,冲量法得到的内阻实际上是流管阻力。

试验中单独测量附加阻力的难度较大,可通过下列方法间接得到:①使用冲量法测得进气道整个捕获与压缩流管的阻力(全流管阻力),再使用冲量法测得单独压缩流管的阻力,二者相减就得到进气道捕获流管的阻力,该阻力中包含附加阻力分项。②使用天平测得外压缩段沿流向的阻力(需要将外压缩段的表面分离出并与天平相连,分离出的压缩面的背部尽量与阻力方向一致,使用迷宫等结构使该处既与其他部件留有间隙,又能确保间隙气流处于静止状态;同样需要扣除外压缩末端端面的底部推力),然后用捕获流管的阻力与外压缩段沿流向的阻力相减,即得到所要测量的附加阻力。

具体的测量原理如图 6-6 及式(6-27)。

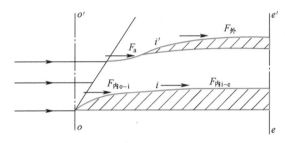

图 6-6　附加阻力测量原理

$$\left.\begin{aligned} F_{内i-e} &= I_e - I_i \\ F_{内o-i} + F_a &= I_i - I_o \end{aligned}\right\} = F_a + F_{内o-i-e} = I_e - I_o$$

$$F_{总阻} = F_{外} + F_{内o-i-e}$$

$$F_a = (I_i - I_o) - F_{内o-i} \qquad\qquad (6-27)$$

$$F_{外} = F_{总阻} - F_{内o-i-e}$$

$$F_{内o-i-e} = (I_e - I_o) - F_a$$

其中:$F_{总阻}$、$F_{内o-i}$ 通过天平测量获得。

有了附加阻力、内全流管阻力、进气道内外阻力,就可以求得进气道外阻,它等于进气道内外流总阻力与内流壁面阻力之差。

8. 进气道转捩

转捩是边界层发展中的一个重要物理概念,不为进气道所特有,但是否转捩对进气道性能影响很大。为了提高高超声速进气道的启动及抗反压能力,减少在压缩面拐角处和隔离段入口的流动分离,保障超燃冲压发动机的正常工作,进入进气道的气流必须是湍流。

进气道的强制转捩有以下优点:①减少层流的流动分离,提高质量捕获率和燃料混合。由于层流的抗反压能力比湍流弱,因此层流容易在压缩面的拐角处发生分离,减少了进气道的捕获流量,使进气道的性能下降,严重时导致进气道不启动。②实现从缩尺飞行器到全尺寸飞行器试验结果的推广。由于全尺寸飞行器很有可能在前体就发生转捩,而缩尺飞行器由于前体较短难以实现自然转捩,采用强制转捩可以消除模型尺度对转捩区域的影响。③实现从风洞试验到飞行试验的推广。风洞试验由于来流湍流度和噪声较高,转捩雷诺数 Re 低,可以在进气道实现自然转捩；飞行试验由于来流湍流度和噪声较低，转捩雷诺数 Re 高，难以在进气道实现自然转捩。采用强制转捩可以让风洞试验和飞行试验都在指定的区域内实现转捩，减少风洞试验和飞行试验的差别。

边界层强制转捩装置一般分为主动控制和被动控制两大类。主动控制一般采用壁面吹吸气、局部等离子体放电等来实现；但在技术上比较复杂，需要附加的气源或能量以及额外的控制机构，因此国内外研究相对较少。被动控制一般采用加装粗糙带、绊线等方式来实现，粗糙带又分为分布式的粗糙带和离散式的粗糙带，分布式的粗糙带多采用很小的固体颗粒（如金刚砂等）制成，颗粒之间的尺寸很小难以区分；而离散式的粗糙带多采用金属颗粒，颗粒大小一般在几毫米左右，颗粒形状一般为圆柱形、钻石型（图 6-6(a)）、三角形、后掠斜坡型（图 6-7(b)）。

（a）　　　　　　　　　　　　　　　　　　（b）

图 6-7　X-43A 进气道风洞试验转捩装置

(a)钻石型；(b)后掠斜坡型。

试验中转捩主要通过两种方式测量：一是替换进气道压缩表面为四氯化碳材料，使用红外热图判别进气道的转捩位置；二是通过布置热流传感器的方法获得进气道沿程的壁面热流，将热流与全层流进气道的计算热流、全湍流进气道的计算热流进行对比，从而获得进气道的转捩位置。

6.2　燃烧室性能试验

6.2.1　模拟准则

燃烧室性能试验一般在直连式地面设备上开展，通常又称为直连式试验。在直连式试验中测试发动机不包含前体进气道部件，一般采用喷管装置为发动机提供来流,喷管与隔离段直接相连,调整配气参数使隔离段喉道处的来流条件达到试验要求。如何确定来流条件,即试验的模拟准则是直连式试验首先需要解决的问题。有两种模拟准则:一种是针对自由射流与燃烧室入口条件匹配的模拟准则;另一种是针对风洞试验加热方式导致的污染介质与纯空气匹配的模拟准则。

1. 自由射流与燃烧室入口条件匹配的模拟准则

进行直连式试验的目的是降低试验难度、成本和复杂性。为了使设计的试验与自由射流试验具有可对比性,可以较准确地重现前体进气道对发动机性能的影响,需要建立自由射流试验与直连式试验的参数匹配准则。在实际中,经常会遇到两种情况:一是未知具体进气道参数和性能的情况;二是进气道已经设计好,并且参数和性能已经知道的情况。

第一种情况是设计阶段常遇到的问题。在这种情况下,需要给定飞行条件,假定进气道绝热压缩,在给定进气道压缩水平的情况下,来确定直连式试验的入口参数。这种情况的自由射流和燃烧室入口条件匹配比较简单、易行,尤其是针对纯空气情况。这里的匹配准则是给定压缩水平(燃烧室入口静压与自由流静压之比一般取 50~100),根据绝热压缩效率经验公式确定直连式试验入口参数,来实现自由流和直连式试验参数匹配。

第二种情况是已知进气道设计参数和性能的情况。在这种情况下,为了确定直连式入口参数,需要对进气道出口截面的参数进行一维化处理,即参数平均。一维化技术通常分为加权方法或通量方法。加权方法容易实现,倾向于产生均匀特性,"直观地"模仿原始多维数据,并且趋向保持原始多维流的定性物理特征(如非减的熵变化)。

对这些方法困难的选择是,从加权变量重构的通量与从多维数据集得到的通量通常不匹配。通量方法用公式表示一组一维流特性试图处理这个缺陷,能准确地再现某些从多维数据集得到特定的通量,如守恒的质量/动量/能量(CMME)方法(也称为流推力平均)、兰利中心畸变方法论的 CMME 方法和守恒的质量/能量/熵(CMES)方法(也称为热力学状态平均)。通过应用给定的一维化方法得到一簇如图 6-8 所示的计算表面(或线),实现多维流场到一维的映射表示,通常关注的是相应的横向流平面。

加权方法通常表示为

$$\bar{\varphi} = \frac{\int \varphi w \mathrm{d}A}{\int w \mathrm{d}A} \tag{6-28}$$

式中 $\bar{\varphi}$ ——一维化参数;

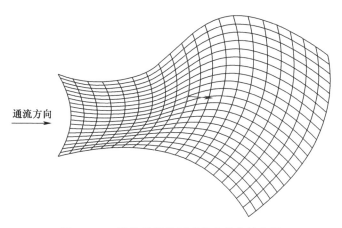

通流方向 →

图 6-8　一维化的积分面或线和单位法向量

w——加权函数；

A——进行平均的面积。

流行的加权因子是 $w = 1$（面积加权）和 $\omega = \rho(\boldsymbol{v}, \boldsymbol{n})$（质量流量平均）。

$$\overline{\varphi} = \frac{\iint\limits_s \varphi \mathrm{d}s}{\iint\limits_s \mathrm{d}s} \tag{6-29}$$

当加权因子 $w = \rho(\boldsymbol{v} \cdot \boldsymbol{n})$ 时，为质量流量加权平均，即

$$\overline{\varphi} = \frac{\iint\limits_s \varphi \rho(\boldsymbol{v} \cdot \boldsymbol{n}) \mathrm{d}s}{\iint\limits_s \rho(\boldsymbol{v} \cdot \boldsymbol{n}) \mathrm{d}s} \tag{6-30}$$

其他加权方法通常是不完备的，特别是设计用于试验数据的平均方法，这在其他地方有论述。

本节以守恒 CMME 方法为例介绍通量方法。该方法产生一系列均匀的流动参数，参数满足质量、动量和能量的积分关系，即

$$\begin{cases} f_{\text{mass}} = \iint\limits_s [\rho(\boldsymbol{v} \cdot \boldsymbol{n}) C_i] \mathrm{d}s \\[2mm] \boldsymbol{f}_{\text{momentum}} = \iint\limits_s [\rho(\boldsymbol{v} \cdot \boldsymbol{n}) \boldsymbol{v} + p\boldsymbol{n}] \mathrm{d}s \\[2mm] f_{\text{energy}} = \iint\limits_s [\rho(\boldsymbol{v} \cdot \boldsymbol{n}) H] \mathrm{d}s \end{cases} \tag{6-31}$$

式中　f——守恒通量；

　　　ρ——混合物密度；

　　　$\boldsymbol{v}$——速度矢量；

　　　$\boldsymbol{n}$——垂直于积分表面的单位矢量；

　　　C_i——组分 i 的质量分数；

　　　p——静压；

　　　H——总焓(静焓和动能之和)。

均匀流参数满足基于下面表达式的积分通量关系：

$$\begin{cases} f_{mass}^i = [\overline{\rho(\overline{\boldsymbol{v}} \cdot \overline{\boldsymbol{n}})\,\overline{C_i}}]\,\overline{S} \\ \boldsymbol{f}_{momentum} = [\overline{\rho(\overline{\boldsymbol{v}} \cdot \overline{\boldsymbol{n}})\,\overline{\boldsymbol{v}}} + \overline{p}\,\overline{\boldsymbol{n}}]\,\overline{S} \\ f_{energy} = [\overline{\rho(\overline{\boldsymbol{v}} \cdot \overline{\boldsymbol{n}})\overline{H}}]\,\overline{S} \end{cases} \quad (6\text{-}32)$$

方程组(6-32)中带横线的量表示一维化的参数。方程组通过引入状态方程 $p = \rho RT$ 来封闭。

为了获得一维化的参数，CMME 方法需要求解一组耦合的非线性方程组，可以采用如下的方法将一维流参数从方程组(6-32)中求解出。为满足质量、动量和能量守恒的积分通量关系，引入总的质量流量：

$$\dot{m} = \sum_{i=1}^{ns} f_{mass}^i \quad (6\text{-}33)$$

式中　ns——组分总数。

式(6-32)可以重写为

$$\begin{cases} f_{mass}^i = \dot{m}\overline{C_i} \\ \boldsymbol{f}_{momentum} = \dot{m}\,\overline{\boldsymbol{v}} + \overline{p}\,\overline{\boldsymbol{n}}\,\overline{S} \\ f_{energy} = \dot{m}\overline{H} \end{cases} \quad (6\text{-}34)$$

组分的均匀质量分数 $\overline{C_i}$ 可由质量守恒关系式得出

$$\overline{C_i} = \frac{f_{mass}^i}{\dot{m}} \quad (6\text{-}35)$$

均匀总焓可由能量守恒关系式得出

$$\overline{H} = \frac{f_{energy}}{\dot{m}} = \overline{h}(\overline{T}, \overline{C_i}) + \frac{1}{2}(\overline{\boldsymbol{v}} \cdot \overline{\boldsymbol{n}}) \quad (6\text{-}36)$$

重新整理动量表达式可以得到速度矢量的表达式为

$$\boldsymbol{v} = \frac{\boldsymbol{f}_{momentum} - \overline{p}\,\overline{\boldsymbol{n}}\,\overline{S}}{\dot{m}} \quad (6\text{-}37)$$

两边同时点乘单位法向量 $\boldsymbol{n}$,式(6-37)可简化为标量形式,即

$$\bar{\boldsymbol{v}} \cdot \bar{\boldsymbol{n}} = \frac{f_{\text{momentum}} - \bar{p}\,\bar{S}}{\dot{m}} \tag{6-38}$$

式中　$f_{\text{momentum}} = \boldsymbol{f}_{\text{momentum}} \cdot \boldsymbol{n}$。

又因状态方程可以写为

$$\bar{p} = \bar{\rho}\,\bar{R}\,\bar{T} = \frac{\dot{m}\,\bar{R}\,\bar{T}}{(\bar{\boldsymbol{v}} \cdot \bar{\boldsymbol{n}})\,\bar{S}} \tag{6-39}$$

把式(6-39)代入式(6-38),可得

$$\bar{\boldsymbol{v}} \cdot \bar{\boldsymbol{n}} = \frac{f_{\text{momentum}} - \bar{P}\,\bar{S}}{\dot{m}} = \frac{f_{\text{momentum}}}{\dot{m}} - \frac{\bar{R}\,\bar{T}}{\bar{\boldsymbol{v}} \cdot \bar{\boldsymbol{n}}} \tag{6-40}$$

这是一个关于 $(\bar{\boldsymbol{v}} \cdot \bar{\boldsymbol{n}})$ 的一元二次方程,利用求根公式可得

$$\bar{\boldsymbol{v}} \cdot \bar{\boldsymbol{n}} = \frac{f_{\text{momentum}}/\dot{m} \pm [(f_{\text{momentum}}/\dot{m})^2 - 4\,\bar{R}\,\bar{T}]^{\frac{1}{2}}}{2} \tag{6-41}$$

联合式(6-36)~式(6-39)和式(6-41)能得到静温 T 为仅有未知量的唯一表达式。

原则上,能用任何求根算法来求解式(6-41)的静温。但是有两个温度满足 $F(T) = 0$,要求附加的信息来选择给定满足一系列通量条件的根。

函数 $F(T)$ 的一般形式如图 6-9 所示。图 6-9 表明,有两个温度值满足 $F(T) = 0$。本节用两个二分求解来确定满足 $F(T) = 0$ 的每个温度值。第一个二分法找到当式(6-41)中取负号时 $[T_{\min}, T_{\max}]$ 范围内(上面红色区域)的根,第二次找到当式(6-41)中取正号时 $[T_{\min}, T_{\max}]$ 范围内(下面蓝色区域)的根。

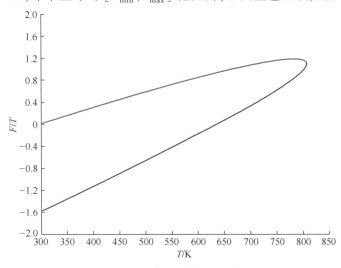

图 6-9　CMME 方程的一般形式

T_{max} 是取函数 $F(T)=0$ 允许的最大温度,令式(6-41)的判别式等于零,得到最大容许温度:

$$T_{max} = \frac{(f_{momentum}/\dot{m})^2}{4\bar{R}} \tag{6-42}$$

T_{min} 可视为零或者热力学数据多项式拟合指定的最小温度。保留的解是得到的马赫数最接近质量流量加权平均马赫数的解。需要注意的是,可能引发假定:满足 $F(T)=0$ 的两个根代表通量方程的亚声速和超声速解。

研究式(6-42)可以发现,这不是必然的:当判别式为零时的马赫数(基于 $\bar{v}\cdot\bar{n}$)与 $1/\sqrt{\gamma}$ 的值对应。因此,满足 $F(T)=0$ 的两个温度值对应两个亚声速解或一个亚声速和一个超声速解。

通常,当主流方向不是均匀流时,守恒通量方法难于获得期望的一维流动特性。守恒通量方法不显式地解释释熵通量,这是特别棘手的,因为这种方法容易违反热力学第二定律。研究表明,计算流体动力学(CFD)分析中经常使用的对称假设方法也对一维化处理有影响。一般而言,对称假设有助于守恒通量方法保持正确的动能水平,这样可改善喷管流场的均匀性。最后,虽然不能下结论说一种平均方法优于另一种,但是针对每类方法能得到一些经验。加权方法,尤其是质量通量加权方法通常能预测多维数据集出现的定性趋势,即只定性地分析通过流道的参数如何变化,这种方法是诱人的。当试图与一维工程工具(或在其他要求流动特性之间严格一致的情况下)对接时,这种方法的缺点就暴露出来。在这种情况下,用于一维化数据的方法应与工程工具在通量上保持一致,界面应选在截面流动畸变最小的位置。

2. 污染介质直连式试验参数的模拟准则

目前,燃烧加热设备已广泛应用于超燃冲压发动机试验,并且经常使用氢和碳氢燃料燃烧来加热空气。为实现不同设备之间的发动机性能对比、换算与分析,需要针对不同燃料燃烧的空气污染对发动机性能影响开展研究。研究不同燃料燃烧的空气污染对发动机性能的影响,需要说明采取的入口匹配条件,这也是设计燃烧加热超燃冲压发动机试验系统时的关键之一。

使用污染气体试验介质的第一个问题是污染气体的比热比和相对分子质量不同于空气。这意味着,相同的马赫数、静压和静温下,进气道入口、隔离段或燃烧室入口的气体不匹配纯净空气所有的流动特性。例如,匹配纯净空气的马赫数、静压和静温,匹配不了流动的速度和总焓。因为污染气体的比热比和相对分子质量不同于纯净空气的。Tirres 等[3,4]声明,过去已经制定两种选择来建立使用污染试验介质的推进系统或进气道部件入口流动条件:

(1)在需要的飞行高度和马赫数条件下,应匹配污染空气与纯净空气的总焓、静压和马赫数,称为 HPM 匹配。

(2) 在需要的飞行高度和马赫数条件下,应匹配污染空气与纯净空气的速度、静压和静温,称为 VPT 匹配。

HPM 匹配支持发动机或部件流动与纯净空气中的流动处于相同的能量水平,并且匹配马赫数能捕捉到模拟相同马赫数下所产生的物理现象,如激波串几何结构。但是,入口温度比纯净空气的高,速度更低。这些匹配条件导致的高温与增加的驻留时间有助于改善燃烧和火焰特征。VPT 匹配容许温度和压力匹配纯净空气。这样,就匹配了影响点火、火焰稳定、燃烧效率和驻留时间的基本化学动力学因素。另外,其他条件,像单位面积质量流量,则不匹配。

总而言之,污染介质导致的匹配参数从以下 5 组参数中选取:

(1) 马赫数和速度:激波结构是超燃冲压发动机内流场主要特征之一,决定着壁面压力和热流分布,因此马赫数的模拟很重要;速度影响着气流驻留时间,进而影响化学反应进程。在两者之中通常优先模拟马赫数。污染试验气体的速度与飞行速度一般会有差别。

(2) 总温、静温和总焓(指总显焓):总温是气体最大内能的一种度量;从热化学观点看,总焓关系到完全燃烧后的释热;燃烧室进口静温影响化学反应进程。污染试验气体的比热容与环境大气存在差别,导致总温、静温和总焓三者中只能模拟其一。燃烧加热风洞通常模拟总温,而激波和电弧加热风洞通常模拟总焓。

(3) 总压、静压、动压:总压代表气流膨胀做功的能力;燃烧室进口静压(或密度)直接影响化学反应进程;动压影响超燃发动机气动力和热结构特性。需要根据试验目的,在三者中选出一个模拟量。

(4) 氧含量:可模拟氧的质量分数或摩尔分数。从化学反应计量关系出发,通常模拟氧摩尔分数。

(5) 其他参数:如来流分子量、比热容、热容、密度和流量等。这些参数在前面 4 组参数的模拟量及污染试验气体组成确定后,即自动确定,一般不模拟。

燃油参数主要是当量油气比和燃油/来流的动压比。当量油气比对化学反应和释热影响很大,需要优先模拟;燃油/来流的动压比影响燃油的穿透深度、混合等。

因此,当评估试验介质对高超声速发动机性能影响时,说明采取的入口匹配条件,是否是 HPM、VPT 或其他匹配条件用来建立试验,并且由此引起的不匹配的入口参数是重要的。

3. 来流非均匀性的模拟

自由射流和直连式试验方式之间存在显著差异。为了理解验证直连式试验与自由射流试验结果的差异及共性,针对直连式试验与自由射流试验的具体差别及其带来的影响,国内外学者从多个角度开展了一系列研究。

发动机整机运行时,进气道出口的流动具有很强的非均匀性。除了上、下边界层不对称之外,进气道波系也会影响流动均匀度。因此,实际进入隔离段的气流具有高度畸变的流动剖面。这种来流非均匀性影响伪激波的结构长度和隔离段的工作性能。

飞行试验及自由射流试验中包含进气道部件,考虑了非均匀来流的影响。但受限于设备与成本,目前很多研究工作仍基于直连式设备。直连式试验一般通过喷管为隔离段提供均匀来流,与实际进气道提供的不均匀流动在边界层厚度、来流剖面参数上都存在较大的差异。

考虑来流非均匀的重要影响,Gruber 等[5] 开发了用于直连式设备的畸变装置,尽可能真实地还原飞行时的来流条件,设计了如图 6-10 所示的用于直连式试验的畸变发生器。该发生器可以模拟包括不均匀边界层厚度及强斜激波的进气道畸变效应。计算与试验显示,该装置可以在直连式试验环境中较为有效地模拟出飞行状态和自由射流试验中的畸变特性,为进一步研究进气道畸变对发动机性能的影响打下了基础。

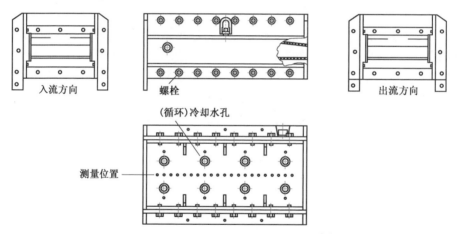

图 6-10　Gruber 畸变发生器装配示意图[5]

通过在直连式喷管下游安装斜坡、喷孔、喷射狭缝等装置也可模拟进气道的畸变特性[6,7],具体的畸变发生器如图 6-11 所示。试验结果表明,在畸变段向流场中喷射气流可以产生畸变,且喷射量影响流动的堵塞程度及隔离段内的激波角,能较好地重现进气道的畸变效应。

6.2.2　性能评估方法

采用多维 CFD 也能实现燃烧室性能评估。由于燃烧室内部的流动比进气道和尾喷管内的流动复杂得多,数值计算涉及湍流、燃烧等复杂的物理化学过程,计算所需的时间也长得多,花费大,常作为细致分析和评估用。在直连式试验中,为

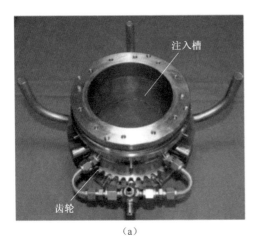
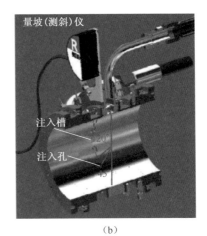

图 6-11 Tam 畸变发生器照片及细节示意图

(a)照片;(b)细节示意图。

了快速获得燃烧室性能,需要发展快速性能评估方法。这里针对快速性能评估展开论述。直连式试验中比较关注的两个性能是燃烧效率和推力,下面分别针对这两个性能的评估方法进行介绍。

6.2.2.1 燃烧效率的评估方法

在试验中常用的测量燃烧效率的方法有气体采样分析方法、光学方法、模型表面测力方法和气体动力学方法(测量燃烧室模型表面压强和热流)。

超声速情况下,由于采样期间混合物经过采样仪器前的激波后会燃烧,通过气体采样分析方法确定燃烧效率是一个复杂的过程。虽然有相应配套的流动理论和采样技术,但是这种方法由于不可能精确采样而得不到多数人的认可。

确定燃烧效率的光学方法能获得静止设备中油料燃尽的定性和定量图谱,主要用于裸露火焰。

模型表面测力方法要求知道作用于结构单元和天平上的力,而且需要知道作用于燃烧室结构单元上的力与对应模型燃烧效率的联系。对于复杂几何形状的模型,这是难于实现的。

气体动力学方法广泛用于确定超声速流的燃烧效率,并且可以作为其他有效测量方法的补充。将热量加入亚声速时,与不燃烧相比,静压沿燃烧室变化不明显。因此,气体动力学方法确定燃烧效率在亚燃燃烧室应用较少。而在超声速流中加热量时,沿燃烧室静压改变显著。此时,通过测量模型表面压强和热流来确定燃烧效率的方法得到了广泛应用。

以上几种测量方法可以独立/组合起来评估燃烧效率,但必须结合前面燃烧效率的定义和热力学,甚至一维/多维计算程序才能实现。

6.2.2.2 推力的评估方法

直连式推力性能评估方法有三种:一是由发动机燃烧室进出口的冲量差得到;二是根据测得的壁面压强获得;三是软连接测力。试验中目前能获得比较准确的参数有天平测力和壁面及进、出口压强测量。

随着光学测量方法的发展,气流的速度测量精度逐步提高,结合出、入口压强数据可给出发动机燃烧室进、出口的冲量差,从而获得燃烧室推力。测量精度主要取决于速度、流量和压强等相关参数测量的准确性。

根据地面试验获得的压强测量值、已知的入口条件和燃烧室构型,通过求解常微分方程组,可获得沿流向一维马赫数分布和燃烧室性能。

目前,采用比较多的方法是根据入口条件和构型,通过一维方法快速获得燃烧室性能(通过壁面压强等数据可以校核软件/方法)。这里以美国常用的四个评估软件为例,介绍当前主流评估模型及方法的优点和缺点。

美国常用的四个软件分别为 HAP、RJPA、RAMSCRAM 和 SRGULL,每个工具按照执行速度、精度和易用性归类,见表 6-1。易用性定义为工具是否要求面向专家(要求面向专家的程度越低,易用性越好)。

表 6-1　四个软件的总结

软件	速度	精度	易用性	亚燃冲压模式	超燃冲压模式	火箭模式
HAP	+	−	+	×	×	
RJPA	○	○	+		×	×
RAMSCRAM	○	○	○	×		
SRGULL	−	+	−	×	×	

注:"+"代表快速/高;"○"代表中等;"−"代表慢速/低。

这些工具能提供宽范围的分析,有不同的保真度和模型选择。遗憾的是,大多不适用于概念设计阶段。快速执行的工具通常有较低的保真度。由于对更高阶的发动机—飞行器相互作用缺乏灵敏度,这些较低保真度的工具往往制约了系统折中研究。而提供高保真水平的工具主要是针对单点飞行条件下的发动机性能的,要求更详细的分析或试验数据,需要大量的人工设置时间来获得整个飞行弹道的性能图。

1. HAP 软件

HAP 软件是 AIAA 系列教材提供的软件。该软件用 BASIC 编程语言,能在 Windows/DOS 操作系统上运行。软件中的性能分析程序采用了量热完全气体

(CPG)假设,因此,在流动速度超过马赫数 3 时,其结果是有疑问的。CPG 假设允许使用许多封闭方程,这有助于 HAP 软件的执行速度和易用性。

HAP 软件能胜任飞行包络线的计算,但不适用于任何飞行器设计和封闭过程。该工具缺乏预测发动机运行现象如不启动和燃烧室壅塞的能力。由于受力核算系统是"纯喷气"方法,因此离线计算需要补充性能评估和对发动机总推力的精确测量。另外,该软件缺乏详细的化学平衡反应模型,同时理想燃烧的假定会过高预测高马赫数飞行发动机的性能。所有 HAP 软件输入文件是文本形式的,并且没有图形用户交互界面(GUI)。

2. RJPA 软件

RJPA 软件由约翰霍普金斯大学于 1986 开发。该工具用 Fortran77 编写,运行于 Windows 和 UNIX 平台。与名称相反,该工具常用于超燃冲压发动机性能预测。RJPA 软件采用热完全气体(TPG)模型来模拟反应流,并且采用了一些经验模型。化学反应模型基于 NOT 平衡程序,能支持多种油料和氧化剂化合。

用户必须事先根据飞行器前体设计来给出进气道压力恢复和捕获效率。隔离段或燃烧室的质量流壅塞会导致求解方面的不足。对于燃烧室中热壅塞,必须人工降低供油流量。根据燃烧室出口条件采用等熵流膨胀来分析喷管流动,喷管流动假定为冻结或平衡流。

以文本为基础的用户界面容易操作,单点飞行条件的软件运行时间为几秒量级。利用另外针对捕获效率和压强恢复值的脚本软件和分析工具,RJPA 软件能用于设计环境。用效率因子来确定喷管流的出口动量。

另外值得注意的是,RJPA 软件中的部件分析都是通过守恒率来平衡出口流体和入口流体特性。至于发动机部件的出、入口平面之间确切发生的细节是不知道的。这种形式的求解技术通常称为"跳跃"软件,意为分析从部件开始跳到结尾,与通过部件以离散步或以 n 维分析的步进求解技术相反。该技术能实现求解更迅速,但要求更多指定的信息来获得精确的结果(例如壁面压强积分,流动马赫数形式),并且可能收敛解不止一个。

3. RAMSCRAM 软件

RAMSCRAM 软件,源于 NASA 格林研究中心。该软件与 RJPA 软件很相似,但更多用于亚声速燃烧的冲压发动机分析,很少用于超燃冲压发动机分析。该软件运行于 UNIX 和 Windows 平台,用 Fortran77 编写。

RAMSCRAM 有相似于 RJPA 的化学反应模型,并且是一个跳跃软件(不是步进求解)。其文本形式的输入文件稍难用,因为其变量说明过于简单。不像 RJPA 和 HAP 软件,RAMSCRAM 软件能针对多个压缩表面进行二维飞行器前体分析。另一个好处是,RAMSCRAM 软件的发动机几何和部件的设置更加灵活,支持更宽范围的推进系统构型。例如,用户能指定燃烧室段和注油块的位置。运行速度是单点飞行状态几秒量级(在 350MHz R12000 UNIX 工作站上)。

4. SRGULL 软件

除了不需要生成发动机完整的 CFD 模型极端情况,当前采用的性能分析最高保真度的工具是 SRGULL 软件。SRGULL 软件是 NASP 期间发展的用于设计和分析冲压发动机和超燃冲压发动机推进概念的工具。SRGULL 软件用 Fortran77 编写,能运行于 Windows 和 UNIX 平台。

SRGULL 软件采用二维欧拉求解器(SEAGULL)处理外流(前体、尾喷管),采用一维平衡流模型处理内流。基于 Spalding-Chi 方法的边界层程序也被合并来提供表面摩擦损失。原本 SRGULL 软件只支持采用氢和辛烷燃料的研究,后来集成了一个拓展的附带油料选择的化学反应模型。可选液态氧喷注来增加超燃冲压发动机高飞行马赫数的性能,但不支持真实火箭(油料和氧化剂注入型)推力增强装置。遗憾的是,SRGULL 软件只能分析在超声速飞行进气道启动的冲压发动机和超燃冲压发动机性能。该软件也需要大量的设置时间,并且不被认为是一个非常健壮的软件。对发动机构型必须指定的输入参数个数是 300 量级,单点飞行状态的执行时间为 2~3min(667MHz Intel Pentium III@ PC / 350 MHz R12000 UNIX 工作站)。该工具不适用于概念设计或高迭代设计环境。

结合前面的论述,基于壁面压强的性能评估方法分为两种:一是正问题的研究方法,即给定燃烧室入口条件、注油条件和燃烧室构型,通过求解广义一维欧拉方程获得沿流向的一维参数分布及性能,方法采用单步不可逆反应模型,能预测发动机不启动和热壅塞现象,能给出燃烧室性能。二是反问题的研究方法,根据地面试验测得的压强、已知的入口条件和燃烧室构型,通过求解常微分方程组获得沿流向一维马赫数分布和燃烧室性能。第一种方法求解速度稍慢,在当前主流个人计算机(PC)上执行时间为分钟量级。第二种方法可为第一种方法提供支持,这种方法在当期主流 PC 上执行时间为十几毫秒到几十毫秒量级。

■ 6.3　截断发动机试验

6.3.1　截断发动机试验的基本原理[8-12]

超燃冲压发动机涉及燃烧和一些复杂的流动过程,因而风洞试验时,需要模拟真实的来流条件。目前还没有解决发动机尺度相似律难题,因而要求风洞试验设备的尺度足够大。为了能够用小尺度设备对比较大的发动机模型进行试验研究,提出了将发动机全流道的上游和下游部分截断,从而组成带部分进气道和部分尾喷管的截断发动机的思想,也就是将全流道发动机截为图 6-12 所示的截断发动机。此时风洞喷管出口模拟的是发动机进气道截断点 B 前的气流马赫数 Ma_1,而不是全流道发动机进气道入口马赫数 Ma_∞。这种试验方法如同直连式试验中喷管出口模拟的是燃烧室入口参数一样。

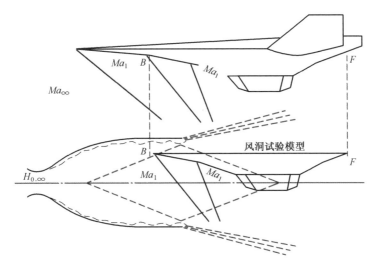

图 6-12　截断发动机模型与飞行器间的关系

　　这样,在进行风洞模拟时,飞行器模型的长度大大缩短,对设备的要求也就大大降低,因此在模拟高马赫数时,可利用现有的低马赫数风洞而不必再重新加工喷管。国外有很多这方面试验研究的例子[8]。美国空军实验室在 GASL 的电弧加热超声速风洞(AHSTF)中开展碳氢燃料发动机试验时,由于该风洞的最高马赫数为 6,要模拟马赫数为 7 的来流条件,因此采用了截断进气道的方法进行试验。

　　美国在 NASA 兰利研究中心开展吸气式高超声速飞行器研究时,将研究主要分成以下四类[9]:

　　(1) 前体/进气道试验;

　　(2) 部分宽度/截断式推道流道试验;

　　(3) 带动力发动机排气模拟试验;

　　(4) 全流道全宽度试验。

　　图 6-13 给出了美国 X-43 计划的试验步骤,介绍了美国 X-43 在飞行试验前进行风洞试验的情况。从图中可以看出,截断发动机试验是其中的重要环节,即使在地面设备模拟能力较强的美国,为了弥补地面设备的不足,截断发动机试验仍然是高超声速发动机研究的一种重要手段。

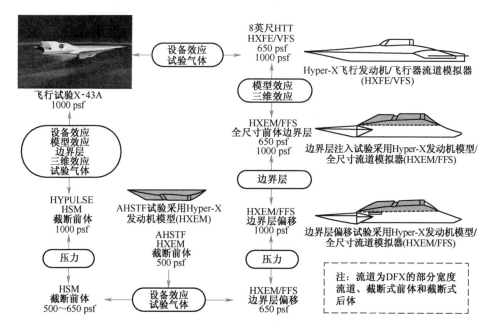

图 6-13　美国 X-43 飞行器的研究步骤（1psf≈47.88Pa）[9]

　　由于前体附面层的发展和前体前缘、各激波压缩面的作用,全流道和截断进气道发动机流道入口的流动剖面和流向角是不同的。燃烧室工作的组织也会受到流动剖面的影响,包括附面层厚度对点火和火焰稳定的影响是不可忽视,因而需要模拟内流道入口流动剖面和流向角等参数。到目前为止,还没有找到截断发动机与全流道发动机工作效果比较的信息。

　　在国内,随着超燃冲压发动机研究的深入,模型朝着大尺度、大流量方向发展。如果采用全推进流道方式开展大尺度超燃冲压发动机模型试验,CARDC 现有的大部分燃烧风洞喷管尺寸偏小,均匀区范围不够,试验段太短,无法满足全流道超燃冲压发动机自由射流试验的要求。因此,有必要开展截断发动机试验技术研究。

6.3.2　截断发动机试验模拟方法[9-12]

　　根据斜激波关系,可将如图 6-14 所示的进气道在转角 δ 的地方截断。

　　根据斜激波关系式,可计算出自由来流参数和经过斜激波后的参数。这些参数满足以下关系式:

$$\frac{\rho_2}{\rho_1} = \frac{(\gamma + 1) Ma_1^2 \sin^2\beta}{2 + (\gamma - 1) Ma_1^2 \sin^2\beta} \tag{6-43}$$

$$\frac{p_2}{p_1} = \frac{2\gamma}{\gamma+1}Ma_1^2\sin^2\beta - \frac{\gamma-1}{\gamma+1} \quad (6-44)$$

$$\frac{T_2}{T_1} = \frac{(1+\dfrac{\gamma-1}{2}Ma_1^2\sin^2\beta)(\dfrac{2\gamma}{\gamma-1}Ma_1^2\sin^2\beta-1)}{\dfrac{(\gamma+1)^2}{2(\gamma-1)}Ma_1^2\sin^2\beta} \quad (6-45)$$

$$\frac{p_2^*}{p_1^*} = \frac{\left(\dfrac{(\gamma+1)Ma_1^2\sin^2\beta}{2+(\gamma-1)Ma_1^2\sin^2\beta}\right)^{\frac{\gamma}{\gamma-1}}}{\left(\dfrac{2\gamma}{\gamma+1}Ma_1^2-\dfrac{\gamma-1}{\gamma+1}\right)^{\frac{1}{\gamma-1}}} \quad (6-46)$$

$$Ma_2^2 = \frac{Ma_1^2+\dfrac{2}{\gamma-1}}{\dfrac{2\gamma}{\gamma-1}Ma_1^2\sin^2\beta-1} + \frac{Ma_1^2\cos^2\beta}{\dfrac{\gamma-1}{2}Ma_1^2\sin^2\beta+1} \quad (6-47)$$

$$\tan\delta = \frac{Ma_1^2\sin^2\beta-1}{\left(Ma_1^2(\dfrac{\gamma+1}{2}-\sin^2\beta)+1\right)\tan\beta} \quad (6-48)$$

式中　ρ_1——激波前气体密度（kg/m³）；

T_1——激波前气体温度（K）；

p_1——激波前气体压强（Pa）；

Ma_1——激波前气体马赫数；

p_1^*——激波前气体总压（Pa）；

ρ_2——激波后气体密度（kg/m³）；

T_2——激波后气体温度（K）；

p_2——激波后气体压强（Pa）；

Ma_2——激波后气体马赫数；

p_2^*——激波后气体总压（Pa）；

β——激波角；

δ——气流转折角。

依据自由来流的参数和发动机各压缩面气流转折角,就可以根据上面的式计算得到截断模型需要的来流参数。在进行截断发动机试验时,主要模拟经过激波压缩后气流的参数和相应的流向角及流动黏性等参数导致的影响。

6.3.3　截断发动机试验的基本结果

截断发动机试验模型采用在马赫数为 5 和 6 能自点火,并能稳定燃烧的全推进流道模型截断而成,截断选在整机模型进气道第一压缩面拐角处。风洞试验主要模拟全推进流道模型的进气道第一拐角斜激波后流场参数和相应的流向角(图 6-14 中的 Ma_1)。

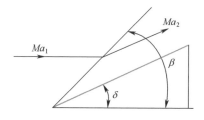

图 6-14   斜激波前后关系

首先进行全推进流道马赫数为 6 试验状态下的截断发动机模型煤油自点火试验。模型在风洞中的安装方式如图 6-15 所示,此时风洞喷管出口马赫数为 5、驻室总温为 1650K,总压为 5MPa。模型安装角为 7.5°。

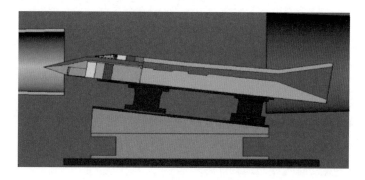

图 6-15   模型在风洞中的装配图

图 6-16 给出了模型下壁面压力在不同油气比下的分布。从图可以看出,随着油气比的增加,模型下壁面压力升高。第一凹槽附近压力的升高相对比较剧烈,这证明在该状态下,燃烧主要在凹槽内完成。

为了考查总压对点火性能的影响,在马赫数为 5 状态下进行了低来流总压下煤油的自点火试验,配气总温度为 1650K、总压为 3MPa 左右。试验结果表明,煤油自点火燃烧成功。不同油气比和冷流状态下的模型下壁面压力曲线如图 6-17所示。从图可以看出,随着油气比的增加,模型下壁面压力升高;但在凹槽内,在总压 3MPa 下的壁面的压力升高低于在总压 5MPa 下的压力升高,而在扩张段压力升高比较明显,这证明煤油在凹槽附近未得到充分燃烧,而在扩张段继续燃烧。

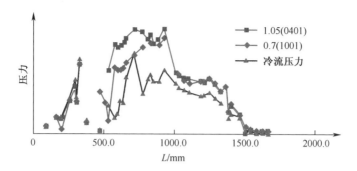

图 6-16 马赫数为 5(总压为 5MPa,总温为 500K)状态下模型内表面冷热流压力对比

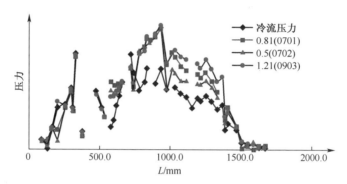

图 6-17 马赫数为 5 低总压下冷热流压力对比

在马赫数为 6 的截断发动机取得成功后,进行了马赫数为 5 来流条件下、全推进流道的截断发动机试验,这时风洞喷管出口马赫数为 4.5,风洞总压为 3MPa,风洞最高总温为 1600K,安装角为 7.5°。风洞试验结果表明,截断发动机在此状态下煤油不能自点火并稳定燃烧(未截断时全推进流道在总温 1250K 下能自点火并稳定燃烧),加油和未加油时两者压力分布无区别,图 6-18 给出了在 1600K 下该模型的壁面静压分布。

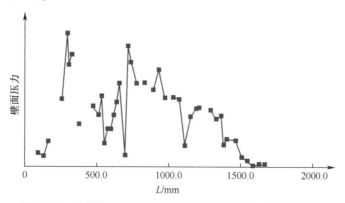

图 6-18 马赫数为 4.5 时截断发动机模型下壁面压力曲线

由于截断模型比全推进流道模型的压缩面少,长度短,不能模拟全推进流道边界层的发展过程。为了在截断发动机中模拟全推进流道模型的边界层发展过程,可以采取边界层扰流装置(图6-19)来强制边界层转捩[13],模拟截断前的状况。

在CARDC试验中,曾经尝试采用往进气道前贴金刚砂的方法来增加进气道前沿粗糙度模拟边界层转捩。试验发现,尽管风洞试验时间很短,但砂纸很容易被来流破坏吹跑,未得到理想的试验效果。

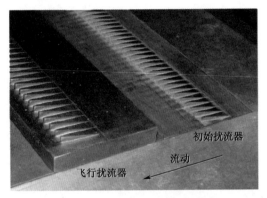

初始扰流器

流动

飞行扰流器

图6-19 层流扰流器示意图[13]

6.4 全流道超燃冲压发动机性能试验

6.4.1 全流道超燃冲压发动机性能试验基本原理

全流道超燃冲压发动机性能试验一般在自由射流地面设备上开展,通常又称为自由射流试验(图6-20)[9,12]。由于自由射流试验的发动机模型包含了前体/进气道、隔离段、燃烧室及尾喷管等全部发动机组件,各部件之间为真实的匹配关系,因此该类型试验可以真实地反映发动机的点火、燃烧、稳焰、做功等工作特性。

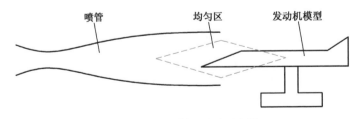

喷管　　　　　　均匀区　　　　发动机模型

图6-20 自由射流试验示意图

试验前将发动机模型置于风洞喷管出口处,确保前体/处于风洞喷管均匀区内,试验时风洞喷管出口根据实际的飞行弹道模拟该状态的气流参数。这种类型的试验,由于前体/进气道的存在,考虑了附面层的发展和进气道前缘、唇口、各激波压缩面以及激波/边界层干扰的作用。同时,燃烧室入口气流参数的非均匀性对燃烧室内燃烧组织的影响也一并考虑。

自由射流试验虽然有很多好处,但是也有很大的局限性,随着超燃冲压发动机研究的深入,模型尺寸越来越大,需要试验设备产生足够大的均匀区来容纳如此长的前体/进气道,对试验设备的要求比其他类型的试验苛刻得多。

6.4.2 全流道超燃冲压发动机性能试验模拟准则

全流道超燃冲压发动机性能试验的来流参数一般根据实际的高度-马赫数飞行弹道确定,一般采用"总焓+动压+马赫数""总温+总压+马赫数"及"静温+静压+马赫数"几种模拟方法,这几种模拟方法的区别以及对试验结果的影响将在8.1节中详细论述,这里不再赘述。

6.4.3 全流道超燃冲压发动机性能评估方法

比冲是评估发动机性能的重要指标。比冲定义为发动机工作情况下单位燃油流量发动机产生的有效推力,即

$$I_{sp} = \frac{F_f}{m_f} \tag{6-49}$$

式中 F_f——有效推力(N);

m_f——燃油流量(kg/s)。

可以看出,要获得发动机比冲 I_{sp},首先要得到发动机工作时流道产生的有效推力 F_f,有效推力是发动机工作时流道壁面上实际受到的富余压力和摩擦阻力的合力在发动机轴向上的分量。

目前,风洞试验有如下三种方法获得超燃冲压发动机的有效推力:

1. 直接计算法

通过计算获得燃烧情况下发动机内部的流场及壁面压力,通过积分得到发动机的有效推力 F_f。

2. 直接试验法

将发动机流道与模型外部隔离,直接测量作用在发动机流道上的力。发动机工作状态下,即可测量超燃冲压发动机的有效推力 F_f。这种方法的优点是可以直接测量发动机内部的力,从而得到比冲。

3. 间接试验测量法[14,15]

图 6-21 给出了风洞试验过程中容易测得超燃冲压发动机冷、热态试验时推力与阻力的关系。

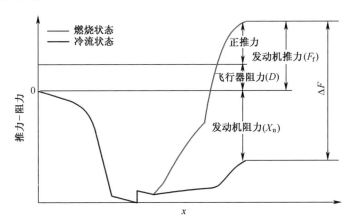

图 6-21　超燃冲压发动机冷、热态试验时推力与阻力关系

从图 6-21 中可以看出,超燃冲压发动机的有效推力可以通过两种方法获得:

(1) 发动机冷、热态试验差减内阻(简称减内阻法)。试验采用只模拟超燃冲压发动机流道而外部不整流的模型,通过三个车次获得超燃冲压发动机的有效推力:

第一车:试验流场校测。

第二车:发动机冷态试验,通过天平测量冷态全模轴向力 $F_{冷态}$,采用流量计获得内阻 X_n 。

第三车:发动机热态试验,通过天平测量发动机工作时的全模轴向力 $F_{热态}$ 。

通过冷态、热态两车试验全模轴向力得到推力差 ΔF ($\Delta F = F_{热态} - F_{冷态}$),再减去发动机模型试验的冷态内阻 X_n 就可获得超燃冲压发动机的有效推力 F_f,即

$$F_f = \Delta F - X_n \tag{6-50}$$

一般通过试验间接获得发动机冷态内阻 X_n 。也可以通过计算获得,但由于发动机内部结构复杂,计算模拟还存在一定的难度和不确定性。

全流道超燃冲压发动机内阻间接测量又称为内阻置换法,其基本思想是通过动量差方法获得简易推进流道的阻力 X_n 。试验过程中,通过测量流道出口总温、总压和静压的方法获得流道出口动量。假设气流比热比不变,壁面压力代表平均压力。通过皮托压和壁面压力可以得到燃烧室出口马赫数。在超声速条件下,皮托压为正激波波后总压,壁面压力为正激波波前静压,皮托压 p_{t2} 与波前总压 p_{t1} 和

波前马赫数之间的关系为

$$\frac{p_{t2}}{p_{t1}} = \frac{\left(\dfrac{\dfrac{\gamma + 1}{2}Ma_1^2}{1 + \dfrac{\gamma - 1}{2}Ma_1^2}\right)^{\frac{\gamma}{\gamma - 1}}}{\left(\dfrac{2\gamma}{\gamma + 1}Ma_1^2 - \dfrac{\gamma - 1}{\gamma + 1}\right)^{\frac{1}{\gamma - 1}}} \tag{6-51}$$

正激波波前静压 p_1 与波前总压 p_{t1} 关系为

$$\frac{p_1}{p_{t1}} = \frac{1}{\left(1 + \dfrac{\gamma - 1}{2}Ma_1^2\right)^{\frac{\gamma}{\gamma - 1}}} \tag{6-52}$$

根据以上公式,图 6-22 给出了马赫数和皮托压与壁面压力比值的关系。从图可以看出,该关系式在声速点连续,通过试验获得皮托压与壁面压力的比值,即可求出测量位置的马赫数。

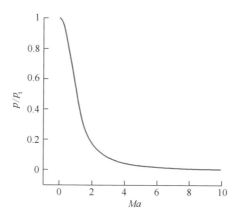

图 6-22　皮托压和静压比与马赫数的单调关系

结合马赫数与总温测量结果便可获得测量未知的速度。通过动量差关系式便可获得简易流道轴向内阻,即

$$F_{\mathrm{si}} = (\dot{m}U_{\mathrm{so}} + p_1 A_{\mathrm{so}}) - (\dot{m}U_{\mathrm{so}} + p_\infty A_{\mathrm{i}}) \tag{6-53}$$

式(6-51)~式(6-53)中:p_{t2}、p_{t1}、γ、Ma_1、p_1、F_{si}、$\dot{m}$、U_{so}、A_{so}、p_∞ 和 A_{i} 分别为皮托压、波前总压、比热比、波前马赫数、壁面静压、简易推进流道推力、质量流量、出口速度、简易推进流道出口面积、来流静压和来流面积。在有攻角条件下,来流面积由 0°攻角捕获面积和攻角决定。

(2) 发动机试验加外阻(简称加外阻法)。试验采用外部整流的发动机模型,通过三个车次获得超燃冲压发动机的有效推力：

第一车：试验流场校测。

第二车：发动机冷态试验，通过天平测量冷态全模轴向力 $F_{冷态}$，采用流量计获得内阻 X_n。作用在发动机模型上的外阻 $D = -(F_{冷态} + X_n)$。

第三车：发动机热态试验，通过天平测量发动机工作时的全模轴向力 $F_{热态}$。

通过天平测量超燃冲压发动机热态试验的轴向力，加上发动机模型的外阻 D，同样也可以得到超燃冲压发动机的有效推力，即

$$F_f = F_{热态} + D = F_{热态} - F_{冷态} - X_n = \Delta F - X_n \qquad (6-54)$$

从式（6-54）可知，加外阻法与减内阻法的实质相同。与减内阻法相比，外加阻法方法将获得发动机流道内阻 X_n 转为获得全模外阻 D。发动机模型外阻 D 既可通过试验测量，也可通过计算获得。通过计算获取外阻的优点是外流的计算相对简单，精度较高；缺点是需要考虑支架干扰、风洞流场非均匀性、发动机工作喷流对飞行器底部流动干扰等影响，计算方法需要经过试验考核和验证。

图 6-23 归纳了上述几种方法，获得发动机有效推力有四条途径：一是直接计算；二是直接测量；三是冷热态轴向力差减内阻；四是发动机热态轴向力加外阻。内阻和外阻分别通过计算和试验得到。实际应用中不应局限于某一个方法，而是多种方法并用，通过综合分析最终得到发动机的性能。

6.4.4　风洞试验结果的外推与应用

目前，地面模拟试验是认识高超声速飞行复杂流动机理、预测和考核高超声速飞行性能不可缺少的手段。但是，如前所述，为产生与模拟真实飞行状态下高焓条件，基于燃烧加热的风洞试验会不可避免地引入各种程度的"污染"，从而造成由风洞试验外推真实飞行状态的不确定性。这是迄今为止几乎所有风洞试验所共同面临，并亟待解决的一个重要问题。一方面，采用氢或碳氢燃料燃烧加热的方式使得试验气体中含有大量水蒸气、二氧化碳，以及少量自由基、氮氧化物和灰尘粉末等污染物质。这些污染物质以及它们所产生的物理化学效应，会对机体/推进一体化高超声速推进系统的气动及推进性能产生显著影响。因而，从严格意义上讲，燃烧加热风洞试验与实际飞行状态之间的假设性映射关系是不确定的和未经考验的。另一方面，由于污染气体热力学属性与真实空气有所不同，风洞试验中很难完全复现真实飞行条件，只能有选择地模拟其中几个重要的气动参数。在燃烧风洞的实际运行中，选择模拟哪些参数（参数匹配问题）对能否准确获得真实飞行状态下的气动与推进性能至关重要。因此，迫切需要研究发展天地相关性分析方法，实现从地面风洞试验数据向天上真实飞行数据的外推，提高风洞试验数据的可靠性

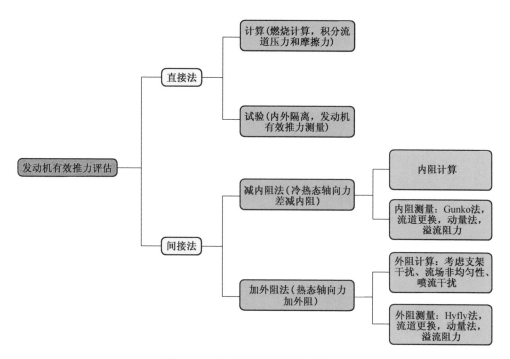

图 6-23　发动机有效推力评估方法

与可用性;同时,也能更好地为飞行控制律的设计提供支撑。

　　关于天地相关性分析方法国内外已有不少研究。最近,陈坚强等[16]综述了国内外高超声速飞行器气动力数据天地换算技术方面的研究现状及趋势,并指出,随着新型飞行器的研制以及空气动力学科的发展,尤其是高超声速飞行器的飞速发展及迫切需求,单纯依靠地面风洞试验已难以满足飞行器研制过程中全部气动问题的研究。地面风洞试验和计算流体力学这两大空气动力学研究手段的有效结合,是开展天地相关性研究的有力保障。龚安龙等[17]针对高升阻比面对称飞行器近空间高超声速飞行环境,考虑马赫数效应、黏性干扰效应和真实气体效应等多种复杂气动效应对飞行器气动力数据的影响,采用 CFD 数值模拟技术和气动数据相关性理论分析方法,建立了基于地面风洞试验外推获取实际飞行状态下气动力数据的天地换算方法;并采用 CFD 技术对气动力数据天地换算的精确性进行了验证。姜宗林等[18]针对天地关联技术研究存在的问题,提出了风洞试验数据多空间相关理论,发展了一套基于多空间相关理论的数据关联方法。结果表明,高超声速风洞试验数据多空间相关理论及其关联方法能够充分并有效地利用高超声速风洞试验数据与数值模拟计算结果,获得更合理的关联函数规律与更高精度的风洞试验数据天地关联结果。综合前述各类研究,本节关于风洞试验结果应用的天地相关性分析主要涵盖以下三个方面内容。

1. 风洞试验数据的修正与外推工作

目前,风洞试验能力并不能完全满足当前高超声速飞行器发展对气动力特性研究的需求,其不足主要表现在风洞性能、试验段尺寸、有效运行时间、流场品质和测量仪器等方面。即使在风洞试验水平较高的美国和欧洲,风洞试验仍无法完全覆盖所有飞行器真实飞行条件下的马赫数与雷诺数。其中,风洞试验与真实飞行之间存在的差异主要体现在:

(1)雷诺数引起的流态差异(湍流效应);

(2)风洞来流品质,包括均匀性、污染物、蒸汽凝结等;

(3)洞壁及支架等干扰;

(4)壁面温度;

(5)湿度;

(6)测量仪器差异;

(7)气动弹性变形;

(8)模型保真度;

(9)真实气体效应。

理论上,针对每项差异都需建立必要的修正方法,以获得修正和外推模型。实际上,这存在很大的困难。从目前的应用实际来看,比较明确可利用 CFD 修正的差异主要包括雷诺数、污染凝结、支架干扰、壁温、模型、真实气体效应等。

2. 高精度 CFD 数值模拟

理论上,随着物理化学模型的不断完善,数值方法的不断改进,CFD 完全可以再现天上真实的飞行状态。相比普通飞行器,高超声速飞行器风洞试验更加困难。如果飞行器外形较简单、无大分离流区,则较适合 CFD 计算。当前,随着高性能计算机的发展,CFD 已成为飞行器设计和流场分析不可缺少的重要手段,是解决风洞试验与飞行数据的天地相关性问题的关键技术之一。

3. 数据关联外推方法

风洞试验数据天地相关性研究,就是基于某个关键的关联参数,通过拟合或修正等数据分析与处理的方式,建立地面预测与真实飞行条件下气动力数据间的联系,最终完成地面风洞试验数据(也包括 CFD 计算数据)向真实飞行数据的修正与外推,并给出相应的误差和不确定度分析。飞行试验数据可作为地面试验的最终校正结果。一方面,飞行数据为地面试验的技术改进和结果校正提供了基准数据,为设计和建设具有更高模拟能力的风洞设备提供持续的技术支持,由此带来的技术进步为飞行器研制风险的降低创造了条件,使得先进飞行器的性能、经济性和安全性都变得更好。另一方面,用飞行试验来验证风洞试验也是空气动力学研究的基本内容:如果风洞试验预测值与飞行值一致,则为降低飞行器设计的安全裕度提供了技术支撑;如果预测值偏离了实际值,那么只要飞行器保持完好(或者说能够获取到此时足够的信息),不仅为飞行器以后的安全飞行提供了技术支撑,而且将有助于未知现象的发现或对已知现象重要性有更进一步的认识。

参考文献

[1] 赵鹤书.飞机进气道气动原理[M].北京:国防工业出版社,1989.

[2] Heiser W H,Pratt D T. 高超声速吸气式推进[J]. 俞刚,译.北京,2013,04:333.

[3] Tirres C,Bradley M,Morrison C,et al. A flow quality analysis for future hypersonic vehicle testing[C]. 22nd AIAA Aerodynamic Measurement Technology and Ground Testing Conference,Missouri ,2002.

[4] Edelman R B,Spadaccini L J,Economos C. Analytical investigation of the effects of vitiated air contamination on combustion and hypersonic air breathing engine ground tests[R]. Tennessee:Arnold Engineering Development Center,1969.

[5] Gruber M R,Hagenmaier M A. Simulating inlet distortion effects in a direct-connect scramjet combustor[C]// AIAA Paper 2006-4680,2006.

[6] Tam C J,Hsu K Y. Simulations of Inlet Distortion Effects in a Direct-Connect Scramjet Isolator[C]//AIAA Paper 2011-5540,2011.

[7] Tam C J,Hsu K Y. Studies of Inlet Distortion in a Direct-ConnectAxisymmetric Scramjet Isolator[C]//AIAA Paper 2012-3224,2012.

[8] 乐嘉陵. 脉冲式试验技术在超燃发动机研究中的应用[C]. 新世纪力学研讨会,北京,2001.

[9] Clayton R,Diego R,Capriotti P,et al. Experimental supersonic combustion research at NASA Langley[R]. NASA Langley Technical Report Server,1998.

[10] 焦伟,周化波,蒲旭阳,等. 截断式超燃发动机试验技术初步研究[C]. 中国近代空气动力学与气动热力学会议,北京,2006.

[11] 罗月培. 基于一体化的截断式超燃发动机试验技术情报研究[C]. 中国近代空气动力学与气动热力学会议,北京,2011.

[12] Holland S D,Woods W C,Engelund W C.Hyper-X research vehicle experimental aerodynamics test program overview[J]. Journal of Spacecraft and Rockets,2001,38(6):828-835.

[13] Berry S,Daryabeigi K,Wurster K,et al. Boundary layer transition on X-43A[C]//AIAA Paper 2008-3736,2008.

[14] 王泽江,唐小伟,宋文萍,等. 圆截面超燃冲压发动机冷态内流测力试验[J]. 推进技术,2016,37(4):617-623.

[15] 温杰. 美国海军的 HgFly 计划[J]. 飞航导弹,2008,12:10-13.

[16] 陈坚强,张益荣,张毅锋,等. 高超声速气动力数据天地相关性研究综述[J].空气动力学学报,2014,32(5):587-599.

[17] 龚安龙,解静,刘晓文,等.近空间高超声速气动力数据天地换算研究[J].工程力学,2017,34(10):229-238.

[18] 姜宗林,罗长童,胡宗民,等.高超声速风洞实验数据的多维空间相关理论与关联方法[J].中国科学:物理学力学天文学,2015,45(12):124705-124705.

第7章 超燃冲压发动机测试技术

在超燃冲压发动机研究中,发动机的设计方法和性能评估一直是研究人员最关心的两大关键问题,要解决这两个问题,需要对与之相关的参数进行测量。

在发动机设计方法中,燃烧室进、出口温度压力和燃烧室内壁面热流是需要测量的关键参数。燃烧室进口参数也是进气道出口参数,可以用于推算出进气道出口的气流马赫数、总压恢复系数等性能参数,从而对进气道的设计方法和性能进行评估。这些性能参数也是燃烧室型面和燃烧组织设计的基准参数。燃烧室出口参数也是尾喷管的进口参数,可以用于评估相关的气流参数,为发动机尾喷管的优化设计提供必需的测量数据;同时,燃烧室进/出口总温、组分等参数的测量也可用于燃烧室性能评估。燃烧室内壁面热流测量是燃烧室热环境研究的主要手段,测量的热流数据将为燃烧室热结构设计提供依据。

发动机性能评估主要包括燃烧效率和内推力比冲两大关键指标,若通过试验测量的手段对这两个指标进行评估,则必须对燃烧室出口燃气组分、发动机燃气流量、燃烧室壁面摩擦力、燃烧室内阻等参数进行测量。

本章按照测量对象对温度、热流、组分浓度、推力/阻力、流量等参数的测试技术在燃烧流场中的应用情况进行介绍。

7.1 一般参数测量技术

燃烧流场具有高温火焰辐射和气-凝两相复杂流动的特点,一些常用的接触式流动参数测量手段在充分考虑高温、高压和高速测量环境的情况下,也可以用于快速获取燃烧流场温度、热流、组分浓度等一般参数信息。

7.1.1 温度测量

目前,主要的高焓气流温度测量方法有[1]:①膨胀式测温;②电量式测温;③接触式光电、热式测温;④辐射式测温;⑤光谱法测温;⑥激光干涉测温;⑦声波、微波法测温。前面三种方法属于接触式测量,在高速气流中常用的热电偶测温属于电量式测温。热电偶测温需将热电偶侵入流场中,虽然会对流场产生一定的影响,但可以快速地测量高焓气流的温度,方法简便,精度高,对被测环境适应性强,相应的配套仪器比较简单,因而广泛应用于 2500K 以下的温度测量中。

为在高速气流中获得准确的总温测量结果,通常需要为热电偶专门设计滞止室(或称为屏蔽室),组成各种类型的总温热电偶,以便在热电偶结点处获得适当的滞止测量环境,减小测量误差。

总温热电偶广泛应用于高焓高超声速地面设备的流场校测。在 AEDC/VKF 研究中心 C 风洞的马赫数 4 气动热风洞中采用单屏蔽热电偶探针进行总温测量[2]。其屏蔽室选用不锈钢材料,外径为 1.65mm,壁厚为 0.228mm;热电偶丝结点距屏蔽室入口 12.7mm;距探针入口 14.224mm 处开有两个对称分布的直径 0.4064mm 的溢流孔;热电偶丝材料为镍铬-镍铝。该总温热电偶在风洞稳定段进行总温测量时误差不超过 3%。AEDC 高超声速风洞(喷管马赫数为 6、8、10)在 1991 年校测[3,4]时,校测排架上安装有 43 只外径 2.3622mm 的皮托压力探针、25 只外径 1.651mm 的单屏蔽总温热电偶和 3 只外径 7.9248mm 的流向角探针,其中总温热电偶与上述探针结构相同。在每种马赫数下,总温测量的误差小于 1%,没有修正的总温测量结果误差为±2%。

国内对总温测量进行了许多研究,但用于高焓高超声速风洞测量的不多。饶文成[5]曾在 FD-20 炮风洞上利用研制出的耐冲击的快速响应热电偶对前室总温进行直接测量,热电偶材料为镍铬-镍硅,试验状态为马赫数 8,总温 960~1360K,测量误差 10%~16%。王世芬[6]在 JF8 高焓激波风洞上分别采用激波马赫数、驻点热流率和皮托压力、带屏蔽热电偶(热电偶材料为镍铬-镍铝)三种测试技术测量气流在马赫数为 6.5 状态下的总温,比较了三种测试技术及其精度,考核了自制的总温热电偶特性。李向东等[7]选择铂 30-铂铑 6 热电偶丝,设计了合理的热电偶结构,实现了在高温高超声速风洞内的长时间重复使用,总温恢复系数达到 98.2%。卢传喜等[8]针对国内几家主要单位用于超燃冲压发动机试验的不同口径燃烧风洞进行了流场校测,利用总温热电偶技术完成了风洞温度场测量,为超燃冲压发动机试验数据分析提供了参考。

Moeller 等[9]在涡喷发动机燃气总温测量中使用了结构如图 7-1 所示的纵向单屏蔽总温热电偶。水冷流场耙架上安装了 3 只总温热电偶,为测量燃气产生的高温,使用了 SiC 材料和钨铼热电偶。SiC 屏蔽罩外径为 9.5mm,侧壁有 4 个孔径为 2mm 的放气孔,C 型钨铼热电偶封装在外径为 3.2 mm 的 SiC 保护管内以防氧化。

赵检等[10]为测量某导弹发动机燃烧室出口气流温度,采用单屏蔽直吹式探针结构,对丝径 0.50mm 的 WRe5-WRe26 镀膜,该传感器因丝径及热结点(包括邻

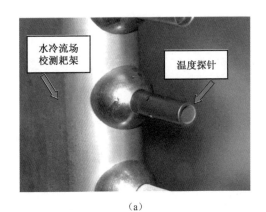

（a）水冷流场校测耙架　温度探针

（a）　　　　　　　　　　　　　（b）

图 7-1　涡喷发动机燃气总温测量

（a）总温热电偶和水冷耙架；（b）测量燃气总温。

近的绞合结点）较大,响应速度较慢,时间常数为 1.2s,发动机点火工作 4s,试验结束前温度未达到稳态,采集到最高点的热电势换算成温度值为 2077K。同时指出,若将热电偶丝直径由 0.50mm 减小为 0.30mm,热电偶丝热结点相应减小,时间常数将减小为 0.6s,可用于氧化性环境的瞬态超高温测量。

王辽等[11]开展了基于总温测量的超燃冲压发动机燃烧效率研究,总温热电偶外壳为 Ta10W 材料,丝径为 0.5mm 的 WRe5-WRe26 作抗氧化涂层(混合陶瓷抗氧化材料,电子束镀膜工艺),滞止罩为横向进气半屏蔽结构,内部安装了 2 只热电偶(图 7-2(a),T_1 测量气流温度,T_2 测量滞止罩内壁温)。在 $Ma_\infty = 6.0$,油气比为 1 条件下测量了燃烧室出口总温(图 7-2(b)),响应速度较快,在发动机试验结束前约 1s 温度达到稳定,测量气流温度的 T_1 传感器读数为 2538K,计算修正后为 2667K。

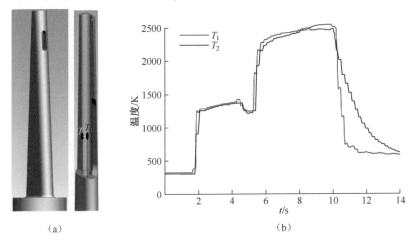

（a）　　　　　　　　　　　　　　（b）

图 7-2　总温传感器结构及燃烧室出口温度测量结果

（a）总温传感器结构；（b）燃烧室出口温度测量结果。

7.1.1.1　总温热电偶的工作原理

高焓高超声速总温热电偶通常采用半屏蔽结构,由滞止室、热电偶丝、绝缘管和支杆等组成,如图 7-3 所示。高速气流通过滞止室时速度降至很低,使气流的温度接近总温,通过测量热电偶丝产生的热电势得到气流温度值;滞止室可以避免紊态气流的横向冲击,减小热电偶丝的动载荷,从而延长电偶丝的使用寿命;为了补偿热传导和热辐射带来的温度损失,在滞止室后端开适当的溢流孔,不断地更新探针头部的滞驻气体;利用绝缘陶瓷管把支杆和热电偶引出线之间进行隔离[12]。

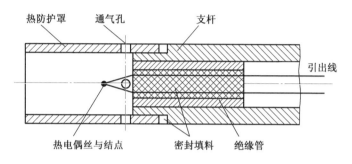

图 7-3　总温热电偶结构

总温热电偶在使用过程中存在热传导、对流传热和辐射传热三种传热方式,其热量的传递路径如图 7-4 所示[13]。

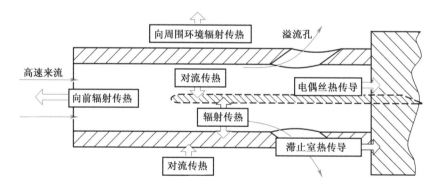

图 7-4　总温热电偶热量传递路径

热电偶丝的沿程温度分布曲线如图 7-5 所示。

从图 7-5 可以看出,由于存在传导和辐射传热,热电偶丝结点的指示温度 T_i 低于滞止室内有效的气流温度 T_g。另外,气流在滞止室内时并不能完全滞止,气

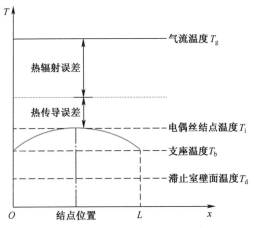

图 7-5　热电偶丝的沿程温度分布曲线[12]

流的有效温度 T_g 高于气流静温 T_s 而又略低于气流总温 T_t。这些差别通常用温度恢复因数表示：

$$\Gamma = \frac{T_i - T_s}{T_t - T_s} \tag{7-1}$$

7.1.1.2　总温热电偶的测量误差

总温热电偶的测量误差来源主要包括速度误差（气流实际上并不能全部被滞止）、导热误差（沿热电极传导损失的热量）、辐射误差（热端向周壁的辐射放热）。因此，总温热电偶的设计目标是在热电偶丝结点处建立一种适当的流动环境，利用各种热平衡减小各种测量误差，从而准确地测量出气流的总温。在设计总温热电偶时要对误差进行分析，通过改进结构尽量减小各项误差。总温热电偶的总误差为

$$E_t = E_u + E_k + E_r \tag{7-2}$$

式中　E_u——速度误差；

　　　E_k——热传导误差，

　　　E_r——辐射误差。

下面对各项误差进行说明及分析[12]。

1. 速度误差

由于热电偶丝结点处气流实际上并不能被完全滞止，在气流总温和电偶丝绝热壁面温度之间会存在差值，这就是速度误差。当不考虑各种热损失时，速度误差可表示热电偶指示温度与气流总温之间的差值，即

$$E_\mathrm{u} = T_\mathrm{t} - T_\mathrm{i} = (1 - \varGamma) \frac{\dfrac{\gamma - 1}{2}Ma_\mathrm{i}^2}{1 + \dfrac{\gamma - 1}{2}Ma_\mathrm{i}^2} T_\mathrm{t} \qquad (7\text{-}3)$$

式中　Ma_i——滞止室内气流流动的马赫数;

　　　γ——气体的比热比。

式(7-3)可以变换为指示温度与气流总温的比值,即

$$\frac{T_\mathrm{i}}{T_\mathrm{t}} = 1 - (1 - \varGamma) \frac{\dfrac{\gamma - 1}{2}Ma_\mathrm{i}^2}{1 + \dfrac{\gamma - 1}{2}Ma_\mathrm{i}^2} \qquad (7\text{-}4)$$

对于空气,比热比取 1.4,$T_\mathrm{i}/T_\mathrm{t} = f(Ma_\mathrm{i})$ 的关系曲线如图 7-6 所示。

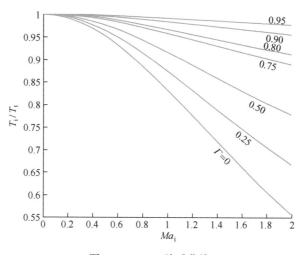

图 7-6　$T_\mathrm{i}/T_\mathrm{t}$ 关系曲线

降低滞止室内气流马赫数,可以减小滞止室绝热壁温度与气流总温之间的差值,因此通过降低探针内流动的速度可以减小速度误差。当探针内流动速度降低时,气流通过对流传热传给热电偶结点的热量也相应减小,由此带来热传导和热辐射误差的增加。因此,需要综合权衡探针内流动速度的减小程度与测量总误差之间的关系,即探针内流动速度减小不能导致测量总误差增加。在应用时,滞止室内的流速可以通过改变入口和溢流孔面积比来控制,并通过计算和试验相结合的方法确定最佳面积比。

2. 热传导误差

放置于高速气流中的总温热电偶,为了抵抗气流颤振以及延长使用寿命,热电

偶丝须具有一定的直径,因此沿电偶丝的传导热量损失不能忽视。不考虑其他误差,热电偶的指示温度 T_i 总是低于其周围气流的温度 T_g,热传导误差为

$$E_k = T_g - T_i = \frac{T_g - T_b}{\cosh\left[L\left(\dfrac{4h_c}{D_w k_w}\right)^{\frac{1}{2}}\right]}$$ (7-5)

式中 h_c——对流换热系数;

     L——热电偶丝的长度。

热传导误差是关于电偶丝直径、长度及电偶丝物性和探针支撑处温度的函数。减小热传导误差最实用的方法是增大电偶丝长度和减小电偶丝直径,因为电偶丝的物性在选择电偶丝型号时已确定,而电偶丝型号是根据测量温度进行选择的。

3. 辐射误差

气流通过滞止室时,速度降低,气流静温上升并接近总温,电偶丝所处的温度水平要高于周围其他部分。由于向周围自由来流气体传递大量热量,滞止室的温度较低。当热电偶的导热损失可以忽略不计时,它会向温度低的周壁辐射热量,造成辐射误差。主要的热辐射传递引起的辐射误差为

$$E_r = T_g - T_i = \frac{1}{h_z}\frac{\sigma\varepsilon_w}{1 + \dfrac{D_w^{\ 2}}{D_z^2}(1 - \varepsilon_w)}(T_i^4 - T_d^4)$$ (7-6)

式中 D_z——滞止室内径;

     h_z——气流与滞止室壁面的对流换热系数。

根据式(7-6)可知,提高滞止室的温度可以大幅度减小热辐射误差,尤其是紧邻着电偶丝结点处的温度。为了提高滞止室的温度,可通过增大其内部的气流速度来增加气流对滞止室壁面的对流换热,也可以通过增加长度和减小厚度来减小沿滞止室的热传导热量损失。另外,应选择辐射系数小的滞止室材料,以减小滞止室对周围气流的辐射传热,从而减小辐射误差。

7.1.1.3 总温热电偶的设计

为了设计出温度恢复系数高和温度响应时间短的总温热电偶,需从以下四个方面进行综合考虑:

(1) 电偶丝结点周围建立环形的气流滞止室,使气流在与热电偶接触之前先减速,增强滞止效应并避免热电偶直接经受高温气流冲击。

(2) 滞止室应设有溢流孔,以保证电偶丝结点附近的气流连续流动,改善热交换条件,减小热惯性。

(3) 温度恢复系数值及稳定性主要由冲击感温元件的气流条件确定,需要合

理选择滞止室的主要结构尺寸,特别是滞止室出入口的面积比。

（4）对总温热电偶温度响应速度影响较大的是热电偶结构尺寸,需重点考虑电偶丝直径和长度对响应时间的影响。

下面就总温热电偶的滞止室结构和热电偶的尺寸进行分析。

1. 滞止室设计

滞止室只是为热电偶提供一个合适的局部环境,不能改变热电偶的测量特性。滞止室对气流起到滞止作用,设将流过热电偶裸露热电极的气流速度降低到一定程度,提高温度恢复系数,从而使速度误差减小到允许范围。另外,要求滞止室尽可能薄,以及合理选择滞止室材料,这样既可以补偿热传导损失,又可以减小热辐射损失。

滞止室设计的关键是如何使气流迅速并充分地滞止,减小测量误差。设计时需要权衡的重要结构尺寸为出、入口面积比、滞止室入口直径。另外,电偶丝结点位置和溢流孔的位置也要仔细考虑。

（1）出、入口面积比。出、入口的面积比决定了滞止室内气流流动的马赫数,而根据式(7-4)可知,速度误差是关于内流动马赫数的函数。为了得到一个合适的结果,内流动马赫数应该尽可能小,使速度误差很小;但带来了大的热传导误差和辐射误差,这些相反的因素使得总测量误差只能在特定的内流马赫数取得最小值。根据试验标定经验[14],内流动马赫数控制在 0.08~0.12,可使总测量误差降至较低水平。

总温恢复系数是热电偶结点与滞止室两个滞止效应的综合结果。由于滞止室的出、入口面积不同,造成内部气流马赫数不同,故温度恢复系数与出、入口面积和自由来流的马赫数有关。当自由来流为超声速,溢流孔出口为声速时,随着出、入口面积比的减小,温度恢复系数增大;但同时滞止室内气流速度会减小,导致热传导误差和辐射误差增大。综合考虑以上因素,并根据试验应用结果,给出了较合适的面积比:

$$0.1 \leqslant \frac{A_o}{A_i} \leqslant 0.2 \qquad (7-7)$$

如果出口、入口面积比小于 0.1,则会增加惯性时间,温度响应过程变长,增大热传导与辐射误差;面积比太大,又会降低温度恢复系数。

（2）滞止室内径。总温热电偶用于高温测量时,热电偶与滞止室之间的辐射热传递变成主要影响因素,从式(7-6)可知,滞止室的内径 D_z 对辐射误差有影响。辐射误差

$$E_r \propto \cfrac{1}{1 + \cfrac{D_w^2}{D_z^2}(1 - \varepsilon_w)} \qquad (7-8)$$

从式(7-8)可以看出,辐射误差随滞止室内径的增大而增大。因此,为了减小热辐射误差,入口直径应尽可能小。采用较小的滞止室内径,可以减小热电偶结点对滞止室前冷气流的热辐射可视立体角,因此可以减小向低温来流的热辐射。另外,较小的滞止室热惯性较小,可以迅速达到热平衡,提高总温热电偶的温度响应速度。但是,在实际应用时要考虑电偶丝的大小,滞止室内径不能做得太小,太小会使热电偶结点淹没在滞止室壁面的附面层中,影响探针的测量精度。

(3) 滞止室长度。电偶丝结点位置和溢流孔位置决定了滞止室长度。为了减小热电偶结点向滞止室入口前面气流的热辐射以及减小流动角变化的影响,结点应放置在距滞止室入口处2~3倍直径处;为使气流有效滞止,溢流孔应开在热电偶结点位置稍后的侧壁上[15,16]。滞止室的长度应为

$$L_z > (2 \sim 3)D_z \tag{7-9}$$

2. 热电偶设计

(1) 电偶丝材料。对电偶丝材料选择的主要要求如下[17,18]:

物理性能稳定。在物理性能方面要求偶丝材料在高温下不产生蒸发或结晶。蒸发除使电偶丝热电极变细容易折断外,还会使热电极之间互相污染,导致热电势发生变化;结晶会引起热电势的变化。

化学性能稳定。在测量温度范围内抗氧化或抗还原性能好,不受化学腐蚀。

测量温度范围宽。选择偶丝材料时最好选用熔点高、饱和蒸气压低的金属或合金,这样的电偶丝不仅测量温度高,而且测量温度范围广。

热电性能好。热电势与温度之间呈线性或近似线性关系;微分热电势大,提高测量灵敏度;稳定性好,即在测量温度范围内经过长期使用后热电势不发生变化,或在规定的允许范围内变化;复制性好,即用同种材料和工艺制造的热电偶,其热电势均符合分度表的规定数值,这样便于大批量的生产,互换简单。

电导率高,电阻温度系数小。

有良好的机械加工性能,焊接性好。

(2) 电偶丝直径。对工作时间在毫秒量级的脉冲燃烧风洞来说,总温热电偶的快速响应尤为重要,而电偶丝的直径大小是影响整个总温热电偶时间常数的主要因素。

电偶丝越细,热电偶的热容越小,上升到稳定温度的时间就越短,温度响应就越快。在实际测量中,热电偶放置于高速气流中,气流冲击力较大,电偶丝的直径细,抗冲击能力弱,强度不够影响测量结果。在选择电偶丝直径时,要综合考虑实际的测试环境。

(3) 电偶丝长度。沿着电偶丝长度方向上的热传导误差与电偶丝的长度相关,其随着电偶丝长度的增加而减小。另外,电偶丝的长度影响到电偶丝结点在滞

止室中的位置,而滞止室中结点位置决定了结点对探针前面低温气流的可视立体角。随着电偶丝长度增加,结点与滞止室入口距离减小,使可视立体角增大,导致辐射误差增大。由电偶丝响应过程的数值计算可知,电偶丝长度还会影响热电偶的温度响应过程,其越长,温度响应时间越短。

在高温环境的应用中,电偶丝长度存在一个合适的值,使热传导误差和辐射误差减到最小,并使电偶丝的温度响应迅速。这个值的选择依赖于探针的几何形状和气流的流场参数。根据经验,电偶丝长度一般取电偶丝直径的 20~40 倍。

7.1.2　热流测量

一直以来,各类飞行器都在朝着更高、更快的方向发展。对于高超声速飞行器的研究和设计来讲,高超声速飞行条件下飞行器表面的气动热问题一直是研究的重点和关键技术。地面高超声速试验设备是研究和预测高超声速飞行器气动热十分重要的手段,其试验结果为气动热的理论分析和防热设计提供依据。

获取热环境数据的途径有风洞试验、理论分析计算、飞行试验等多种手段。由于飞行试验成本高,高超声速条件下的理论计算非常困难,且需要大量的试验进行验证。地面高超声速试验设备是研究和预测高超声速飞行器气动热十分重要的手段,其试验结果可以为气动热的理论分析和防热设计提供依据。

在发动机燃烧室内有燃烧、附面层分离和激波干扰等复杂的物理化学现象,引起复杂的热流分布和局部区域热流峰值的出现,容易出现防热漏洞或薄弱环节,发动机壁面热流对发动机防热结构设计、燃烧室燃烧效率评估等具有重要作用,通过测量发动机壁面温度、热流可以为气动热的理论分析和防热设计提供依据,因此,发动机壁面热流、温度测量在确定发动机防热结构、热环境管理方面具有不可替代的地位。

7.1.2.1　热流测量方法

按照是否与待测物体接触,热流测量方法分为非接触式与接触式。

对于非接触式测量,目前国内外先后发明了红外热图技术及相变热图技术。红外热图技术是通过红外热像仪测量模型表面的温度分布,得到红外热图和温度/热流曲线。相变热图技术是在待测表面喷涂具有一定相变温度的相变涂料,进行大面积测绘的试验技术。红外热图技术是一种面测量技术,在发动机前体的长时间风洞试验中得到了广泛应用;但是必须使用红外热像仪照射待测表面,而且反应时间较长(秒级)。相变热图技术与红外热图技术相类似,燃烧室剧烈的化学反应会对相变涂料产生很大的影响。

接触式热流测量技术需要面对瞬态测量及长时间测量两种情况。瞬态测量主要有表面温度计类及量热计类,长时间测量主要是量热型的。

　　表面温度计类的瞬态测量主要使用的热流传感器大都为薄膜电阻温度计,该传感器是根据金属电阻随温度变化的特性,利用在某些衬底材料表面上形成的金属薄膜测量表面瞬时温度变化,进而导出表面热流。薄膜传感器测得的温度-时间变化曲线,可经数值积分或热电模拟网络转换获得模型表面热流。它具有灵敏度高,响应时间快,制作灵活的特点,是暂冲式高超声速设备上常用的热环境测量传感器。由于受自身特点的约束,薄膜电阻温度计(简称薄膜传感器)在连续式高超声速风洞试验或喷流试验中应用时,其表面镀膜和基体材料在强热流、长时间的冲击下会很快熔化,无法完成热流测量任务。同时,这类传感器受来流影响较大,难以进一步提高热流测量精度。

　　量热计类的瞬态测量大多使用薄壁量热计。该技术是一种点测量手段,利用金属薄壁做成整个模型,或把薄壁限制在感兴趣的范围内,薄壁上嵌有热电偶,来感应壁内温度变化,从而导出热流值,达到测量热流密度的目的。应用薄壁量热计技术时,测温元件和薄壁模型的连接是非常重要的环节,要求热电偶的接头必须在模型的正面,热电偶和模型壁有良好的热接触且连接牢固,连接点周围模型壁厚度均匀,与实际要求的厚度一致,故最好采用激光速焊来实现热电偶与模型的连接。薄壁量热计的优点是:既可测量模型上的驻点热流密度,又可测量各种形状模型上的热流密度分布;既可测几十千瓦每平方米的低热流密度,也可测高达几万千瓦每平方米的高热流密度。但是,薄壁量热计的制作较为复杂且工艺要求较高,在一些强冲击的试验条件下连接点可能被损坏,造成测量数据的缺失。

　　长时间的热流测量使用最多的是水卡量热计。该技术是基于能量平衡原理,具有测量热流范围广($10kW/m^2 \sim 60MW/m^2$)、能够承受长时间加热的优点。但是,在稳态、低热流(几十、上百千瓦每平方米量级)试验状态下,只有当水卡量热计的量热截面积较大($\phi20mm$左右),冷却水流量很小(几克每秒量级)时,才可能得到几摄氏度的温差,这样,必然会对冷却水流量以及温差的测量精度要求很高。目前,长时间热流测量研究较多的是塞块量热计,其结构相对简单,适用于大量制作,而且具有较高的灵活性,可以应用于多种试验条件。

7.1.2.2　热流传感器设计

1. 薄壁量热计

　　薄壁量热计结构见图7-7所示,传感器外是一个不锈钢外壳,中间为隔热层,隔热层中间为热电偶,热电偶顶端焊有厚度0.2mm的薄片,薄片用铜箔制成。

　　薄壁量热计利用量热元件(铜箔)吸入热量,测量量热元件的平均温度变化率,再计算表面热流率。假定铜箔背面及侧面绝热,则单位面积铜箔在某一时间间隔传入其中的热量应等于铜箔积蓄的热量,即

$$q \cdot \Delta t = (\sum \rho c_p \Delta T) \cdot \Delta X \tag{7-10}$$

式中　q——热流（W/m^2）；

　　　Δt——间隔时间（s）；

　　　ρ——材料密度（kg/m^3）；

　　　c_p——比热容（J/(kg·K)）；

　　　ΔT——温差（K）；

　　　ΔX——薄壁厚度变化（m）。

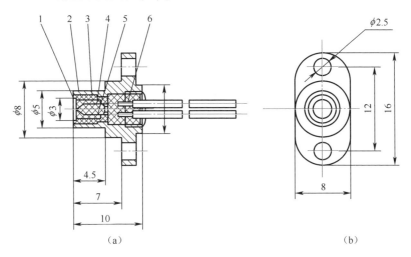

图 7-7　热流传感器结构

1—铜–康铜热电偶；2—隔热层；3—外壳；4—铜丝；5—康铜丝；6—绝缘管。

式（7-10）取极限，可得

$$q = \int_0^t \rho C \frac{\partial T}{\partial t} \mathrm{d}X \tag{7-11}$$

假设铜箔的热特性是均匀的，及 ρ、C 为常数，则有

$$q = \rho C \int_0^t \frac{\partial T}{\partial t} \mathrm{d}X = \rho C l \frac{\mathrm{d}T}{\mathrm{d}t} = k \frac{\mathrm{d}\overline{T}}{\mathrm{d}t} \tag{7-12}$$

式中　$\overline{T}$——铜箔平均温度（K）；

　　　k——导热系数（W/m·K）；

　　　l——铜箔厚度（mm）；

这样，只要测出铜箔平均温度变化率，即可计算热流率。

热电偶的热电势 $E(t)$ 与平均温度 $\overline{T}$ 的关系为

$$E(t) = B\overline{T} \tag{7-13}$$

式中　B——常数。

$$\frac{\mathrm{d}E(t)}{\mathrm{d}t} = B\frac{\mathrm{d}\overline{T}}{\mathrm{d}t} \tag{7-14}$$

于是,有

$$q(t) = \frac{k}{B}\frac{\mathrm{d}E(t)}{\mathrm{d}t} \tag{7-15}$$

因此,只要测出热电势的变化曲线,经过适当的运算,即可得到热流率。

在实际测量中,平均温度是难以测量的,一般是测量某一点的温度代替平均温度。

2. 塞块量热计

塞块量热计的工作原理是:通过测量塞块内能(温度)的变化得出热源(气流)传递给塞块的热量,对时间微分即可得出加载于塞块表面的热流率。塞块量热计的塞块通常采用等截面的圆柱形式,温度变化利用热电偶来测量,典型的结构如图7-8所示。

在塞块量热计的设计和使用过程中,主要考虑响应时间和塞块温升。在实际测量中,一般希望量热计的响应时间越短越好,尤其测量非稳态热流时更是如此。同时,塞块温升需控制在材料或热电偶的许可范围内。量热计的响应时间和塞块温升与多种因素有关,如塞块的热特性、塞块的厚度等,而且两者之间也存在着依赖关系,因此量热计的设计需权衡各种相关因素,结合具体的测量需求来进行。

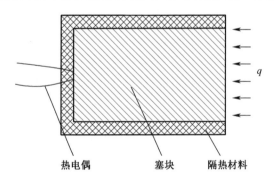

热电偶　　　　塞块　　隔热材料

图7-8　塞块量热计示意图

对于如图7-8所示的塞块量热计,由能量平衡原理可得出加载于表面的热流 q 与塞块温度变化率 $\frac{\mathrm{d}T}{\mathrm{d}t}$ 的关系为

$$q = \rho c_p l\frac{\mathrm{d}T}{\mathrm{d}t} \tag{7-16}$$

式中　t——时间;

　　　q——表面热流;

　　l——塞块厚度；

　　ρ , c_p——塞块的密度、比热容。

　　根据热传导理论，若忽略横向与背面热传导的影响，可知量热计内温度分布为

$$T(x,t) - T_0 = \frac{ql}{k}\left[\frac{kt}{\rho c_p l^2} + \frac{3x^2 - 6xl + 2l^2}{6l^2} - \frac{2}{\pi^2}\sum_{n=1}^{\infty}\frac{(-1)^n}{n^2}e^{-\frac{kt}{\rho c_p l^2}n^2\pi^2}\cos\frac{n(l-x)\pi}{l}\right]$$

$$(7-17)$$

式中：下标 0 表示初始状态；其他符号含义与式（7-16）相同。利用式（7-17）可以得出控制响应时间和表面温升的相关参数。

7.1.2.3　热流传感器应用

1. 薄壁量热计

　　中国空气动力研究与发展中心利用薄壁量热计对脉冲燃烧风洞燃烧室模型下壁面的热流分布进行了测量。图 7-9 为马赫数 5、6 试验状态下燃烧室下壁面的热流分布，反映了燃料加入后在燃烧室产生燃烧，导致燃烧室壁面热流上升。

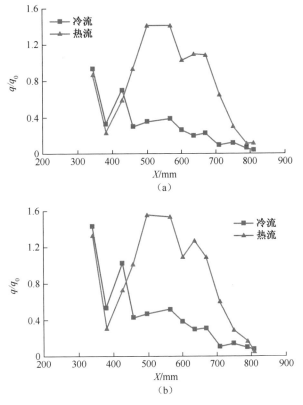

图 7-9　燃烧室下壁面热流分布薄壁量热计测量结果

（a）马赫数 5 试验状态；（b）马赫数 6 试验状态。

2. 塞块量热计

中国空气动力研究与发展中心和中国科学院力学研究所应用研制的塞块量热计,在超燃冲压发动机试验中进行实际测热试验。测量得出的典型温度如图 7-10 所示。试验持续时间约为 5s,塞块温升由 3 段斜率不同的线段构成,最大温升约为 110K。这表明,该量热计工作在较佳设计范围内。根据得到的温度信号得出的热流变化如图 7-10(b)所示。从图中可以看出,该量热计的响应时间约为 0.5s,最大热流为 $1.6MW/m^2$,可满足试验时间较长的超燃冲压发动机测热试验需求,所得到的阶梯形的热流变化反映出流场经历了建立、燃料注入和稳定燃烧的过程。

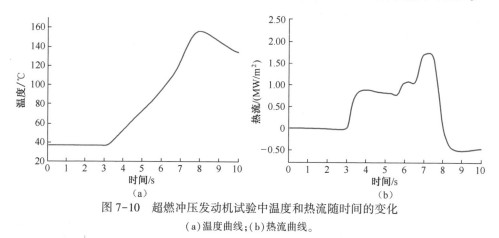

图 7-10　超燃冲压发动机试验中温度和热流随时间的变化
(a)温度曲线;(b)热流曲线。

7.1.3　组分浓度测量

7.1.3.1　概述

对燃烧室出口气流的组分浓度进行测量进而分析发动机的燃烧情况是超燃冲压发动机性能分析中经常采用的方法。目前较常用的气流组分测量技术有如下两种:

(1)接触式探针取样测量技术:利用取样探针从气流中快速采集气体样品,同时采用冷却、膨胀等手段抑制化学反应的进行,最后利用相关气体分析仪进行组分分析。

(2)非接触式光谱测量技术:利用光谱测量技术,获得气流中特定组分,如 N_2、H_2、O_2、OH、CO 和 H_2O 等的谱线,根据谱线强度分辨出对应的各种组分的浓度。

探针取样测量法虽然会对流场产生一定干扰,但系统相对简单,操作简便,造价较低,可以通过多点测量获得全场浓度分布,有利于非均匀分布燃气的衡量。

探针取样测量法基于取样过程中化学反应冻结、气体组分保持不变,而在超声速燃烧室出口的高温、高速氧化条件下保持气体组分不变是比较困难的。20 世纪 60 年代,国外开始针对高焓高超声速气流取样技术进行研究,并推测膨胀骤冷和对流冷却联合作用可以应用于超声速流动状态下的反应气体取样分析。1974 年,

Anderson[19]利用水冷取样测量系统在燃烧室出口处同时检测到未反应的氢气和氧气。Colket 等[20]对内径 0.075~2mm 取样探针内的流动进行了研究,证实了对于具有合适管道形状及较大压比条件的小管道,超声速流动是可以建立的,而且传统的流体力学规律也是完全适用的,为采用膨胀冷却快速冻结化学反应的取样探针设计提供了理论基础。90 年代,Mitani 等[21-24]采用有截面变化、有对流换热和有摩擦的一维流动模型和简化化学反应模型对超声速流动状态下的 H_2-Air 反应系统和 CH_4-Air 反应系统的化学反应冻结进行了研究。结合试验研究,证实了在超声速反应流中进行气体取样,并通过膨胀扩张和对流冷却进行化学反应冻结是可行的,最终将该技术应用于超燃冲压发动机燃烧效率的测定。2004 年,Ciezki 等[25-27]利用水冷气体取样系统进行了中间燃烧产物的测定,进而研究了超燃冲压发动机燃烧室内部的燃烧过程。Hiraiwa 等[28]利用气体取样方法获得了马赫数 6 条件下发动机尾喷流及火焰的局部/总体燃烧和混合特性,进而研究了发动机燃烧过程。

在国内,中国科学院力学研究所高温气体动力实验室自 2004 年建立了一套可适应于超燃冲压发动机的探针取样/色谱分析系统,对不同的燃烧状态进行取样分析,得到了燃烧效率沿发动机燃烧室出口的分布情况[29,30]。2006 年,郑必可等[31]使用了两次膨胀结构取样探针,进行了取样过程计算分析及试验系统冷热态校核,并对燃烧室尾气进行了取样分析及燃烧效率推算,所得结果与燃烧室壁面静压测量结果相吻合。2013 年,张亚[32,33]采用 CFD 计算和 PIV/纹影试验相结合的方法,分析了取样探针头部绕流和探针内流场,并进行了校核实验。

伍军等[34]利用脉冲燃烧风洞试验平台发展了瞬态组分测量技术,取样时间可以控制在 100ms 左右(图 7-11),风洞试验气流氧气含量的测量值与按配气参数计算得到的理论值吻合较好,偏差不超过 5%,并能够准确地反映出配气参数变

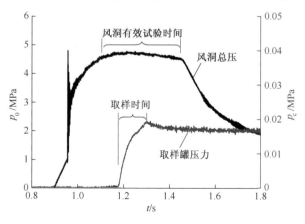

图 7-11　探针取样组分测量系统控制时序

化对试验气流组分的影响。利用该系统对燃烧工况下直连式燃烧室模型出口不同位置燃气中 H_2、O_2、N_2、CO、CO_2、CH_4 和 C_2H_4 等气体组分进行了测量,获得了组分空间变化情况。

7.1.3.2 组分测量系统原理及组成

组分测量系统的原理:取样探针进行气体采样时,高焓超声速气流在探针内部经过突然加速骤冷,化学反应被冻结,随之气流在探针内由于摩擦作用而减速,同时通过壁面的冷却使得气流的温度和压力保持在合适的范围内,即在减速的同时,使气流的温度下降以致化学反应不会再度进行,取出的样气通过相关气体分析仪进行组分分析。取样系统主要由取样探针、排架、快速阀、气体样品储存罐和压力传感器等组成。气体分析仪可以采用气相色谱仪、红外气体分析仪、化学发光发气体分析仪和热导式气体浓度传感器等,如图 7-12 所示。

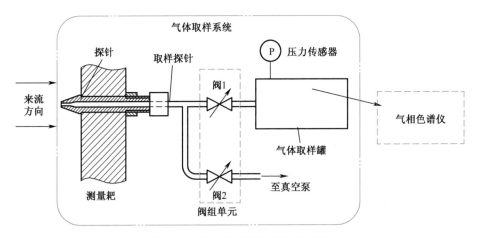

图 7-12 组分测量系统结构示意图

7.1.3.3 取样探针的设计

取样探针设计的关键是使试验气体进入取样探针后能够迅速地冻结化学反应,所采集到的气体样品能够真实地反映当地化学组分。由阿伦尼乌斯方程可知,温度是影响化学反应速度的重要因素,因此如何迅速冻结化学反应可以归结为在采样过程中如何快速将气样温度降低至反应温度以下。从实施角度而言,如何在尽量减少探针迎风面积的同时保证有效的冷却是探针设计的一个难点。

根据以上的分析,可确定取样探针的设计关键之处:

(1)探针头部应有一定锥度,在探针入口处不产生脱体激波,以免发生组分优先采样现象,使采集到的气体组分发生改变。

(2)探针内流道应存在面积突扩,使气流流动时气流温度下降,以保证采样过程中实现组分冻结。

（3）探针口径大小应合适，以保证能够采集到足够的气量。

7.2　天平测力技术

风洞作为开展空气动力学和飞行器、发动机性能研究的最重要、最常用、最基本的试验设备，可以开展多种类型的试验。根据试验对象和试验目的的不同，逐渐发展出种类繁多的试验方法和测试手段。在众多试验类型中，测力试验[36-40]占有绝对重要的地位，尤其对于新概念飞行器、发动机的研究过程中，自始至终伴随着对气动特性的研究。获得飞行器气动性能的途径大致有理论计算、模型自由飞和风洞试验。从数据可靠性、效率、经济性和技术风险等方面综合考虑，无疑风洞试验是最可靠、经济、高效的方法。在风洞中获得飞行器气动载荷可以通过测量壁面压力，再积得到；对于发动机，可以测量进、出口动量差，从而获得推阻特性；最常用、最可靠的方法是利用天平直接测量。天平测力试验是风洞试验中最基本的试验项目，而天平作为测力试验中的核心受到业界的高度重视，从而得到长足的发展，促进了测力试验技术的发展。

风洞测力试验系统[37-40]，除提供试验所需来流条件的风洞设备外，还需要模型系统、天平、支架系统和数据采集处理系统。对于常规生产型风洞，由于流场品质较好、相关数据库积累丰富和配套的标准齐全，测力试验数据误差主要是由天平引起的。对用于超燃冲压发动机试验研究的风洞设备，由于其要求参数的特殊性，目前的主力设备采用化学加热的方式，流场品质相对较差，配套的数据积累和标准尚在完善过程中。因此，在设计测力试验方案或研究试验过程中，除尽量提高风洞来流品质和加强监测外，必须综合考虑模型、天平和支架，采用系统优化的思路，不可追求单一部件的最优设计。模型系统首先应该满足几何相似，实现研究需要的所有功能；其次应该具有足够的强度和刚度，同时质量要小。在不做弹性角修正的试验中，模型在最大气动载荷条件下，变形量不超过±3′。天平静态指标参照 GJB 2244A—2011《风洞应变天平规范》和 GJB 4232—2001《激波风洞压电天平设计准则》执行，重点应关注天平的动态性能、正反行程特性的一致性和对模型的适应能力。支撑系统包括攻角系统要具有足够高的刚度、合理的外形，与模型特征尺度的比例足够小。测力系统的整体固有振动频率要求远高于气动载荷的波动频率，系统响应时间远小于试验有效时间，具体指标与风洞的实际运行特性和试验模型的工作过程及状态数有关。

超燃冲压发动机测力试验的测试对象是超燃冲压发动机，包括进气道、燃烧室和尾喷管等发动机的全部功能部件。测力技术属于特种试验技术，在测力方案设计过程中，必须综合考虑进气道试验、喷流试验和通气模型试验的要求，参照相关试验设计要点,优化系统,控制干扰,以获得高质量试验数据。

7.2.1 测力系统应满足的基本要求

发动机开展测力试验,模型一般不能进行大比例的缩尺,导致模型尺度较大;同时,由于模型需要保持较高的刚度,其质量大小能得到有效控制,最大可达 300~1200kg。这对于测力试验极为不利。较大的模型质量降低了天平测量系统的整体响应频率,这对于短时间运行的风洞来说,将导致试验数据测量精度和准度降低。同时,由于是带动力试验,被测载荷变化大,冷态工况轴向力可达 10000N 以上,而热态工况时模型上的轴向力可能接近 0N,甚至反向;而法向力和力矩冷热态变化不大,导致在热态工况下,轴向力相对于法向力和力矩是小量,载荷严重不匹配。载荷的复杂性对测力系统的抗干扰能力、分辨率等都提出了严格的要求。常规结构的测力系统难以满足带动力通气模型测力试验的需要。需要根据风洞特点、一体化模型载荷特征,有针对性地从模型设计、天平研制和风洞试验方案等方面,开发满足以下要求的测力系统:

(1)响应快:风洞有效时间短,模型工作历程多(包括冷流、点火、燃烧、结束)。

(2)天平具备大量程、高分辨率:轴向力变化剧烈,风洞启动,停车冲击载荷巨大;冷流阻力大,剩余阻力小,甚至反向。

(3)模型适应能力强:模型尺度大,刚度适当,结构复杂,内部空间小,存在尾喷流。

(4)支架系统具有足够高的刚度,较小的外形尺度:支架对模型外形的影响、支架与模型之间的干扰需要得到有效控制,加剧了支架的外形和总体尺寸与支架刚度要求间的矛盾。

7.2.2 测力系统方案设计

1. 基本测量原理

在试验过程中,模型天平支架构成一个动态系统。在试验状态下,如果作用在模型上的等效气动力为 F_{air},模型的位移为 S,则系统的动态平衡方程为

$$m\ddot{S} + C\dot{S} + KS = F_{air} \tag{7-18}$$

式中 M,C,K——系统的质量、阻尼和刚度矩阵。

通常阻尼矩阵很小,系统的运动速度也很小,因此阻尼产生的影响可以忽略,不会影响结果的准确性,故有

$$m\ddot{S} + KS = F_{air} \tag{7-19}$$

由此关系式可得两种测力途径:一种是如果系统刚度为 0 或小到可以忽略,就

可由系统的加速度和质量求得气动载荷(这是自由飞模型或加速度计天平测力的理论依据);另一种是假设系统的加速度为 0,则气动载荷与模型系统的位移量成正比(应变天平利用该原理通过天平元件的变形来测量气动载荷)。对于带动力通气模型,由于系统结构复杂、附属系统庞大、技术可实现性等诸多不利因素,采用第一种技术途径风险太大,难以成功。采用第二种技术途径,则天平测量值 F_b 与气动载荷的关系为

$$F_b = F_{air} - m\ddot{S} \tag{7-20}$$

显然,由于脉冲燃烧风洞固有的运行特点,启动时会产生巨大的冲击,系统将被充分激振;有效时间短,系统阻尼小,难以达到平衡状态,即加速度在试验过程中始终存在,则天平信号中必然引入了惯性干扰信号。因此,必须进行惯性补偿才能获得真实的气动载荷。

惯性补偿有两种技术途径:一是利用加速计拾取模型的振动加速度,结合模型质量,实现惯性补偿;二是惯性自补偿,即利用天平信号中含有的加速信号分量,实现惯性补偿。前者适用于模型简单、振型单一、容易调试的系统。带动力通气模型系统复杂,难以获得满足要求的加速度信号,因此不采取此种方法。后者实现的前提条件是:只有气动力信号和加速度信号处于不同的频带,才可以采取滤波等手段提取或去除振动信号分量。而模型天平系统可简化为一个线性连续弹性系统,根据振动理论分析可知,其在外激励下的自由响应是系统的固有频率及其信号频率的线性叠加。因此,测力系统的主要设计难点是控制测力系统的固有频率与气动力频率处于有明显区别的频段,且满足短时间测量的响应要求。

2. 系统方案设计原则

天平自重与模型质量相比,可以不考虑。因此,可以将模型-天平-支架系统简化为单自由度的质点振动。其振动方程为

$$x = a\sin(\omega_0 t + \alpha) \tag{7-21}$$

最大动能为

$$T_{max} = \frac{1}{2}mU_{max}^2 = \frac{1}{2}m\omega_0^2 a^2 \tag{7-22}$$

假设系统的等效刚度系数为 C,那么系统所具有的最大势能为

$$V_{max} = \frac{1}{2}Ca^2 \tag{7-23}$$

根据能量守恒定律可得

$$T_{max} = V_{max} \tag{7-24}$$

即

$$\frac{1}{2}m\omega_0^2 a^2 = \frac{1}{2}Ca^2 \tag{7-25}$$

$$\omega_0^2 = \frac{C}{m} \tag{7-26}$$

所以系统固有频率为

$$f_0 = \frac{1}{2\pi}\sqrt{\frac{C}{m}} \tag{7-27}$$

由以上分析可知:模型质量越大,系统固有频率越低;系统刚度越小,固有频率越低。从而可知,脉冲风洞测力试验对模型质量要求非常苛刻,天平刚度与灵敏度矛盾特别突出。

以试验有效时间约为 300ms 的脉冲燃烧风洞为例,风洞启动约需 10ms,自由流流经模型约需 2ms,煤油注入发动机稳定燃烧约需 5ms,内外流相互作用达到稳定约需 2ms。在整个风洞试验过程中,约有 50ms 的冷流阻力平台和 150ms 左右的推力作用平台。根据实践经验,要获得可信的测量数据,需要在有效时间历程中获得系统响应的三个以上振动周期。在以上主要过程中,如果天平企图准确地反映过程中的某些细节如风洞启动、内外流相互作用等,则天平测量系统的频率响应必须在 1500Hz 以上。显然,目前的技术水平难以实现此指标,因此本测量技术只针对试验过程中的稳态量如冷流阻力和推力效应等测量。据此可确定天平系统的固有频率在 60Hz 以上。在试验条件下,通气模型的气动力信号频率一般在 10Hz 以下,因此,振动信号和气动力信号的频率有明显区别,可以实现惯性干扰的自补偿,获得较好的测量结果。

确定系统的最低固有频率后,根据模型的尺度和工作环境可以大致确定质量,根据上述公式可以计算出系统需要满足的刚度指标。考虑到在一定条件下支架刚度可足够大,设计之初暂不考虑支架的影响,在完成天平、模型设计后,再进行支架刚度的适当调整。根据系统刚度数据,结合测力量程和精度等要求可提出天平的设计指标。模型本身的刚度、结构、质量分布、与天平的连接刚度和相对位置也会对系统的固有频率产生显著的影响,天平、模型和支架三者是密切耦合的,在满足子系统指标的基础上还必须综合考虑一体化设计,才能确保系统获得成功。

3. 测量系统

常规高超声速风洞测力试验通常采用尾支撑方式,同时要求天平支杆尺寸应小于模型底部尺寸的 1/3,以避免天平支架对高超声速流场产生严重扰动,从而破坏飞行器流场或外形模拟而导致气动力测量严重失真。采用腹部支撑天平测量系统进行气动力测量时,支架对测量系统精准度的影响更为严重[41-46]。

由于带动力飞行器几何外形复杂,模型质量大,在脉冲风洞上开展带动力通气模型气动力测量试验时,如果沿用尾支撑方式天平进行气动力测量,支架将对飞行器尾喷流场产生干扰,从而破坏飞行器有效推力效能的发挥,同时尾支撑难以满足支架系统大刚度的要求。因此带动力通气模型不采取尾支撑方式,而采用内式应变天平、腹部支撑的方式来实现气动力的测量。测力系统如图 7-13 所示。模型采用框架式模块化结构,天平与模型的主框架相连,保证模型的气动力载荷有效传递到六分量天平上。天平置于模型内部,天平固定端与支架系统相连。显然,模型支架会破坏模型的外形,同时支架会在一定程度上影响模型的绕流,对测力结果产生干扰。然而,只要支架的尺度与模型相比不大,外形规则,其影响区域会限定在局部范围内,不会产生复杂的波系结构,不至于影响飞行器的内流和尾喷流。而中国空气动力研究与发展中心自主开发的数值评估软件可以很好地评估和预测支架对外流的影响。利用该软件可以评估支架系统对测量结果的影响,有针对性地加以修正,保证试验数据的可靠有效性。

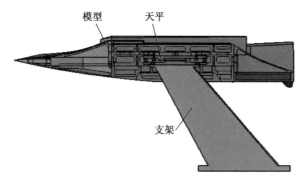

图 7-13　测力系统示意图

7.2.3　长时间风洞测力技术

1. 模型设计

试验模型除满足常规高超声速气动力试验模型设计的一般要求外,还必须针对风洞的实际运行特性采取必要的措施,确保试验安全和数据可靠。为提高试验效率,降低试验成本,模型一般不设计专门的防热结构,依靠模型本身的热沉和材料性能来保证模型在试验过程中的可靠。模型采用组合式框架结构,特殊情况下也可采用焊接式整体结构。模型结构应简单可靠,变形量小,工艺性好,装拆方便;与天平的链接可靠,传力可靠。在满足强度和刚度条件下,必须考虑模型减重,以减轻天平设计的压力。

模型支座刚度要求:在最大气动载荷作用下,模型支座自由端的位移不超过 0.1mm,模型整体偏转角不大于 3′。

2. 天平设计

基于长时间风洞的运行特性、模型尺度与载荷特点等对天平提出的总体要求,在天平设计过程中需要解决的关键技术问题如下：

（1）高分辨率与大载荷的统一。由于发动机模型的工作特性，轴向力载荷的变化范围大，甚至反向；各分量载荷相差很远。在天平研制过程中有针对性地采取了以下方法来保证天平在正、反行程大载荷范围内有好的线性，对小载荷有高的分辨率和强抗干扰能力。①采用整体结构，合理布置轴向力元件。相对常规盒式天平的单轴向力元件，该天平创新性地采用对称布置两个完全相同的轴向力元件。在保持轴向灵敏度不变的前提下，有效地提高了轴向元件对法向载荷的适应能力，使法向载荷和俯仰力矩载荷对轴向的干扰得到有效控制。②采用增大电桥电阻，提高激励电压，来获得高信号输出。③采用高灵敏度的半导体应变片和高温应变片各自独立组桥，半导体应变片的灵敏度一般比常规应变片高 1~2 个数量级。在不同的载荷区间，通过两组电桥的输出对比，可进一步提高对小载荷的分辨能力。

（2）高频响与高灵敏度的协调。发动机模型需要变化的状态多、结构复杂，同时为最大限度地控制模型的质量，造成模型本体的刚度较差。模型质量小、刚度差，对天平系统的响应产生严重的影响。在天平研制过程中，在加大天平本身的支撑长度的基础上，采用等强度设计原则，设计的承载转接板，提高了模型本身的刚度。天平设计应变值在 $200\mu\varepsilon$，保证天平满载荷输出接近 2mV。既保证天平系统有足够的刚度，又有足够高的灵敏度，使二者协调统一。

（3）天平本体固有频率的调整。如前所述，为保证整个系统的刚度，有意识地加大了天平长度方向的尺寸。同时注意到模型质量达 500kg，显然天平的承载能力也必须引起足够的重视。通过改变法相天平元件的布置位置，有效地提高了天平的固有频率和对模型的承载能力，进一步确保了天平的综合性能。图 7-14 是某风洞试验天平实物。

图 7-14　天平实物

风洞天平设计时要求必须综合考虑天平的量程匹配、高的灵敏度、各分量间小的干扰、足够的频率响应特性和足够的刚度。风洞天平的设计量程要合理选择与匹配,如果匹配不合理,则会增加天平设计的难度,影响天平的综合性能。天平的设计量程是根据作用在模型上的空气动力载荷与模型质量来确定的,多数情况下量程匹配很困难,需要对天平结构进行精心设计和采取一定的技术措施来保证天平的综合性能。为保证天平在相同载荷作用下有更大的信号输出,特别是当载荷较小时就需要尽可能提高天平的灵敏度。提高天平灵敏度最有效的途径是提高测量元件的设计应变值。设计应变值的提高受天平响应频率、天平刚度和天平材料所允许的最大综合应力的限制。天平应变值增大,必然导致天平刚度下降,频率响应降低。天平设计时必须相互协调,不能只片面追求某个指标。根据开展试验的具体情况,天平的大量程、高分辨率、高响应频率和强的模型承载能力是天平设计过程中重点关注的内容。

7.2.4　脉冲燃烧风洞测力技术

1. 模型设计

脉冲风洞的有效运行时间更短,冲击载荷更大,对模型的质量要求更苛刻,强度要求更高。其设计载荷一般根据试验状态的最大载荷的 2 倍确定,横向载荷再放大 5 倍或根据轴向载荷相当原则确定。除进气道唇口和发动机唇口外,模型设计可以不考虑热载荷,为控制模型总重量,唇口一般采用不锈钢,其余主体部件采用超硬铝或其他铝合金。其余要求同长时间风洞试验模型设计要求。

2. 天平设计

目前,在脉冲风洞使用的天平最为广泛应用的敏感元件有金属电阻应变片和压电陶瓷(或石英)两种,用它们制成的天平分别称为应变式天平和压电式天平[37-40]。对于脉冲风洞一体化飞行器气动力测量来说互有优势和不足:一方面,应变天平灵敏度较低,从而限制了天平本体刚度的提高,最终可能影响天平本体频响,但应变天平稳定性好,精度高,对风洞气动力试验有很大的吸引力;另一方面,压电天平具有高出应变天平 2~3 个数量级的微应变灵敏度,刚度可以大幅度提升,从而有潜力满足脉冲风洞一体化飞行器气动力测量的响应频率要求,但压电天平信噪比相对较低,对外界环境依赖较多,导致其测量精度较低。

两种类型的天平都积累了大量的经验。在超燃冲压发动机试验研究中,天平的反应时间仅为 20~25ms,是可以满足脉冲风洞带动力飞行器试验研究需要的。问题是重模型、大载荷测量系统的支撑结构需要探讨,需要通过支撑结构解决重模型系统的振荡问题。使用压电式天平,提高天平承载梁的刚度,是解决重模型系统振荡问题的思路之一,但需解决压电式天平的漏电问题。使用应变式天平,从支撑方式、系统支撑结构布局方面考虑,使用多个灵敏度高的天平通过刚度好的系统结构也是可能的。幸而一体化带动力试验对力的测量精度不如气动力试验那样高,结合 CFD 和科学的研究方法,能够使所研究的动力系统影响问题逐步得到解决。

天平本体结构首选内式天平。在内式天平设计中,应变天平采用梁式或框架式天平结构,压电天平采用悬臂梁方式。在天平设计过程中,要协调兼顾各单元灵敏度与刚度的匹配,同时需要进行有效的热防护设计。

脉冲风洞天平研制,必须解决模型质量、天平响应频率、天平测量灵敏度和测量精度之间的关系问题。以上几个因素之间又往往是相互制约的:一般来说,大的模型质量导致天平响应频率降低;提高天平的响应频率,又会降低天平的测量分辨率,导致测量精度降低。所以,协调好以上几个因素之间的关系是天平设计的关键。从目前的技术水平看,可以从以下几个方面加以解决:增大天平、模型支撑的整体刚度,同时提高天平的电气灵敏度,以弥补由于天平测量元件刚度提高带来的灵敏度损失。通过提高天平本体、测量元件以及模型支撑的刚度,可以较好地保证天平测量系统的响应频率;可以在天平的测量电路上采取一定措施,如增大天平测量桥路阻值、提高输入电压,以及采用高灵敏度系数的应变片等措施,保证天平有足够的测量分辨率,保证测量精度;还可以从信号调理和数据采集系统方面采取一定的措施,进一步提高测量系统的分辨率和精度。

在天平设计过程中要解决的关键技术问题如下:

(1) 大刚度与高灵敏度的协调。天平设计应变值取 $100\mu\varepsilon$,保证天平具有较高的刚度。采用高灵敏度的半导体应变片和高温应变片各自独立组桥;半导体应变片的灵敏度一般比常规应变片高 1~2 个数量级,可获得足够高的灵敏度。在不同的载荷区间,通过两组电桥的输出对比,可进一步提高对小载荷的分辨能力。既可保证天平系统有足够的刚度,又有足够高的灵敏度,使二者协调统一。半导体应变片的适用性已经在秒级高温高超声速风洞得到检验。试验结果表明,半导体应变片的稳定性、可靠性能够满足试验要求。

(2) 宽工作范围与强抗干扰能力的统一。在天平设计过程中有针对性地采取了以下方法来保证天平在正、反行程大载荷范围内有好的线性和强抗干扰能力:①采用整体结构,合理布置轴向力元件。相对常规盒式天平的单轴向力元件,该天平采用对称布置两个完全相同的轴向力元件。在保持轴向灵敏度不变的前提下,有效地提高了轴向元件对法向载荷的抗干扰能力,使法向载荷和俯仰力矩载荷对轴向的干扰得到有效控制。②采用增大电桥电阻,提高激励电压,来获得高信号输出。

(3) 天平本体固有频率的调整。为保证整个系统的刚度,加大天平长度方向的尺寸,增大天平的承载能力。通过优化法向单元结构,控制天平的应变的变形比,有效地提高了天平的固有频率和对模型的承载能力,进一步确保了天平的综合性能。

(4) 天平承载面尺度的扩展。综合考虑天平制造成本、技术风险和模型尺度等因素,决定采用组合天平的方式,利用两台较小尺度的天平构成具有足够大承载面的天平。根据已有的试验结果和实际经验可知,只要保证两台天平之间的连接板有足够的刚度,定位准确,连接应力小,就可保证系统正常工作。

通过特殊结构形式的一体化试验专用应变天平研制技术研究,采用组合式天平,可大大提高天平的响应频率,降低天平结构设计的要求。组合式天平设计,可采用三分量(轴向力、法向力和侧向力)天平,通过多点支撑的形式,力矩分量可以计算获得,这样,单个天平的灵敏度、响应频率等都得到提高,量程减小。

天平系统由 3 台三分量应变天平组合而成。三分量测力天平采用整体圆柱形结构,其内部结构可细分为内环和外环。内环由带四个对称均布方槽的空心圆柱构成,外环由上、下连接端和中间沿周向对称均布的四个双孔梁构成,内、外环之间通过双孔梁连接。双孔梁与内环的方槽错开 45°。对称的两双孔梁构成两组敏感元件,通过弯曲变形分别获得水平面上两相互垂直的力分量。内环四个方槽则利用剪切变形测得竖直方向的力。三分量力天平结构如图 7-15 所示。

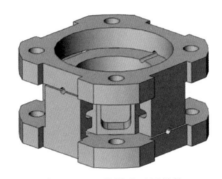

图 7-15　三分量力天平结构

组合式天平测力原理如图 7-16 所示,4 个三分量力天平通过刚性平板分别和

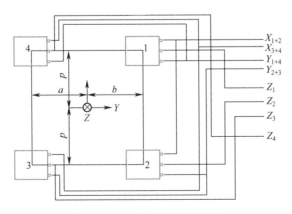

图 7-16　组合式天平测量原理

模型与支架固连在一起,试验时模型上的气动力载荷可以在选定的空间坐标系内,并分解为与坐标轴平行的三个力分量,类似的力矩可以分解为绕坐标轴的三个分量。在如图 7-16 所示的测量系统中,坐标系统的原点设在四个力天平的几何中心。假设天平 i 测得的力分别为 F_{xi}、F_{yi} 和 F_{zi},则有

$$F_x = \sum_{i=1}^{4} F_{xi} \tag{7-28}$$

$$F_y = \sum_{i=1}^{4} F_{yi} \tag{7-29}$$

$$F_z = \sum_{I=1}^{4} F_{zi} \tag{7-30}$$

假设 4 台天平对力矩参考轴的距离为 a、b,则可得到力矩的表达式为:

$$M_x = b(F_{z1} + F_{z2} - F_{z3} - F_{z4}) \tag{7-31}$$

$$M_y = a(-F_{z1} + F_{z2} + F_{z3} - F_{z4}) \tag{7-32}$$

$$M_z = b(-F_{x1} - F_{x2} + F_{x3} + F_{x4}) + a(F_{y1} - F_{y2} - F_{y3} + F_{y4}) \tag{7-33}$$

3. 天平设计实例

在三模块发动机性能研究中,由于模型尺度大,尽管在模型设计过程中采取了诸多技术手段尽量减小模型质量,但为保证模型的强度和刚度,模型最终的质量仍然会大于 1000kg。开展如此大尺度、大质量的发动机模型脉冲风洞测力试验,其必须解决的技术难题是天平系统的响应问题。根据以上的简单模型的分析发现,系统的响应取决于天平的刚度和模型的质量。为准确地评估天平模型系统的响应,必须将天平和模型同时模拟。由于计算机能力的限制,将模型简化为与模型具有相同质量的质点。如此简化后,模型质量的分布特性和模型刚度对系统刚度的影响无法评估,计算获得的系统频率比实际频率高。为修正此影响,计算了模型质量为 100kg、500kg 和 1000kg 时,系统的 X 轴方向(推/阻方向)的振动频率,分别为 307Hz、153Hz 和 109Hz。图 7-17 为计算的结果。而实测天平模型系统的振动频率:模型质量为 100kg 时,频率为 100Hz,模型质量为 500kg 时,频率为 40Hz,如图 7-18 所示。

计算值和实测值之间的误差主要是由两方面引起的:①理论分析是将所有的连接视为刚性连接,实际情况是靠静摩擦力传递载荷;②将模型视为质点,模型质量的分布情况、本身刚度对系统频率的影响在数值计算时忽略。两个方面的原因造成理论计算的系统频率比实测频率高 3~4 倍。显然,模型尺度越大,理论评估结果的误差也越大。从理论分析可知,系统的频率与模型质量的平方根成正比。因此,通过模型质量的平方根以及计算值与实测值之间的比值,进行线性插值可以预期在模型质量为 1000kg 情况下,计算值与实测值的比例为 4.3,进而推断模型质量

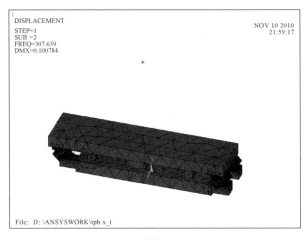

（a）

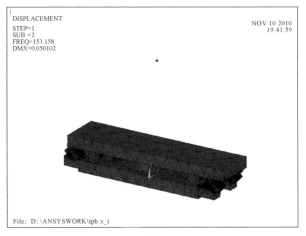

（b）

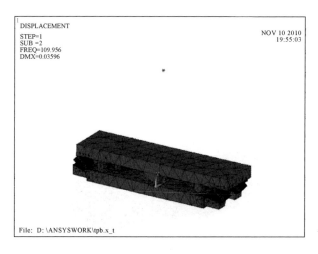

(c)

图 7-17　计算的天平相应频率

(a)天平系统 X 轴向频率(频率为 307Hz,模型质量为 100kg);(b)天平系统 X 轴向频率(频率为 153Hz,模型质量为 500kg);(c)天平系统 X 轴向频率(频率为 109Hz,模型质量为 1000kg)。

为 1000kg 时,该天平系统的预期实际值为 25Hz。因此在模型质量为 1000kg,单个天平测量的情况下,在 200ms 风洞有效试验时间内,天平预计会获得 8 个周期左右的完整信号。而三模块实际的天平测量系统是由 2 台(图 7-19)具有相同结构和刚度的天平共同完成的。也就是说,天平系统的刚度会增加 1 倍,系统的响应是可以得到保证的。

　　经过数十年的努力,伴随着风洞设备的发展和超燃冲压发动机与一体化飞行器研究的深入,国内重模型天平测力试验技术得到了长足的发展,形成了成熟的能够满足 8m 量级(长度)以下的大尺度模型测力试验技术。

　　现有整体式天平长度达到 2.4m,受加工制造设备、材料组织周期和加工风险等诸多因素的限制,整体天平的尺度进一步增大的可能性受到巨大的局限。因此,当模型尺度更大(超过 10m)时,由单一整体式天平完成测力的可能性急剧降低,必须采取更加灵活的方式和新的技术方案。目前正在发展突破的可行技术途径包括组合天平、多点支撑和悬挂测力。目前取得的研究成果表明:组合天平和多点支撑技术适应性较强,取得的进展较快;悬挂测力技术还有许多关键技术需要突破,应加强持续深入的研究。

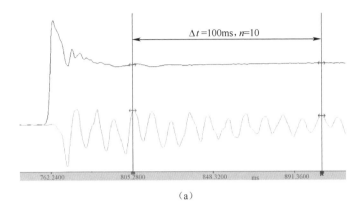

（a）

$\Delta t=100\text{ms},\ n=10$

762.2400　　805.2800　　848.3200　　ms　　891.3600

$\Delta t=250\text{ms},\ n=10$

X1: 16.38
Y11: 19.23
X2: 16.63
Y21: 9.16
dX: 0.25
dY1: −10.07

（b）

图 7-18　实测天平模型系统频率

（a）实测天平模型系统 X 轴向频率（频率为 100Hz，模型质量为 100kg）；

（b）实测天平模型系统 X 轴向频率（频率为 40Hz，模型质量为 500kg）。

图 7-19　三分量天平实物

7.3 进气道捕获流量测量技术

进气道捕获流量是超燃发动机的性能参数之一,也是进气道与发动机匹配的重要指标,其准确性对超燃发动机的设计和性能评估具有重要意义。捕获流量的测量也是进气道风洞试验的内容之一,准确测量进气道捕获流量对于开展进气道风洞试验获取进气道性能参数和进一步改进进气道设计具有重要意义。

7.3.1 进气道捕获流量测量原理

图 7-20 给出了目前广泛使用的流量计结构。它主要由接在进气道(隔离段)下游的扩张段、多孔整流板、稳定段及声速喷嘴等部分组成。有时为了进行进气道性能的研究,得到进气道的抗反压能力,需要控制稳定段后的堵塞程度,把声速喉道更换为堵锥。

试验时,进气道捕获的气流经压缩后进入隔离段,隔离段后是一个扩张段,经扩张后,气流到多孔整流板时的马赫数 $Ma>1$,在多孔板前产生较强激波,经正激波压缩后变成低亚声速,流过多孔板后,由于多孔板的整流作用,经过一段等截面段,变成均匀流,进入声速喷嘴加速,流量计内型面布有静压测点。声速喷嘴喉道有一个等截面段,布有静压测孔,测量该处静压,声速喷嘴出口布有总压排架及总温热电偶,测量气流总压及总温。根据测得的静压、总温和总压值,可以计算出流过流量计的流量,达到流量测量的目的。将流量计测得的流量与由来流条件计算得到的流入流量相比,可以得到进气道的流量系数,对进气道的捕获能力进行分析评价。

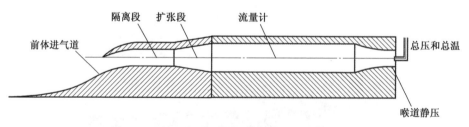

图 7-20 与进气道、隔离段相连接的流量计结构

7.3.2 流量计设计

设计流量计时要充分考虑气流在流量计内流动时的气动特性。由于进气道出口气流速度为超声速且畸变较大,以此处为测量截面直接测量流量的误差较大,因此需要将气流减速并增加整流装置,需要避免节流造成进气道不启动,扩张段要避免流动分离。皮托压、静压及总温等参数测量时既要考虑准确性,也要尽量避免对

气流的过多干扰。

1. 扩张段设计

扩张段是激波的驻留位置。为了保证在工作过程中不会出现壅塞现象导致测量模型进气道不能正常启动,隔离段后的扩张度要满足一定要求,一般要保证扩张前总压恢复系数比扩张后的总压恢复系数至少大 2~3 倍。根据以往的经验,隔离段出口马赫数一般进行过测量,是已知的,由此根据一维关系可以估算所需稳定段的最小面积。稳定段的高度也不能太大,流量计尺寸太大,对风洞的启动是不利的。扩张角应该尽可能小,保证扩张后的分离不会很严重;同时,为满足风洞试验段的要求,扩张段不宜太长。

2. 声速喷嘴设计

声速喷嘴喉道尺寸的选取很关键,其尺寸最大必须保证理论上正激波形成于等直段,最小能保证正激波形成于隔离段后。根据隔离段出口马赫数的测量结果,用一维等熵流动关系式以及正激波关系式可以估算测量喉道尺寸范围。为了保险起见,可以多加工几副不同尺寸的喉道备用。入口 $\phi300mm$、出口 $\phi170mm$ 的声速喷嘴型面如图 7-21 所示。

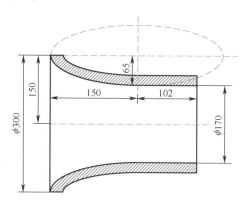

图 7-21　声速喷嘴示意图(单位:mm)

3. 多孔整流板(空气动力格栅)设计

皮托压的测量需要保证测量截面的气流足够均匀,也就是尽量减小测量截面气流的压力梯度和速度梯度。为了保证以上条件,在喉道前的稳定段内设置了多孔板整流。该多孔整流板实际上是一块孔板,但每一个孔都是具有型面的文氏管。有文献报道,粗糙设计的多孔整流板也可以起到整流的效果,但是效果较差。多孔整流板总的流通面积应至少是隔离段出口面积的 2 倍;否则,在来流的强烈冲击下,多孔整流板的小喉道处会产生壅塞,使多孔整流板起局部限流的作用。通常从加工制造及板强度的角度考虑,应尽可能减小多孔整流板的小孔喉道直径,从而最有效地使气流平稳;但是,小孔的喉道尺寸也不能无限制地减小,因为减小到一定程度之后,小孔的流量系数会猛地下降。

4. 总压排架设计

原则上说,总压管的数目应该越多越好,这样将截面划分得就越细,结果就越准确。但是,一味地增加总压靶数目势必会增加堵塞比,影响进气道性能,甚至造成进气道不启动。因此,总压靶的数量需要根据声速喷嘴出口尺寸决定。

一般采用等分截面法[37-40,47-49]对总压管进行布置。其原理是按等面积原则将环形面积分成 N 等份,而每个面积单元的测压点都布置在二等分该单位环形面积的圆周上。40 根总压管的布置如图 7-22 所示。

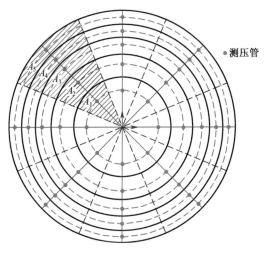

图 7-22　等分截面法原理

7.3.3　流量计标定方法

捕获流量一般是通过试验的方法获得,因此流量计的测量精度直接决定了捕获流量测量的准确性。与其他类型的传感器一样,得到流量计的测量精度的最好方法是对其进行标定。标定时首先选择标定方案,通常采用实流标定法,且标定设备的参数与流量测量设备的参数一致;其次选择标准装置,标准装置价格便宜、容易获得且不确定度高;最后考虑标定方法,由于流量计在不同试验状态下的标定系数可能不同,因此在整个量程范围内设置较多的标定点,并绘制出标定曲线。如果需要,还应改变总温进行标定。

1. 标定方案

根据现有的标定手段,流量计标定按照标定原理分为直接标定法和间接标定法。直接标定法是通过串联标准装置和被检流量计来获得被检流量计的流量,并且比较两者测得流体流量示值获得被检流量计精度。间接标定法是通过测量与计算流量有关的量,按照规定方法间接地检验流量值获得流量计精确度的方法。直接标定法的准确度高于间接标定法,主要原因是与气体流量标准装置建立了联系。气体流量标准装置主要包括原级标准装置和传递标准装置。原级标准装置是最高标准,通过标准量器或者衡量器等来测量容器和质量,从而得到气体的质量流量。主要有钟罩式标准装置、压力-容积-温度-时间($pVTt$)法标准装置及质量-时间(mt)法标准装置,这几种方法的测量准确度可达 0.1%,甚至更高。但是,标准装置一般投资及规模都比较大,不可能大规模建造,实际工作中比较常用的是传递标准装置,如转筒式流量计、腰轮式流量计、涡轮流量计及临界流流量计等,这几种方法的测量不确定度可达 0.5%。

流量计标定采用直接标定法(图 7-23),将待标定流量计与标定设备采用直连式的方式连接在一起,选择合适的传递标准装置,对比传递标准装置所测流量与待标定流量计所测流量即可得到待标定流量计测量精度。

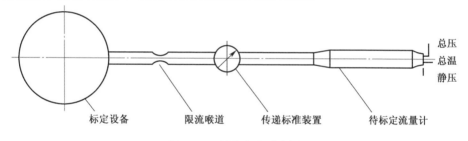

图 7-23　标定方案示意图

2. 标定方法

以发动机工作弹道为基础,在每个工作马赫数所对应的总温、总压条件下对发动机流量计进行标定,且每个工作马赫数拓展其所对应的名义总温及总压,将所有测得的流量及标定系数数据绘制成表(表 7-1),得到类似于图 7-24 所示的标定图。

表 7-1　流量计标定表

T/K p/MPa	T_1	T_2	...	T_N
p_1				
p_2	m_1、c_1			
⋮				
p_N				

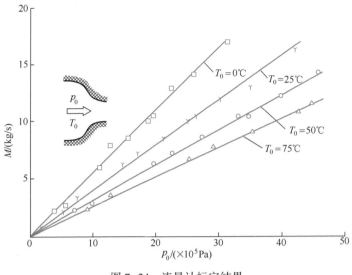

图 7-24　流量计标定结果

7.3.4　数据处理

由于开展发动机试验的高焓风洞均为燃烧风洞,通常采用碳氢燃料与富氧空气混合燃烧的方法产生试验气体,一般为 900~2100K,因此进入流量计的气流总温很高。在此温度下,分子间的振动被激发,数据处理时必须加以考虑;同时,燃烧产生的试验气体是水、氮气、氧气、二氧化碳等混和物,气体性质与纯空气存在差别,如果采用常规的数据处理方法,则会使试验结果与理论计算结果相差较大。

一般来说,流量计试验数据的处理采用以下两种方法[36-43,47-49]:

(1)在声速喷嘴的喉道处测量,认为当地马赫数为1,测出声速喷嘴前的气流总压,根据下式计算流量:

$$m = K \frac{p^*}{\sqrt{T^*}} A^* \tag{7-34}$$

(2)在收缩段速度系数 0.6~1.0 处设置测量截面。这时的总静压差较大,可在此处安装总压耙测量 p^*,在壁面开孔测静压。总压耙上的总压管位置按等分截面法布置。由此可按下式测得各单元面积上的流量:

$$\Delta m_i = K \frac{p_i^*}{\sqrt{T^*}} \Delta A q(\lambda)_i \tag{7-35}$$

由下式可以得到整个截面的流量:

$$m = \sum_{i=1}^{n} \Delta m_i = \sum_{i=1}^{n} K \frac{p_i^*}{\sqrt{T^*}} \Delta A q(\lambda)_i \tag{7-36}$$

式中　p_i^*——第 i 个总压管前总压（Pa）；

　　　　T^*——来流总温（K）；

　　　　ΔA——单元面积（m^2）；

　　　　$q(\lambda)_i$——第 i 个截面内的流量函数。

$$K = \sqrt{\frac{\gamma}{R_g}\left(\frac{2}{\gamma+1}\right)^{\frac{\gamma+1}{\gamma-1}}} \tag{7-37}$$

式中　γ——来流比热比；

　　　　R_g——气体常数（$J/(kg \cdot K)$）。

需要注意的是，由于流量计内部大部分处于亚声速流动状态，热交换非常强烈，气流总温时刻在变化，测量截面的总温必须实际测量。另外，高超声速设备大多数为燃烧加热设备，试验气流不但温度高且含有水蒸气，所以参数计算时必须考虑真实气体效应。具体计算方法：由式（7-38）~式（7-41）迭代可求出测量截面静温 T；由式（7-42）可求得 γ；由式（7-43）、式（7-44）可求得 $h(T_0)$ 及 $h(T)$；由式（7-45）可求得速度 u；由式（7-46）可求得 Ma。

$$\frac{c_{pi}}{R} = A_1 + A_2 T + A T_3^2 + A T_4^3 + A T_5 \tag{7-38}$$

$$c_p = \sum_{i=1}^{s} Y_i c_{pi} \tag{7-39}$$

$$s_i(T_1) = s_i(T_2) = \int_{T_1}^{T_2} \frac{c_{pi} \mathrm{d}T}{T} \tag{7-40}$$

$$S(T_0) - R\ln P_0 = S(T) - R\ln P \tag{7-41}$$

$$\gamma = \frac{c_p}{c_p - R} \tag{7-42}$$

$$\frac{h_i}{RT} = A_1 + \frac{A_2 T}{2} + \frac{A_3 T^2}{3} + \frac{A_4 T^3}{4} + \frac{A_5 T^4}{5} + \frac{A_6}{T} \tag{7-43}$$

$$h = \sum_{i=1}^{s} Y_i h_i \tag{7-44}$$

$$h(T_0) = h(T) + u^2/2 \tag{7-45}$$

$$u = Ma \times \sqrt{kR} \tag{7-46}$$

7.4　非接触测量技术

7.4.1　纹影技术

普通纹影/阴影系统是利用光在被测流场中的折射率一阶导数/二阶导数正比

于流场的气流密度的基本原理进行测量的。

纹影系统按照光线通过被测区域的形状,可以分为平行光纹影系统和锥形光纹影系统两大类,两类纹影系统的成像原理相同。锥形光纹影系统机构简单,其灵敏度可以达到平行光纹影系统的 2 倍;但这种纹影系统由于是同一条光线反复经过被测区域,带来了被测区域图像的失真。平行光纹影系统能够真实地反映被测区域密度的变化,在试验中得到了广泛应用。平行光纹影系统分为透射式和反射式两种。透射式纹影系统光学成像质量好,但对于大视场测量目标,要加工大口径纹影透镜非常困难。反射式纹影系统的光学成像虽然带有轴外光线成像造成的彗差和像散两类像差,但是只要在光路中采用 Z 字形布置和在光学仪器使用时将纹影系统的刀口面分别调整到系统的子午焦平面及弧矢焦平面上,就可以减少这两种像差,从而得到比较满意的结果。在风洞流场显示试验中,一般采用平行光反射式纹影系统,如图 7-25 所示。

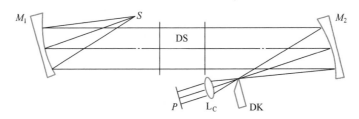

图 7-25　常规阴影/纹影技术光学系统

纹影系统的主要性能是其灵敏度,也就是对扰动区域折射率微小改变的响应能力。纹影系统的灵敏度为

$$\frac{\Delta E}{E} = \frac{\Delta a}{a} = \frac{f_2'}{a}\int \frac{1}{n}\frac{\partial n}{\partial y}\mathrm{d}y \tag{7-47}$$

式中　ΔE——狭缝像被刀口切割后降低的照度;

E——狭缝像未被刀口切割的照度;

a——狭缝的宽度;

Δa——刀口切割的狭缝像宽度;

f_2'——纹影反射镜的焦距;

n——被测区域的折射率;

$\partial n/\partial y$——被测区域的折射率梯度;

f_2'/a——纹影系统的灵敏度。

在一定偏折角(一定的折射率变化)的情况下,系统的灵敏度越高,像面上照度的相对变化量就越大,因而系统对扰动区域微小折射率变化的表现能力就越强。从式(7-47)可以看出,要提高纹影系统的灵敏度,在纹影系统确定(f_2' 一定)的情

况下,必须保证刀口切割狭缝像后的剩余宽度足够小,但是这会影响照相时的感光度,因此在要求提高系统灵敏度的同时必须兼顾照相时的感光度要求。另外也说明,在确保空间的前提下,设计纹影系统时加长纹影反射镜的焦距也可以提高系统的灵敏度。

7.4.2　聚焦纹影技术

7.4.2.1　聚焦纹影的原理

Burton 在 1949 年首先提出了聚焦纹影原理,1991 年 Weinstein 对这一技术进行了补充和完善后[50],该技术趋向成熟,从此在国外风洞流场显示中得到了广泛应用,并称为最有前途的流场显示方法之一。图 7-26 为典型的(也是本书研究内容使用的)聚焦纹影原理,它与常规纹影仪的共同特点是都使用了光源和刀口;不同点是光源可以为宽光源,非平行光束穿过测试区域,刀口为复合刀口,同时没有常规纹影仪的准直球面反射镜和成像球面反射镜,而是使用了菲涅耳透镜、源格栅、成像透镜、刀口栅等来代替。

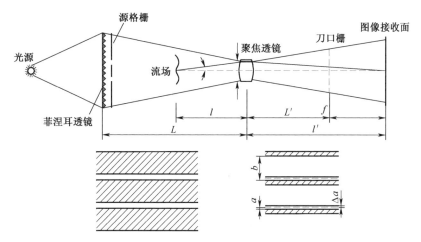

图 7-26　聚焦纹影光路布置

众所周知,普通照相机在景深比较小的状态时下对目标聚焦,该目标比较清晰,而目标前后的图像比较模糊(模糊的含义是一个点目标对应的像点很大)。聚焦纹影系统的固有原理确定了可以对测试区域某个平面进行聚焦,该聚焦厚度 Δz 称为急剧聚焦深度(DS),成像面上的信息主要反映的是该聚焦平面,其他平面的信息则以均匀的背景反映在成像面上。对信息也有一定贡献的其他非聚焦平面称为非急剧聚焦平面。聚焦纹影系统在整个测试区域的扩展函数不是一个恒定值,而是一个渐进函数,在急剧聚焦面上处于最大值,在远离急剧聚焦平面的非急剧聚焦面上逐渐变小。如果聚焦纹影的聚焦特性越明显,则该扩展函数越陡峭,相应地,急剧聚焦深度也越小(图7-27)。

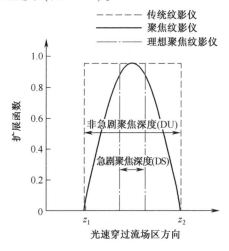

图7-27 纹影系统扩展函数

图7-28描述了聚焦纹影的聚焦特性。如果一个目标点不是以聚焦的形式反映在成像面上时,则源点的像点为一弥散斑。如果系统的景深很小,则两个不同面上的源点只能满足一个面上的点在像面上清晰。

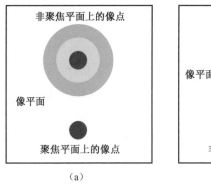
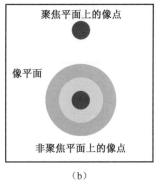

(a)   (b)

图7-28 聚焦示意图

(a)聚焦平面为下像点;(b)聚焦平面为上像点。

7.4.2.2 聚焦纹影的特点

1. 三维流场显示

如上所述,系统可以对某平面聚焦,因而在成像面上主要反映该平面的信息,其他平面的信息以均匀背景形式进行记录。在非稳定场中,如果系统具备多套成像面,每个成像面对应于不同测试区域,则系统可以对流场进行三维显示。在定常流场中,如果连续改变成像面的位置,则可以获得系列不同聚焦平面的流场图像,实现三维场显示。

2. 大视场流场显示

聚焦纹影系统不需要价格昂贵的球面反射镜,如果源格栅和菲涅耳透镜的直径很大,则测试视场可以很大。国外的最大测试视场达到 5m,这对于开展大尺寸模型流场显示非常有意义。

3. 密度场定量测量

聚焦纹影系统良好的聚焦特性,确定了系统可以对测试区域某平面的信息进行显示。根据聚焦纹影的相关原理,可以计算出某平面的密度值。

4. 复杂流场显示

常规阴影、纹影和干涉方法的积分效应特性使得不同平面的信息相互掩盖,不能很好地对复杂流场进行显示,而利用聚焦纹影的聚焦特性可以很好地研究某复杂流场的流场结构。

在目前的流动显示测量中,可以说聚焦纹影系统实现了价廉物美的功能。当然,并不是说设计的任何一套聚焦纹影系统上述所有功能都同时满足,如测试视场很大,系统的急剧聚焦深度就不可能很小。根据试验需要,可以设计不同功能的聚焦纹影显示系统。在本研究中,为满足气动光学密度场定量分析研究需要,以及该流场的涡结构显示,设计了相应的聚焦纹影显示系统。

图 7-26 是聚焦纹影系统的示意图。要确保聚焦纹影系统的聚焦效果,达到对复杂流场进行层析显示的目的,必须减小聚焦纹影系统的景深。减小清晰景深的方法:①增大聚焦透镜的有效通光口径,一方面选择口径较大的透镜,另一方面增加光线入射的孔径。②接收平面与刀口栅的距离应尽可能小,由于源格栅所成的像有可能会显示在接收平面上,由此影响像面上测试场的成像。③减小聚焦平面与聚焦透镜的距离,但会影响测试区域视场的大小。

7.4.2.3 聚焦纹影参数计算

1. 聚焦纹影系统灵敏度的计算

在纹影仪中,通过改变刀口切取光源像的多少可改变系统灵敏度:刀口切取光源像的量越多,灵敏度越高,像面的亮度越低;刀口切取光源像的量越少,灵敏度越低,像面的亮度越高。但是受衍射效应的影响(7-28(a)),刀口切取光源像的量也不能太多,否则像变得不清晰。根据图像强度的变化,并假定最小可探测的强度变化为 10%,则在常规纹影仪中如果图像强度变化 10%,则光束的角度最小变化量(系统的灵敏度)为

$$\varepsilon'_{min} = 20626(a/L')\,('')\qquad\qquad(7-48)$$

传统纹影仪的灵敏度达到了 4″。在图 7-29 所示的聚焦纹影系统中,系统的

灵敏度为

$$\varepsilon_{\min} = \frac{20626 \, aL}{L'(L-l)}('') \tag{7-49}$$

在聚焦纹影系统中 L' 通常比常规纹影系统小得多,而附加项 $L'(L-l)$ 也会导致系统的灵敏度降低。为了提高灵敏度,必须使得式(7-49)中的 a 值很小。普通成像透镜很难满足这个要求,必须使用非常规的成像透镜,运用特殊的成像透镜后,系统的灵敏度也可以高达 $4''$,以满足复杂流场结构显示的要求。

2. 聚焦纹影系统分辨率的计算

在纹影系统中分辨率主要受衍射效应的影响,在常规纹影系统中,假定光源像为圆形的,则在测试区域的像面上分辨率为

$$d' = 1.22 f' \lambda / A \tag{7-50}$$

则测试区的分辨率为

$$\omega' = 1.22(l' - L') \lambda / mA \tag{7-51}$$

对于聚焦纹影系统,刀口栅的衍射效应限制了图像的锐度,在测试区域的分辨率为

$$\omega = 2(l' - L') \lambda / mb \tag{7-52}$$

进一步分析表明,当聚焦纹影系统的测试视场在 300mm 以内,物距小于 1m 时,其分辨率要优于常规纹影系统。

3. 聚焦纹影系统的聚焦深度计算

在传统的纹影仪中,光源像的大小及球面反射镜的焦距确定了系统的景深比较大,往往都超过了整个测试区域,所以整个测试区域的信息都会反映到成像面上。在聚焦纹影中,其固有的聚焦原理确定了像面上主要反映急剧聚焦深度内的信息,非急剧聚焦深度内的信息在成像面上反映得比较少。聚焦纹影的急剧聚焦深度为

$$DS = 2R\omega \tag{7-53}$$

非急剧聚焦深度为

$$DU = 2R \tag{7-54}$$

根据上述分析,如果测试视场为 $\phi100mm$、聚焦透镜焦距 $F = 600mm$,在适当的物距时,系统的 DS<2mm,DU<40mm,测试视场更小时,DS 可以更小。

7.4.2.4 聚焦纹影的应用

图 7-29 为 $\phi450mm$ 脉冲燃烧风洞上建立的一套双截面聚焦纹影系统[51]光路布置。该系统采用激光光源,菲涅耳透镜和源格栅将单个激光光源变为多个光源,聚焦透镜将源格栅和测试目标分别成像在刀口栅和图像接收屏上,再通过照相机将接收屏上的像拍摄下来。该系统的源格栅明暗条纹尺寸分别为 2mm 和 6mm,

聚焦透镜通光口径 $A=100\text{mm}$、焦距 $F=370\text{mm}$，聚焦透镜距离测试目标的距离即物距 $l=800\text{mm}$，狭缝像的高度 $b=0.4\text{mm}$，聚焦透镜距离源格栅的距离 $L=1500\text{mm}$，聚焦透镜距离刀口栅的距离 $L'=491\text{mm}$，光源采用波长 $\lambda=532\text{nm}$ 的激光光源。

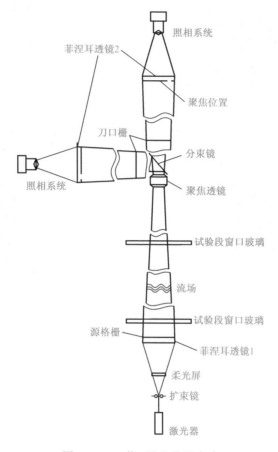

图 7-29　双截面聚焦纹影光路

图 7-30 为用该聚焦纹影系统获得的不同界面聚焦纹影图像。

7.4.3　激光诱导荧光流场诊断技术

平面激光诱导荧光(Planar Laser Induced Fluorescence,PLIF)诊断技术是利用整形为平面的可调谐激光选择性地激发燃烧场中的活性基团(如 OH、CH、CH_2O 等),诱导产生荧光辐射,利用面阵探测器对荧光进行探测来获得燃烧场的反应锋面和结构、活性基团分布、温度分布等信息的一种技术手段,具有探测空间范围大、时空分辨率高等优点。

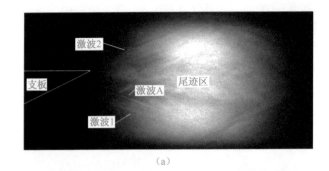

（a）

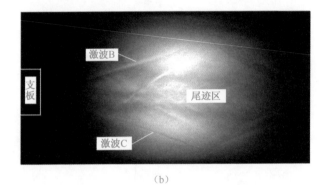

（b）

图 7-30　某支板后沿聚焦纹影图像

（a）某支板后沿聚焦纹影图像（聚焦平面 A）；（b）某支板后沿聚焦纹影图像（聚焦平面 B）。

图 7-31 为 PLIF 系统试验光路。PLIF 系统分为三大部分：一是激光器系统，包括固体激光器、染料激光器及倍频器，用以产生激发介质的特定频率的激光；二是光路系统，包括将激光整形成片状的棱镜、球面镜、光路转折用的反射镜等；三是控制及信号采集系统，包括透过荧光过滤杂光的滤光片、对荧光成像的 ICCD、同步器等。

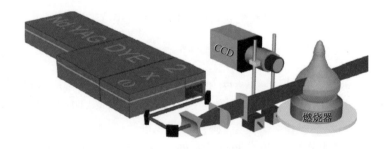

图 7-31　PLIF 系统试验光路

PLI 系统荧光信号强度为

$$F = \frac{E_p}{A_{las}}\left(\frac{\chi_a p}{kT}\right) \sum [f_{J''}Bg]\left(\frac{A}{A+Q}\right)\eta_c \qquad (7\text{-}55)$$

式中　E_p——单位脉冲的激光能量;

　　　A_{las}——激光片光面积;

　　　χ_a——被激发组分的摩尔浓度;

　　　p——压强;

　　　T——温度;

　　　k——玻耳兹曼常数;

　　　$f_{J''}$——吸收态的玻耳兹曼分数;

　　　B——爱因斯坦吸收系数;

　　　g——光谱重叠积分(求和是对所有的跃迁而言);

　　　A——自发发射速率;

　　　Q——碰撞猝灭速率;

　　　η_c——荧光信号在 ICCD 中转换为有效光电子的效率。

从式(7-55)可以看出,荧光信号强度与受激物质的浓度以及流场的温度、压力有关,进而可以通过荧光信号强度来反映这些物理量,这是 PLIF 技术进行燃烧诊断的理论基础。

OH 基和 CH 基作为化学反应区域的标识物,是常见的测量组分。OH 基是很多燃烧过程中都会产生的一种组分,其分布可以反映出火焰面的结构,且 OH 基较易被激发,受激后辐射出的荧光信号强。因此,OH 基成为 PLIF 诊断燃烧的首选介质。CH 基存在区域小、寿命短,荧光强度相比 OH 基弱很多,但由于 CH 基存在于反应区中很狭窄的区域,而且往往与碳氢燃料的分解有关,故能够显示火焰的精细结构。此外,CH 基也在氮氧化物的形成过程中起关键作用,而氮氧化物是一种重要的污染物。利用 PLIF 测量 CH 基浓度分布正受到人们越来越多的关注。

PLIF 测量温度的基本原理是利用了玻耳兹曼份数与温度的相关性。与热电偶相比,PLIF 测温具有非接触的优点,与 CARS 仅能点测温相比,具有同时测量一个面内温度分布的能力。PLIF 技术已成为国内外主流研究单位开展发动机燃烧流场诊断和超声速燃烧机理研究的重要技术手段。

国内外研究机构针对 PLIF 技术本身和其在超声速燃烧过程中的应用开展了大量工作。比较有代表性的是斯坦福大学的 Hanson 小组。他们在 OH 基 PLIF 技术本身及应用方面的研究,取得了一系列开创性成果。Hanson 小组[52]是最早开展 OH 基 PLIF 研究的机构,20 世纪 90 年代初即开始对 PLIF 测量 OH 基分布进行探索;在超声速燃烧流场诊断上,他们使用单线激发 OH 基 PLIF 和激光纹影技术研究了在高马赫数($Ma>10$)、高熵值的空气中横向喷入氢气时的流场结构、自点火、混合机制以及熄火现象;在马赫数 2.4、总温 1500K 条件下,观测了超声速平板氢气横向射流火焰的精细三维结构,测量结果如图 7-32 所示。

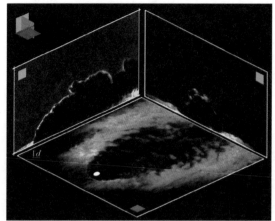

图 7-32　氢气横向射流火焰的精细三维结构 OH-PLIF 观测结果[52]

除了 OH-PLIF 外,美国密歇根大学 Micka 等[53]利用 CH-PLIF 观测双模态冲压发动机的火焰反应区和放热区的分布,研究凹腔稳焰和射流尾迹稳焰的机理;美国密歇根大学 Rasmussen 等[54]分别利用 OH-PLIF 和 CH_2O-PLIF 研究不同当量比下双模态冲压发动机中火焰的结构和稳焰机理;Micka 等[55]利用 CH_2O/OH 双组分同步 PLIF 研究了双模态冲压发动机低温燃料分解预热区、火焰反应区和高温产物区的结构,测量结果如图 7-33 所示。

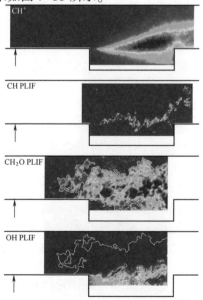

图 7-33　凹槽火焰 CH_2O/OH/CH 多组分 PLIF 测量结果[55]

近年来,随着激光器技术和微电子技术的飞速发展,PLIF 测量的时空分辨率得到了很大提升。由于超声速燃烧过程的时间尺度为毫秒量级,提高观测系统的频率进而实现高时间分辨燃烧流场可视化,对于提高超声速燃烧流场统计分析以及提高单次试验效率等方面具有重要的推动作用。美国密歇根州立大学 Hammack 等[56]采用 10kHz 的高重频 OH-PLIF 技术研究了马赫数为 2 的来流条件下凹腔稳燃的火焰结构,获得了高速 OH-PLIF 火焰结构序列,如图 7-34 所示。

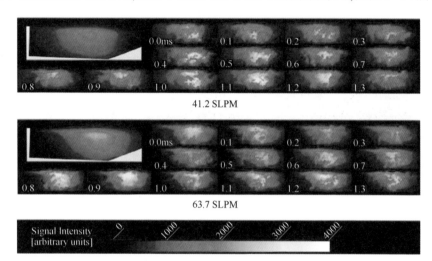

图 7-34　马赫数 2 来流条件下凹腔稳燃过程的 10kHz OH-PLIF 图像序列[56]

此外,超声速燃烧流场的空间上具有不均匀性,且具有高速、高温、存在激波、高湍流度等特点,激波/附面层/涡/火焰相互作用,使得流场结构和燃烧过程十分复杂。提高 PLIF 测量的空间分辨率对于超声速湍流燃烧机理研究有很大意义。近年来,弗吉尼亚大学的 McDaniel 研究团队[57,58]在超声速燃烧火焰结构的精细测量方面取得了较大进展,通过多次曝光的 OH-PLIF 获取了高分辨率的燃烧室火焰结构图像,并和 LES 模拟结果进行了对比,图 7-35 和图 7-36 分别给出了凹槽喷射乙烯燃料和斜坡喷射氢气的燃烧流场精细结构图像。

7.4.4　脉冲激光全息技术

脉冲激光全息技术基于相干光的干涉与衍射理论,是目前唯一可以获得三维空间量化数据的测试方法,同时被视为雾化颗粒尺寸测量的标准方法。该方法除了可以得到三维信息,具有较高的分辨率外,单次测量即可得到较大测试区域的数据,同时可得到单个液滴的形状以及空间分布状态粒子大小的测量。其诊断系统示意图如图 7-37 所示。利用粒子的衍射光与参考光相干涉,记录其远场干涉图

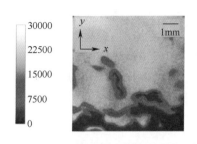

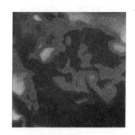

图 7-35　凹腔上游喷射乙烯燃烧的高分辨率 OH-PLIF 图像[57]

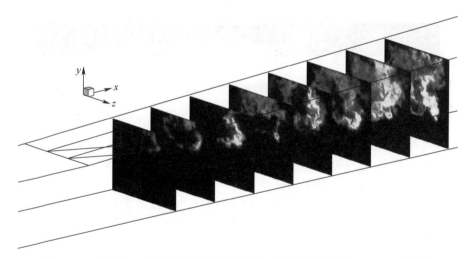

图 7-36　马赫数 2 来流条件下斜坡喷射氢气燃烧的高分辨率 OH-PLIF 图像

案,经光学再现得到粒子场的再现像。通过控制三维平移台的移动,对粒子场空间不同位置处的粒子像采集后进行图像数据处理,得到粒子的大小、形状、位置等信息。此外,在诊断记录系统中同时采用数字全息记录技术,利用 CCD 获得的雾化粒子场的干涉图,通过基于光波衍射理论和傅里叶变换理论的粒子场数字再现方法,可以实时获取雾化流场整体及多层面宏观结构信息及粒子分布信息。

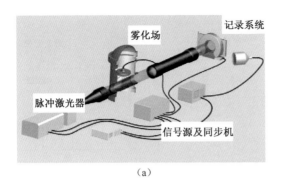
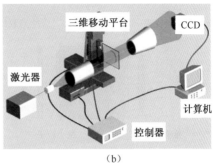

（a）　　　　　　　　　　　　　　（b）

图 7-37　喷嘴雾化颗粒的脉冲激光全息诊断系统示意图

粒子场全息的基本原理如图 7-38 所示[59]。采用波长 λ、振幅 B 的准直相干光照在 1 个半径 a 的粒子上，粒子表面的光场分布由 $A(\zeta,\eta)$ 描述。在距粒子为 z（z 满足远场条件 $z \gg \pi a^2$）处的记录介质上，粒子散射光与通过粒子区域未被散射的直通光相干涉，形成干涉条纹并被记录下来，形成粒子场的同轴夫琅禾费全息图。全息图记录的光场强度分布[60]为

$$I(x,y) = \left(\frac{B}{m_0}\right)^2 \left\{ 1 - \frac{m_0 ka^2}{z}\sin\left(\frac{kr^2}{m_0 z}\right) \cdot \right.$$

$$\left. \left[2J_1\left(\frac{kar}{z}\right)\Big/\left(\frac{kar}{z}\right)\right] + \left(\frac{m_0 ka^2}{2z}\right)^2 \left[2J_1\left(\frac{kar}{z}\right)\Big/\left(\frac{kar}{z}\right)\right]^2 \right\} \tag{7-56}$$

式中　m_0——记录系统放大倍数,在平行光入射条件下 $m_0 = 1$;

　　　$r^2 = x^2 + y^2$;

　　　J_1——一阶贝塞尔函数,记录的光场强度 $I(x,y)$ 的分布表现为由贝塞尔函数调制的正弦或余弦振荡干涉细条纹。

式(7.56)中:第一项代表均匀的背景光;第二项描述了参考光与物散射光之间的干涉,它由一个高频正弦函数项和一个低频贝塞尔函数项组成,包含了有关粒子尺寸和位置的全部信息,必须被忠实地记录下来;第三项是圆孔夫琅禾费衍射给出的辐射分布,其强度与条纹信息项(第二项)强度相比是小量,可以忽略不计。

用波长与记录光波长相等的再现平行光照明,经显影处理后得到全息图。由于衍射作用,在距离全息图前方 $z_0(z_0 = z)$ 处的观察面上,得到的再现粒子场强度分布为

$$I(R) \propto \left| 1 + \Gamma \mathrm{circ}\left(\frac{R}{a}\right) + \frac{\pi\Gamma}{8N}\left[\frac{2J_1(\pi R/(4aN))}{\pi R/(4aN)}\right] \cdot \right.$$

$$\left. \exp\left(\frac{\mathrm{i}\pi R^2}{8a^2 N} - \frac{\mathrm{i}\pi}{2}\right) - \frac{\Gamma\pi^2}{16N^2}\left[\frac{2J_1(\pi R/(2aN))}{\pi R/(2aN)}\right]^2 \right|^2 \tag{7-57}$$

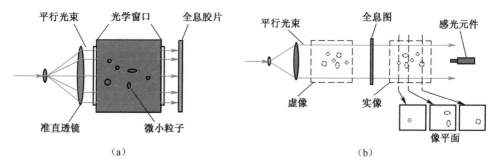

图 7-38　粒子场信息记录与复现原理

(a)粒子场信息记录;(b)粒子场信息复现。

式中　cicr——圆盘函数;

$R=u+v$ (u,v 为观察面横向坐标);

$\Gamma=KB^2/B'$ (B' 为再现光场振幅,K 为常数);

$N=\lambda z/(2a)^2$ 为远场数。

式(7-57)中与第一项是零级衍射光,第二项是被记录粒子的共轭像,第三项是记录粒子的孪生像,第四项是伴随出现的干扰。可见,由于 $z\geqslant\pi a^2$,全息图再现后得到的孪生虚像与实像相距较远,相当于均匀的背景光,清晰的粒子再现像凸现于背景中。

粒子的空间分布信息通过成像物镜将再现粒子成像于 CCD 靶面上。受 CCD 灵敏面积的限制,再现粒子场图像的采集由多次分幅采集完成。采集得到的粒子再现像经过图像数据处理后,从复杂背景图像中提取出来,从而获得所需的粒子形状、尺寸分布、空间分布等特征参数和统计规律。

激光全息技术在风洞流场显示中已获得了很大进展,目前采用的处理全息图的方法如下:

(1) 计算机与扫描数字显微密度计结合。用灰度响应和几何精度方面具有高度均匀性的视频扫描器从全息图中读出流场信息,通过数据采集系统输入计算机进行数据处理。

(2) 计算机层析 X 射线法。

(3) 运动条纹相位探测阵列法。

(4) 条纹数字化图像分析法。

全息干涉技术发展以来,美国阿诺德工程发展中心[61]率先把全息照相及全息干涉技术应用于风洞的流动显示。20 世纪 80 年代以后,日本的中山泰喜等[62]将全息干涉技术用于激波管上二维和轴对称非定常流场的流动显示和定量测量。1984 年以来,中国空气动力研究与发展中心应用全息干涉技术对激波管上二维密度场进行定量测量,并且应用该技术在风洞上开展了相关研究工作。

7.4.5　CARS 诊断系统

CARS 是一种基于三阶非线性拉曼散射的非线性光学效应。拉曼散射现象由印度物理学家拉曼于 1029 年首先发现[63],是指当单色光入射到介质时,散射光中除包括频率与入射光相同的瑞利光外,还包括强度比瑞利光弱得多,频率与入射光频率不同的散射光。拉曼散射光的频率对称分布于瑞利光频率的两侧,频率低的称为斯托克斯线,频率高的称为反斯托克斯线。拉曼散射线与瑞利散射线之间的频率差与入射光频率无关,而与介质分子的振-转能级有关,与入射光强度和介质分子浓度成正比。

CARS 作为一种基于激光光谱的流场诊断技术,最先由 Minck 等在研究氢气和甲烷的激光受激拉曼散射效应时发现并提出。CARS 技术具有不干扰流场、时间响应快以及测量精度高等优点,因而成为燃烧诊断领域的研究热点。

1. CARS 基本原理

频率为 ω_1 的泵浦光和频率为 ω_2 的斯托克斯光按一定相位匹配关系聚焦于采样区,当泵浦光 ω_1 和斯托克斯光 ω_2 的频差趋近于待测区域中某种介质的拉曼频移 ω_R 时,在另一束频率为 ω_1 的探测光作用下会产生频率为 ω_3 的相干反斯托克斯拉曼光束,即 CARS 信号。

图 7-39 描述了 CARS 产生过程,图 7-40 描述了 CARS 过程能级跃迁。

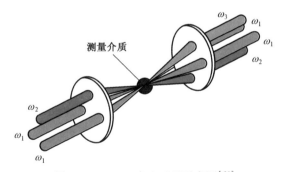

图 7-39　CARS 产生过程示意图[64]

CARS 过程中满足的能量守恒、动量守恒和信号强度为

$$\omega_3 = 2\omega_1 - \omega_2 \tag{7-58}$$

$$\boldsymbol{k}_3 = 2\boldsymbol{k}_1 - \boldsymbol{k}_2 \tag{7-59}$$

$$I_3 = \frac{\omega_3^2}{n_1^2 n_2 n_3 c^4 \varepsilon_0^2} I_1^2 I_2 \mid \chi_{\mathrm{CARS}}^{(3)} \mid 2L^2 \tag{7-60}$$

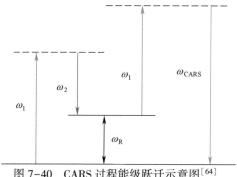

图 7-40　CARS 过程能级跃迁示意图[64]

式中　c——真空中的光速；

ε_0——真空中的介电常数；

I_1——泵浦光的强度；

I_2——斯托克斯光的强度；

$\chi_{CARS}^{(3)}$——三阶非线性极化率；

L——作用长度；

n_i——频率为 ω_i 的激光在介质中的折射率 $(i=1,2,3)$；

k_i——频率为 ω_i 的激光波矢 $(i=1,2,3)$。

式(7-60)中除了三阶非线性极化率 $\chi_{CARS}^{(3)}$，其余各项均可视为常数或通过试验测得，由于三阶非线性极化率是振-转能级间粒子数密度之差的函数，而粒子数密度与温度之间满足玻耳兹曼关系，因此可以通过 CARS 信号强度获取测点温度信息。

2. 一种 CARS 测量系统

传统 CARS 采用凸透镜将多束激光聚焦到空间同一点，在满足相位匹配条件下产生携带测点温度信息的 CARS 信号，通过分析 CARS 信号得出测点温度，是一种"点"测量方法。因此，传统 CARS 在一次试验中只能获取一个空间点的温度信息，不能满足全面认识燃烧机理的需要。为了克服传统 CARS 测量能力的不足，采用柱面凸透镜代替普通凸透镜，使得聚焦位置由点变线，通过光路调节使得焦线上大部分点满足相位匹配关系，然后通过信号收集和数据处理，实现线 CARS 的测量。

图 7-41 是一种线 CARS 测试系统[64]。该系统由激光光源、光路系统、数据采集以及时序控制四部分组成。激光光源由固体激光器 Nd:YAG 和染料激光器 Dye 构成，试验以氮分子为探测分子，固体激光器 Nd:YAG 输出 532nm 脉冲激光经过分束镜 M1 分束后，透射部分泵浦染料激光器 Dye 并输出中心波长位于 607nm 附

近的宽带斯托克斯光。反射部分经过分束镜 M2 将多余能量释放并由余光收集器 T1 收集,收集到的能量经过扩束延时系统 EDS 后与斯托克斯光同时到达中心带有 5mm、45°斜孔的环形反射镜 M3,斯托克斯光从斜孔中心穿过,与泵浦光并线形成环形光束以满足 CARS 的相位匹配要求。M3 合并激光束原理如图 7-42 所示。

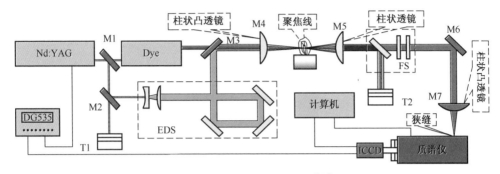

图 7-41　线 CARS 测试系统[64]

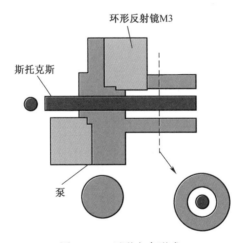

图 7-42　环形光束形成

混合光束由柱面凸透镜 M4 聚焦于探测区并产生 CARS 信号,与 M4 共焦的柱面凸透镜 M5 将出射激光以及 CARS 信号光转换成平行光束,滤光系统(FS)将大部分出射激光反射至 T2,并滤除共线 CARS 信号和背景干扰。最后得到的相对纯净的 CARS 信号由 M6 反射、柱面凸透镜 M7 汇聚于光谱仪狭缝。ICCD 相机将拍摄到的图像信号存入计算机供分析用。整个系统时序控制由 DG535 承担,为 Nd:YAG 和 ICCD 相机提供统一时序信号。

图 7-43 是测量甲烷-空气火焰炉的燃烧火焰采集的其中线 CARS 信号,

图 7-44 是对应的部分光谱呈现。由图 7-43、图 7-44 可以看出,稳态火焰中线 CARS 信号稳定,光谱轮廓清晰,信噪比较高。

实际采集信号的有效点数约为 200 个,经光谱仪标定,对应空间长度约为 3.6mm,由此计算出线 CARS 的实际空间分辨率约为 18 μm。

图 7-43　线 CARS 采集图像

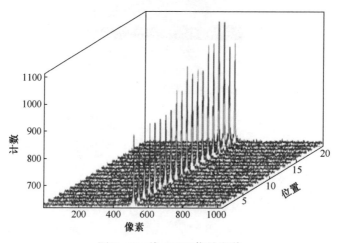

图 7-44　线 CARS 信号光谱

由于线 CARS 空间分辨率约为 18μm,而热电偶感应头的尺寸为毫米级,因此无法用热电偶测量结果作为线 CARS 测量结果的参照。为了得到线 CARS 的测量误差,本书以相对不确定度参量给出。相对不确定度是线 CARS 测试结果的统计值,按下式计算:

$$U = \sqrt{\frac{\sum\limits_{i=1}^{n}(T_i - \overline{T})^2}{n(n-1)}} / \overline{T} \times 100\% \tag{7-61}$$

式中　T_i——第 i 组数据拟合结果 $(i = 1, 2, \cdots, 100)$；

　　　$\overline{T}$——n 次测量结果的均值。

不确定度描述了测量结果相对于测量均值的分散程度。经计算该试验中的测量不确定度优于 7%。

7.4.6　TDLAS 诊断系统

TDLAS 诊断系统具有测量系统小巧紧凑、高测量重复频率(千赫以上)的优势,是近年来正在快速发展、有可能成为高度工程化的一项技术。TDLAS 技术通过被测气体组分对激光的共振吸收,使激光能量产生衰减,进而对气体参量进行分析和判断,具有非接触、响应快、灵敏和可靠的原位测量能力,由于可将激光用光纤进行远距离传输,特别适合发动机关键参数的在线监控。应用 TDLAS 技术可获得温度、组分浓度、速度、质量流量等关键流场参数信息。除用于缩比和全尺寸系统的地面测试外,还可以提供足够快的反馈使 TDLAS 技术有潜力用于燃烧和推进系统的闭环控制。基于以上优点,TDLAS 技术在国外高超声速推进领域已有较多应用,近年来美国政府对开拓这项技术非常重视,美国空军研究实验室、NASA 高超声速飞行计划等把 TDLAS 技术作为重点资助对象,以期能够制成小型光学传感器安装于空天飞行器上,用于飞行试验中发动机燃烧流场参数的实时在线监测。

1. TDLAS 温度、组分浓度测量原理

二极管激光器的注入电流用线性斜坡信号(锯齿波)进行扫描,导致激光强度发生近似线性的变化,同时激光频率也产生近似线性的改变。激光频率扫描穿过所选的吸收跃迁,由于共振吸收,激光强度产生衰减。透过的激光强度用光电探测器记录产生吸收线型,对吸收线的非吸收翼进行多项式拟合得到基线。

入射强度(基线信号)和透过强度(探测器信号)的关系满足 Beer-Lambert 方程:

$$\tau_v = \left(\frac{I_t}{I_0}\right) = \exp(-\alpha_v) \tag{7-62}$$

式中　τ_v——透过系数；

　　　I_t——透过激光强度；

　　　I_0——入射激光强度；

α_v——谱吸光度。

通过对式(7-62)的反演可得到吸光度曲线。

对于均匀的气体和孤立的吸收跃迁,吸光度可表示为

$$\alpha_v = p\mathcal{X}_i LS(T)\varphi_v \quad (T,p,\mathcal{X}_i) \tag{7-63}$$

式中　p——混合气体的总静压(atm);

　　　$\mathcal{X}_i$——吸收分子的摩尔分数;

　　　L——吸收路径长度(cm);

　　　S——吸收跃迁的线强度($\mathrm{cm^{-2}/atm}$);

　　　T——气体温度(K);

　　　φ_v——跃迁的线型函数(cm)。

线型函数在频率空间是归一化的,因此对测得的吸光度进行函数(如 Voigt 函数)拟合并对频率进行积分(吸收线型下的面积),得到谱积分吸光度已不包含复杂的线型函数,这为参数测量提供了很大方便。

$$A = \int_{-\infty}^{\infty} \alpha_v \mathrm{d}v = P\mathcal{X}_i S(T)L \tag{7-64}$$

吸收跃迁的线强度是吸收元素基本的谱特性,是跃迁频率、温度、跃迁的低能级能量和配分函数的函数。对于给定的跃迁频率,如果已知某个参考温度下的线强度 $S(T_0)$,则在任何温度下的线强度都可以计算得到:

$$S(T) = S(T_0)\frac{Q(T_0)}{Q(T)}\frac{T_0}{T}\exp\left[-\frac{hcE''}{k}\left(\frac{1}{T}-\frac{1}{T_0}\right)\right]\left[1-\exp\left(\frac{-hcv_0}{kT}\right)\right]\cdot$$
$$\left[1-\exp\left(\frac{-hcv_0}{kT_0}\right)\right]^{-1} \tag{7-65}$$

式中　$S(T_0)$——在参考温度 T_0(通常取 296K)的线强度;

　　　$Q(T)$——吸收分子的配分函数;

　　　h——普朗克常量(J·s);

　　　c——光速(cm/s);

　　　k——玻耳兹曼常数(J/K);

　　　E''——跃迁的低能态能量($\mathrm{cm^{-1}}$);

　　　v_0——跃迁谱线的中心频率($\mathrm{cm^{-1}}$)。

同时,测量具有同样压力、摩尔浓度和路径长度的两个跃迁的吸光度,由式(7-64)和式(7-65),两个积分吸光度之比可简化为线强度之比:

$$R = \frac{A_1}{A_2} = \frac{S_1(T)}{S_2(T)} = \frac{S(T_0,v_1)}{S(T_0,v_2)}\exp\left[-\left(\frac{hc}{k}\right)(E_1''-E_2'')\left(\frac{1}{T}-\frac{1}{T_0}\right)\right] \tag{7-66}$$

式中　A_1,A_2——两条谱线通过流场后测得积分吸光度;

T_0——参考温度；

hc/k——常数。

由式(7-66)可推导出温度为

$$T = \frac{\dfrac{hc}{k}(E_2'' - E_1'')}{\ln \dfrac{A_1}{A_2} + \ln \dfrac{S_2(T_0)}{S_1(T_0)} + \dfrac{hc}{k}\dfrac{(E_2'' - E_1'')}{T_0}} \qquad (7-67)$$

求出流场温度后,可得到每条吸收谱线的谱线强度 $S(T)$,压强独立获得后,可计算吸收分子的组分浓度,即

$$X = \frac{A}{pS(T)L} \qquad (7-68)$$

2. 气流流速测量原理

TDLAS 测速主要理论依据是多普勒效应,对于有统一流速方向的测量区域,如果流速在激光束光路方向上有速度分量,气体特征吸收的中心频率就会经历一个多普勒频移。图 7-45(a)为典型的流速测量光路。

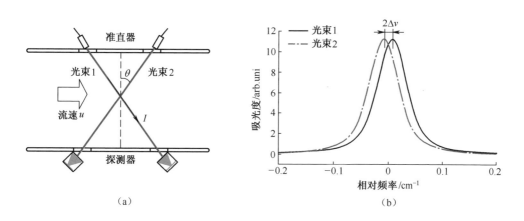

图 7-45　流速测量光路结构及多普勒频移信号

(a)流速测量光路结构示意图;(b)多普勒频移信号。

假设在待测量区域内流速分布均一,设频率为 v 的光束穿过测量区域,探测器最终接收到的光实际经历了两次多普勒频移,净频移量为零。传播路径上被分子吸收的光则只经历了第一次频移过程,没有到达探测器。当气体分子感受的表观频率 v' 等于气体特征吸收中心频率时,吸收最强,即 $v' = v_0$,此时频移大小为

$$\Delta v = v - v' \approx \frac{\boldsymbol{u} \cdot \boldsymbol{l}}{c} v_0 = \frac{u\sin\theta}{c} v_0 \qquad (7\text{-}69)$$

可以看出,波束 1 探测到的吸收中心位置将向高频方向移动。波束 2 则向相反方向频移,大小相同,两束波之间的频移差为 $2\Delta v$。由于已知角度 θ,测量这一频差就可以反演出流速。由于气流流速 u 远小于光速 c,式(7-69)近似满足频移量与流速大小成简单的正比关系,因此,利用 TDLAS 方法测量流速,整个的流速测量范围具有相同的灵敏度。

3. TDLAS 的应用

TDLAS 技术有诸多优势,近年来在超燃冲压发动机风洞试验中逐步得到重视。

在超燃冲压发动机燃烧机理研究方面,美国斯坦福大学的 Hanson 研究小组[65,66]利用视线平均(LOS)的 TDLAS 技术,在进气道不启动预警、发动机流量测量、燃烧室流场温度、组分测量等方面做了一系列开创性工作;Gruber 等[67]利用 9 个测量光束,得到了燃烧室出口静温的大致截面分布,并结合平面激光诱导荧光(PLIF)技术和 CFD 结果,分析了发动机的燃烧状态。Rieker[68]在美国空军实验室直连式试验台上利用一维视线平均 TDLAS 技术测量开展了双模态冲压发动机的测温试验,发现当燃烧室背压导致的不启动过程在发生前 6s 时,非均匀低温区的低频振荡显著增强,可为不启动监测和控制提供参考判据;Changl[69]在 NASA 兰利研究中心的直连式试验台上采用波长调制技术,选用 H_2O 分子的吸收光谱测量了发动机隔离段的温度、流速,进一步计算得到流量。温度、速度的测量结果与理论值和 CFD 计算值吻合较好,质量流量测量值与理论预测值的偏差小于 2%,如图 7-46 所示;Goldenstein 等[70]在弗吉尼亚大学的超燃试验台(UVaSCF)针对乙烯燃料的凹槽燃烧室,利用作动机构分别在凹槽回流区位置和凹槽下游两个测量平面分别扫描测量了 20 个位置,得到的凹槽火焰区和下游释热区温度、H_2O 组分沿高度方向的分布,发现在同一高度,下游释热区的温度与凹槽火焰区变化不大,H_2O 浓度有明显增加。

在工程发动机性能参数测量方面,Brown 等[71]在空军实验室对圆截面发动机隔离段的温度、压力、速度进行了 TDLAS 测量,测量得到的温度、马赫数、流量与实际符合很好;Busa[72]对碳氢燃料的圆截面发动机燃烧室出口的 H_2O、CO、CO_2 组分开展了测量,同时分别采用 CO 和 H_2O 的吸收光谱测量了发动机出口静温;Rice[73]等针对矩形截面的双模态冲压发动机,利用 TDLAS 和 SPIV 相结合的方法,评估了发动机在超燃模态和亚燃模态的燃烧效率,超燃模态下燃烧效率为 $(98.4^{+1.6}_{-8.5})\%$,亚燃模态的燃烧效率为 $(78.7\pm8.3)\%$。在航空发动机工程试验中,TDLAS 技术也开始得到应用:Lin 等[74]在通用公司的 J85 航空发动机地面试车试验中,采用 TDLAS 对发动机出口温度场和 H_2O 组分浓度进行了组网测量,光路网格为 30×20,测量结果如图 7-47 所示。

TDLAS 系统体积小,鲁棒性高,适合作为测量监测设备搭载飞行试验以期获取更多的飞行试验数据。HiFIRE 飞行试验中成功搭载了 TDLAS 测量系统[75],如图 7-47 所示,在线监测了进气道的捕获流量和发动机出口气流参数。2013 年 9 月,SCRAMSPACE 飞行器在进气道上安装了 O_2 分子吸收光谱的 TDLAS 探测器(图 7-48)[76],在线测量了进气道气流的温度、速度和压力,在 3km 以下的高度测量信号质量较高,温度测量偏差小于 10℃,压力测量值精度在 5% 以内。

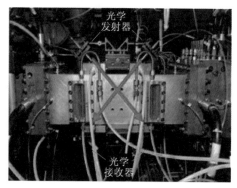

(a)

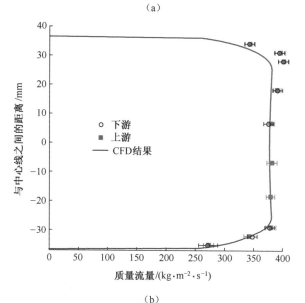

(b)

图 7-46 TDLAS 测量隔离段流量试验光路和测量结果

(a) TDLAS 光路;(b) TDLAS 测量结果。

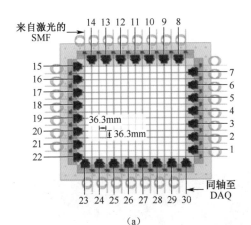

（a）　　　　　　　　　　　　　　　　（b）

图 7-47　J85 温度和浓度重建 TDLAS 二维测量结果[75]

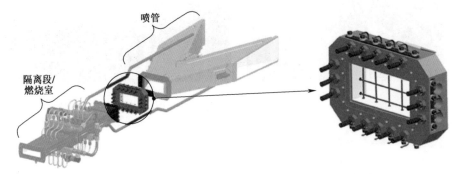

图 7-48　HiFIRE 飞行试验中搭载的 TDLAS 测量系统[76]

参考文献

[1] 熊婋,范玮. 应用燃烧诊断学[M]. 西安:西北工业大学出版社,2014.

[2] Strike W T. Calibration and performance of the AEDC/VKF tunnel C, Mach 4, aerothermal wind tunnel[R]// AEDC-TR-82-6, 1982.

[3] Donaldon J, Coulter S. A review of free-stream flow fluctuation and steady-state flow quality measurement in the AEDC/VKF supersonic tunnel A and hypersonic tunnel B[C]//AIAA Paper 95-6137, 1995.

[4] Strike W, Coulter S, Mills M. A 1991 calibration of the AEDC hypersonic wind tunnels (Nozzle Mach Number 6,8, and 10)[C]//AIAA Paper 92-5092, 1992.

[5] 饶文成. 激波风洞总温测量技术[Z]. 七机部七零一所, H01942, 1980.

[6] 王世芬,等. 二维超音速风洞及其应用[J]. 航空学报, 1994,15(11):1379-1382.

[7] 李向东,张邵武,邓和平,等. 高温高超声速风洞流场的总温测量与初步试验校核[C]. 第十一届全国激

波与激波管学术会议,北京,2004.

[8] 卢传喜,李向东,伍军,等. 超燃冲压发动机地面试验流场校测与评估[C]. 第六届冲压发动机技术交流会,文昌,2017.

[9] Moeller T M, Rhodes R, Beitel G R, et al. Prediction and experimental measurement of total temperature in an afterburning turbojet exhaust[C]//AIAA Paper 2012-0811,2012.

[10] 赵检,杨永军,秦存民. 瞬态超高温气流温度测量技术初探[J]. 计测技术, 2008, 28(增刊):26-27, 35.

[11] 王辽,江强. 超燃冲压发动机总温测量方法研究[C]//第四届冲压发动机学术会议论文集. 北京:中国航天科工集团公司科技委, 2013.

[12] 张小庆.脉冲燃烧风洞的流动过程与流场测量技术研究[D]. 成都:西南交通大学,2009.

[13] Zeisberger A. Tatal temperature probes for turbine and combustor applications [R]//ISABE - 2007 - 1108, 2007.

[14] Alberston C W, Bauserman W A. Total temperature probes for high - temperature hypersonic boundary-layer measurements[R]//NASA Technical Memorandum 4407, 1993.

[15] Bontrager P J. Development of thermocouple-type total temperature probes in the hypersonic flow regime[R]// AEDC-TR-69-25(AD681489), 1969.

[16] 戴苏明. 气流温度测量中减小测温误差途径的探讨[J]. 苏州丝绸工业学院学报, 2001,21(5):10.

[17] 吴永生,等. 热工测量及仪表[M]. 北京:中国水利电力出版社, 1991.

[18] 游伯坤,等. 温度测量仪表[M]. 北京:机械工业出版社, 1982.

[19] Anderson G Y, Gooderum P B. Exploratory tests of two strut fuel injectors for supersonic combustion[R]// NASA TN D-7581, 1974.

[20] Colket M B, Chiappetta L, Guile R N, et al. Internal aerodynamic of gas sampling probes[J]. Combustion and Flame, 1982, 44:3-14.

[21] Mitani T. Quenching of reaction in gas-sampling probes to measure scramjet engine performance[C]. Twenty-sixth Symposium (International) on Combustion, The Combustion Institute, 1996.

[22] Mitani T, Chinzei N, Masuya G. Mach 2.5 experiments of reaction quenching in gas sampling for scramjet engines[C]. Twenty-seventh Symposium (International) on Combustion, The Combustion Institute, 1998.

[23] Mitani T, Takahashi M, Tomioka S, et al. Measurement of scramjet engine performance by gas sampling[C]. 8th AIAA International Space Planes and Hypersonic Systems and Technologies Conference, Norfolk, 1998.

[24] Mitani T, Takahashi M, Tomioka S, et al. Analyses and application of gas sampling to scramjet engine testing [J]. Journal of Propulsion and Power, 1999 ,15(4): 572-577.

[25] Ciezki H K, Scheel F, Kwan W. Investigation of the combustion process in a scramjet model combustor with a sampling probe system[C]//AIAA Paper 2004-4166, 2004.

[26] Ciezki H K, Schwein B. Investigation of gaseous and solid reaction products in a step combustor using a water-cooled sampling probe[C]. 32nd AIAA/ASME/SAE/ASEE Joint Propulsion Conference, Florida, 1996.

[27] Ciezki H K, Sender J, Clauß W, et al. Combustion of solid-fuel slabs containing boron particles in a step combustor[J]. Journal of Propulsion and Power, 2003, 19(6): 1180-1191.

[28] Hiraiwa T, Kobayashi K, Tomioka S, et al. Gas-sampling survey from exhaust flows in scramjet engines at mach-6 flight condition[C]. 40th AIAA/ASME/SAE/ASEE Joint Propulsion Conference and Exhibit, Florida, 2004.

［29］林然，陈立红，张新宇. 气体取样系统在超燃冲压发动机实验中的应用［C］//第十一届全国激波与激波管学术会议论文集，北京，2004.

［30］Chen L H, Lin R, Gu H B, et al. Analyse of supersonic combustion by gas sampling［C］//AIAA Paper 2005-3317, 2005.

［31］郑必可，陈立红，林然，等. 高熵超声速气体取样分析［J］. 航空动力学报，2006，21(6)：967-971.

［32］Zhang Y. Analyses and design of gas sampling system to the direct-connect supersonic combustor testing［D］. Shanghai: Shanghai Jiao Tong University, 2013.

［33］张亚. 直联式超燃试验台燃气取样系统设计与分析［D］. 上海：上海交通大学，2013.

［34］伍军，谭宇，何粲，等. 气体取样分析在脉冲燃烧风洞试验中的应用［J］. 空气动力学学报，2016，34(3)：362-367.

［35］Mitani T, Chinzei N, Masuya G. Mach 2.5 experiments of reaction quenching in gas sampling for scramjet engines［C］. Twenty-seventh Symposium (International) on Combustion, The Combustion Institute, 1998.

［36］恽起麟. 实验空气动力学［M］. 北京：国防工业出版社，1991.

［37］王铁城. 空气动力学试验技术［M］. 北京：航空工业出版社，1995.

［38］王勋年，等. 低速风洞试验［M］. 北京：国防工业出版社，2002.

［39］王发祥，徐明方，李建强，等. 高速风洞试验［M］. 北京：国防工业出版社，2003.

［40］唐志共，等. 高超声速气动力试验［M］. 北京：国防工业出版社，2004.

［41］恽起麟. 风洞实验数据的误差与修正［M］. 北京：国防工业出版社，1996.

［42］程厚梅. 风洞实验干扰与修正［M］. 北京：国防工业出版社，2013.

［43］路波. 高速风洞测力试验数据处理方法［M］. 北京：国防工业出版社，2014.

［44］周伟江，马汉东，白鹏. 腹支撑对飞行器高超声速试验结果影响的数值计算［J］. 宇航学报，2003，24(6)：616-620.

［45］苏继川，黄勇，李永红，等. 小展弦比飞翼亚、跨、超声速支撑干扰研究［J］. 空气动力学学报，2015，33(3)：289-295.

［46］赵学军，钱海健，田文炳. 腹支撑对高超声速气动试验影响的研究［C］. 第六届全国实验流体力学学术会议，太原，2004.

［47］张绍武，关祥东，朱涛，等. 高超声速风洞进气道流量系数测量精度影响因素研究［J］. 推进技术，2013，34(4)：470-476.

［48］史建邦，申世才，高扬，等. 航空发动机空气流量与计算方法研究［J］. 工程与试验，2011，51(4)：15-18, 41.

［49］张召明. 飞机进气道流量测量及其校测比较［J］. 自动化仪表，2003，24(4)：22-25.

［50］Weinstein L M. An Improved Large-Field Focusing Schlieren System［C］//AIAA Paper 1991-0567, 1991.

［51］黄思源，谢爱民，白菡尘. 双截面聚焦纹影技术应用研究［J］. 实验流体力学，2011，25(6)：92-96.

［52］Gamba M, Mungal M G, Hanson R K. Ignition and Near-Wall Burning in Transverse Hydrogen Jets in Supersonic Crossflow［C］. 49th AIAA Aerospace Sciences Meeting including the New Horizons Forum and Aerospace Exposition, Orlando, 2011.

［53］Micka D J, Driscoll J F. Stratified jet flames in a heated (1390K) air cross-flow with auto ignition［J］. Combustion and Flame, 2012 (159):1205-1214.

［54］Rasmussen C C, Dhanuka S K, Driscoll J F. Visualization of flame holding mechanisms in a supersonic combustor using PLIF［J］. Proceeding of the Combustion Institute, 2012 (31):2505-2512.

[55] Allision P M,et al. Investigation of Flame Structure and Combustion Dynamics using CH_2O PLIF and High-Speed CH Chemiluminescence in a Premixed Dual-Mode Scramjet Combustor[C]. 54th AIAA Aerospace Sciences Meeting, San Diego,2016.

[56] Hammack S D, Lee T, Hsu K Y,et al.High-Repetition-Rate OH Planar Laser-Induced Fluorescence of a Cavity Flameholder[J]. Journal of Propulsion and Power, 2013, 29(5):1248-1251.

[57] Geipel C M,et al. High-Resolution OH and CH_2O Visualization in a Premixed Cavity-Anchored Ethylene-Air Flame in a M = 0.6 Flow Field[C].College Park：10th U.S. National Combustion Meeting, 2017.

[58] McRae C D,et al. Image Analysis of Hydroxyl-Radical Planar Laser-Induced Fluorescence in Turbulent Supersonic Combustion[J]. Journal of Propulsion and Power,2015,32(3):1-8.

[59] 曹娜,徐青,曹亮,等. 脉冲全息技术在发动机射流雾化场测量中的应用[J].现代应用物理,2013,4(4)：323-329.

[60] Vikram C S. Particle field holography [M]. Cambridge：Cambridge University Press,1992.

[61] Santangelo P J, Sojka P E. A holographic investigation of the near-nozzle structure of an effervescent atomizer-produced spray[J]. Atomization Spray, 1995,5(2):137-155.

[62] 张立虎,关平,张龙,等.PDPA 和激光全息术对喷嘴雾化特性的对比测量[J].江汉大学学报,2009,37(4):26-28.

[63] Minck R W, Terhune R M, Rado W G.Laser-Stimulated Raman Effect and Resonant Four-Photon Interactions in Gases H_2,D_2 and CH_4[J].Applied Physics,1963,3(10):181-184.

[64] 李仁兵,苏铁,张龙,等.燃烧流场线 CARS 测温技术研究[J].光谱学与光谱分析,2016,12(36)：3668-3672.

[65] Hanson R K. Applications of quantitative laser sensors to kinetics, propulsion and practical energy systems[J]. Proceedings of the Combustion Institute, 2011(33):1-40.

[66] Schultz I A,et al. Hypersonic Scramjet Testing via Diode Laser Absorption in a Reflected Shock Tunnel[J]. Journal of Propulsion and Power, 2014, 30(6):1586-1594.

[67] Gruber M,et al. Laser-Based Measurements of OH, Temperature, and Water Vapor Concentration in a Hydrocarbon-Fueled Scramjet [C]. 44th AIAA/ASME/SAE/ASEE Joint Propulsion Conference & Exhibit, Hartford,008.

[68] Rieker G B,et al. Diode laser-based detection of combustor instabilities with application to a scramjet engine [J]. Proceeding of the Combustion Institute, 2009(32):831-838.

[69] Chang L S.,et al. Supersonic Mass-Flux Measurements via Tunable Diode Laser Absorption and No uniform Flow Modeling [J]. AIAA, 2011,49(12):2783-2791.

[70] Schultz I A,et al. Spatially Resolved Water Measurements in a Scramjet Combustor Using Diode Laser Absorption[J]. Journal of Propulsion and Power, 2014, 30(6):8.

[71] Brown M S,et al. TDLAS-based Measurements of Temperature, Pressure, and Velocity in the Isolator of an Axisymmetric Scramjet [C]. 46th AIAA/ASME/SAE/ASEE Joint Propulsion Conference & Exhibit, Nashville,2010.

[72] Busa K M,et al. Measurements on NASA Langley Durable Combustor Rig by TDLAT Preliminary Results[C]. 51s AIAA Aerospace Sciences Meeting including the New Horizons Forum and Aerospace Exposition, Grapevine, 2013.

[73] Rice B.Design and Testing of a Dual-Mode Scramjet for Optical Measurement Techniques[C]. 52nd Aerospace

Sciences Meeting, National Harbor,2014.

[74] Ma L, Li X, Sanders S T, et al. 50-kHz-rate 2D imaging of temperature and H_2O concentration at the exhaust plane of a J85 engine using hyper spectral tomography [J]. Opt.Express, 2013 (21):1152 - 1162.

[75] Jackson K R,et al. Mach 6-8+ Hydrocarbon-Fueled Scramjet Flight Experiment: The HIFiRE Flight 2 Project [J]. Journal of Propulsion and Power, 2015, 31(1):36-53.

[76] Kurtz J,et al. Flight test of a rugged scramjet-inlet temperature and velocity sensor[C]. 53rd AIAA Aerospace Sciences Meeting, Kissimmee,2015.

第8章 典型试验及其结果

8.1 模拟方式对超燃冲压发动机性能试验的影响

超燃冲压发动机风洞试验中,如何获取高焓试验气体是实现地面模拟高超声速飞行状态的关键。受研究成本和设备建设成本的限制,国内外多采用燃烧加热的风洞(或试车台)来进行与超燃冲压发动机有关的试验研究[1-3]。我国此类风洞就有氢气、煤油、酒精等燃烧加热方式。燃烧加热方式具有简洁、价格便宜、运行效率高、运行范围宽广等优势。

到目前为止,国内对燃烧类风洞开展类似超燃冲压发动机研究的推进试验所采用的模拟方式还存在争议。一种观点认为:最直接影响发动机性能的模拟参数是总焓和燃油当量比,在大多数情况下,马赫数和动压是第二位的影响因素,应该采用"焓值+动压"为模拟参数[4]。另外一种观点为:发动机试验主要是考虑点火燃烧相关的化学反应,应首先选择复现来流的静温、静压,来流马赫数和焓值在一定程度上可以降低要求,应该采用"温度+压力"为模拟参数[5]。

模拟方式不同,试验结果存在一定差异[6-13]。为了比较两种模拟方式对超燃冲压发动机性能的影响,本章采用相同流道的发动机模型,选取国内两座典型超燃冲压发动机性能试验研究主力燃烧加热风洞(一座为模拟"静温+静压"的酒精燃烧加热风洞,喷管出口直径为850mm;另一座为模拟"焓值+动压"的氢气燃烧加热风洞,喷管出口直径为600mm,)开展对比研究,对不同模拟方式对超燃冲压发动机性能试验结果的影响进行了具体介绍。

8.1.1 试验介绍

1. 风洞设备

试验模拟马赫数5、6两个典型状态下的来流条件。ϕ850mm 酒精燃烧加热风洞(简称 ϕ850 风洞)采用"静温+静压"($T_\infty + p_\infty$)的模拟方式,ϕ600mm 氢气燃烧加热风洞(简称 $\phi600$ 风洞)采用"(总)焓值+动压"(H_t+q_∞)和"静温+静压"($T_\infty+p_\infty$)两种模拟方式。试验主要对 $\phi850$ 风洞"静温+静压"模拟试验结果和 $\phi600$ 风洞采用"焓值+动压"模拟试验结果进行了对比分析,并在 $\phi600$ 风洞上进行了两种模拟方式的发动机性能试验及结果对比分析。

表 8-1 为 $\phi850$ 风洞"静温+静压"和 $\phi600$ 风洞"焓值+动压"试验状态及来流条件:工况 1, $\phi600$ 风洞,马赫数 5,"焓值+动压"(H_t+q_∞)模拟;工况 2, $\phi850$ 风洞,马赫数 5,"静温+静压"($T_\infty+p_\infty$)模拟;工况 3, $\phi600$ 风洞,马赫数 6,"焓值+动压"(H_t+q_∞)模拟;工况 4, $\phi850$ 风洞,马赫数 6,"静温+静压"($T_\infty+p_\infty$)模拟。

表 8-1 两座风洞不同模拟方式来流参数表

试验工况	工况 1	工况 2	工况 3	工况 4
风洞设备	$\phi600$	$\phi850$	$\phi600$	$\phi850$
模拟方法	H_t+q_∞	$T_\infty+p_\infty$	H_t+q_∞	H_t+p_∞
马赫数 Ma	5	5	6	6
总温 T_∞/K	207.29	217.08	207.3	221.06
总压 p_∞/Pa	5256.1	5113	2785.8	2752.1
总焓 H_t/(MJ/kg)	1.31	1.33	1.82	1.85
动压 q_∞/kPa	91.2	88.7	74.9	68.5

表 8-2 为 $\phi600$ 风洞取两种模拟方式所对应的试验状态及来流参数:工况 5, $\phi600$ 风洞,马赫数 6,"焓值+动压"(H_t+q_∞)模拟;工况 6, $\phi600$ 风洞,马赫数 6,"静温+静压"($T_\infty+p_\infty$)模拟。

表 8-2 $\phi600$ 风洞模拟参数

试验工况	工况 5	工况 6
风洞设备	$\phi600$	$\phi600$
模拟方法	H_t+q_∞	$T_\infty+p_\infty$
马赫数 Ma	6	6
总温 T_∞/K	199.3	221.3
总压 p_∞/Pa	2112.5	2178.1
总焓 H_t/(mJ/kg)	1.84	2.02
动压 q_∞/kPa	55.16	55.44

2. 发动机模型

起燃冲压发动机模型如图 8-1 所示,全长约 3m,采用四波系进气道,捕获面积

0.033m²,串行双凹槽稳焰结构,发动机燃料为 RP-3 航空煤油,试验中定燃油流量(145±5)g/s。试验中确保发动机模拟进气道处于风洞流场均匀区内。

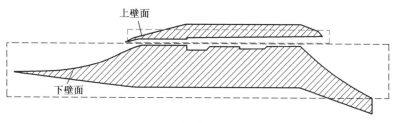

图 8-1　超燃冲压发动机模型

8.1.2　试验结果

针对两个典型飞行工况,对两座风洞中所得发动机性能差异进行了分析评估。

1. 模拟方式影响

在 φ600mm 氢气燃烧加热风洞上根据表8-2试验条件,获取了超燃冲压发动机的性能数据,并对比分析了两种不同模拟方式对发动机性能造成的影响。图 8-2为两种模拟方式获得的发动机壁面静压 p_w 分布对比曲线。

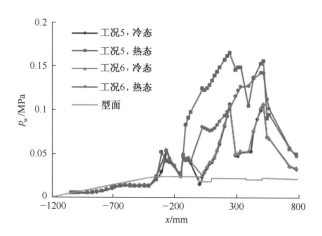

图 8-2　工况 5 和工况 6 结果对比

从图 8-2 可以看出,未喷油燃烧的工况两种模拟方式获得的壁面静压 p_w 分布基本一致,喷油燃烧的工况采用"静温+静压"模拟方式获得的静压 p_w 分布明显低于采用"焓值+动压"模拟方式获得的静压 p_w 分布。从表 8-2 可以发现,工况 6 采用"静温+静压"($T_\infty + p_\infty$)模拟方式的气流焓值偏高,这可能是两种模拟方式下发动机性能出现差异的主要原因。

2. 燃烧加热方式影响

为了评估不同燃烧加热方式风洞试验气体对超燃冲压发动机地面试验性能的影响,对表 8-1 中的两个工况下两座风洞中获得的发动机下壁面静压分布等试验结果进行了比较研究。图 8-3、图 8-4 分别为风洞试验模型壁面静压 p_w 与来流动压 q_∞ 无量纲分布。

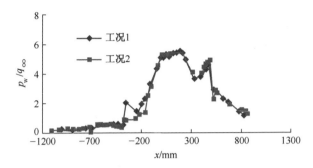

图 8-3   工况 1 和工况 2 结果对比

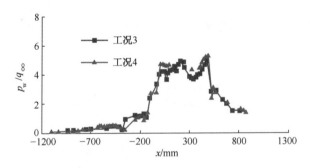

图 8-4   工况 3 和工况 4 结果对比

从图 8-3 可以看出:采用"静温+静压"($T_\infty + p_\infty$)模拟方式的 $\phi850$ 风洞试验数据(工况 2)与采用"焓值+动压"($H_t + q_\infty$)模拟方式的 $\phi600\text{mm}$ 风洞试验数据(工况 1)在马赫数 5 条件时比较接近。在图 8-4 的马赫数 6 条件时,两座风洞的试验结果(工况 3、工况 4)有一定的差别,但差别不大。

8.1.3   超燃冲压发动机性能试验结果分析

在高焓风洞中进行带燃烧的超燃冲压发动机性能试验,实质上是一种带内流化学反应的气动试验。由于模型的尺度一般比风洞流场均匀区大,在实际试验时采取了将进气道置于风洞喷管的均匀流场中,以模拟进气道的流场。燃烧室里的流动与化学反应基本不受外流影响,因此,燃烧室可以不在风洞流场的均匀区内。

由于进气道需要模拟实际流动的压缩波系等流场结构,因此需要遵循气动模拟准则,即风洞来流首先要模拟雷诺数、马赫数和动压三个最主要的参数。

燃烧室的模拟需要遵循化学反应(燃烧)的模拟准则。对于带化学反应的黏性流动各组分的连续方程[14]为

$$\rho \frac{\mathrm{D}c_i}{\mathrm{D}t} = \nabla \cdot (\rho D_{im} \nabla c_i) + \overline{\omega}_i \tag{8-1}$$

即

$$\rho \left(\frac{\partial c_i}{\partial t} + \frac{u \cdot \partial c_i}{\partial x} + \frac{v \cdot \partial c_i}{\partial y} + \frac{w \cdot \partial c_i}{\partial z} \right) = \nabla \cdot (\rho D_{im} \nabla c_i) + \overline{\omega}_i \tag{8-2}$$

式中　c_i——组分 i 的质量分数;

D_{im}——组分 i 的扩散系数;

$\overline{\omega}_i$——组分 i 的变化速度,即燃烧速度。

利用积分类比法,化学反应源项 $\overline{\omega}_i$ 与对流项 $\rho \left(\dfrac{u \cdot \partial c_i}{\partial x} + \dfrac{v \cdot \partial c_i}{\partial y} + \dfrac{w \cdot \partial c_i}{\partial z} \right)$ 的比值为

$$\frac{\overline{\omega}_i}{\rho \left(\dfrac{u \cdot \partial c_i}{\partial x} + \dfrac{v \cdot \partial c_i}{\partial y} + \dfrac{w \cdot \partial c_i}{\partial z} \right)}$$

$$\propto \frac{\overline{\omega}_i}{\rho_\infty V_\infty c_i / L} \propto \frac{L \overline{\omega}_i}{\rho_\infty V_\infty c_i} \tag{8-3}$$

$$= \frac{L / V_\infty}{\rho_\infty c_i / \overline{\omega}_i} = \frac{\tau_{\mathrm{flow}}}{\tau_{\mathrm{rea}}} = D_{\mathrm{I}}$$

这个比值即为第一 Damkohler 数(D_{I}),表征为化学反应特征时间和流动特征时间的比值(具体推导见 2.4 节)。

带化学反应的黏性流动各组分的能量方程为

$$\rho \frac{\mathrm{D}h_{\mathrm{sens}}}{\mathrm{D}t} = \nabla \cdot (k \nabla T) - \nabla \cdot \sum_i \rho_i U_i h_{i,\mathrm{sens}} + \frac{\mathrm{D}P}{\mathrm{D}t} + \Phi - \sum_i \dot{\omega}_i (\Delta h_{\mathrm{f}})_i^0 \tag{8-4}$$

分解为

$$\rho \left(\frac{\partial h_{\mathrm{sens}}}{\partial t} + u \frac{\partial h_{\mathrm{sens}}}{\partial x} + v \frac{\partial h_{\mathrm{sens}}}{\partial y} + w \frac{\partial h_{\mathrm{sens}}}{\partial z} \right)$$

$$= \nabla \cdot (k \nabla T) - \nabla \cdot \sum_i \rho_i U_i h_{i,\mathrm{sens}} + \frac{\mathrm{D}P}{\mathrm{D}t} + \Phi - \sum_i \dot{\omega}_i (\Delta h_{\mathrm{f}})_i^0 \tag{8-5}$$

式中:等号后面第一项为热传导项;第二项为扩散项;ϕ 为与剪切力相关的耗散项;最后一项为反应生成热项。

在化学反应中,注意考虑显焓和化学生成焓的影响。利用积分类比法,化学反应生成热项与对流项的比值为

$$
\frac{\sum_i \dot{\omega}_i (\Delta h_{\mathrm{f}})_i^0}{\rho \left(u \dfrac{\partial h_{\mathrm{sens}}}{\partial x} + v \dfrac{\partial h_{\mathrm{sens}}}{\partial y} + w \dfrac{\partial h_{\mathrm{sens}}}{\partial z} \right)}
$$

$$
= \frac{\overline{\omega} Q}{\rho \left(u \dfrac{\partial h_{\mathrm{sens}}}{\partial x} + v \dfrac{\partial h_{\mathrm{sens}}}{\partial y} + w \dfrac{\partial h_{\mathrm{sens}}}{\partial z} \right)} \tag{8-6}
$$

$$
\propto \frac{\overline{\omega} Q L}{\rho_\infty c_p T_\infty V_\infty} = \frac{L \overline{\omega}}{\rho_\infty V_\infty} \frac{Q}{h_\infty} = D_{\mathrm{III}}
$$

这个比值即为第三 Damkohler 数(D_{III}),表征为燃料燃烧放的热与来流焓值(显焓)的比值。

由这些分析可知,燃烧的模拟首先需要模拟 D_{I} 和 D_{III}。通常将 D_{I} 和 D_{III} 称为燃烧过程的相似条件[15]。

长久以来,我们都忽视了对 D_{I} 和 D_{III} 的深度解读。对于第一 Damkohler 数,将其上下乘以来流特征面积,不考虑发动机内发生的复杂的化学反应非平衡过程,认为燃料的燃烧是一个极快的化学反应平衡过程,将 $\overline{\omega}_i$ 定义为单位容积内喷入的燃油量,对第一 Damkohler 数进行重新演算可得

$$
D_{\mathrm{I}} = \frac{\tau_{\mathrm{flow}}}{\tau_{\mathrm{rea}}} \propto \frac{L \overline{\omega}_i}{\rho_\infty V_\infty c_i} \propto \frac{A L \overline{\omega}_i}{A \rho_\infty V_\infty} \propto \frac{\dot{m}_{\mathrm{f}}}{\dot{m}_{\mathrm{a}}} \tag{8-7}
$$

所以,第一 Damkohler 数可以解读为油气比。

同理,对第三 Damkohler 数进行重新演算可得

$$
D_{\mathrm{III}} = \frac{L \overline{\omega}}{\rho_\infty V_\infty} \frac{Q}{h_\infty} = \frac{A L \overline{\omega}}{A \rho_\infty V_\infty} \frac{Q}{h_\infty} = \frac{\dot{m}_{\mathrm{f}}}{\dot{m}_{\mathrm{a}}} \cdot \frac{Q}{h_\infty} \tag{8-8}
$$

进一步演算可得

$$
D_{\mathrm{III}} \propto \frac{\dot{m}_{\mathrm{f}}}{\dot{m}_{\mathrm{a}}} \cdot \frac{Q}{h_\infty} \propto \frac{\dot{m}_{\mathrm{f}}}{\dot{m}_{\mathrm{a}}} \cdot \frac{Q}{c_p T_\infty} = \frac{\dot{m}_{\mathrm{f}}}{\dot{m}_{\mathrm{a}}} \cdot \frac{Q}{\dfrac{\gamma}{\gamma - 1} R T_\infty}
$$

$$= \frac{\dot{m}_f}{\dot{m}_a} \cdot \frac{QM}{\frac{\gamma}{\gamma-1}8314T_\infty} \propto D_1 \frac{QM}{\frac{\gamma}{\gamma-1}T_\infty} \qquad (8-9)$$

式中　M——来流的平均分子量。

由于发动机试验油气比(D_I)是必须模拟的指标,而单位质量的燃料放热量 Q 是一定的,如果要模拟第三 Damkohler 数,则来流静焓 $c_p T_\infty$ 成了模拟目标。对于酒精燃烧加热的 ϕ850 风洞试验台,由于其试验气体具有与空气相当接近的分子量和比热容,故可以通过模拟静温来模拟第三 Damkohler 数。对于氢气燃烧加热 ϕ600 风洞试验台,必须通过模拟焓值的方式才能模拟第三 Damkohler 数。

从上述分析可知,D_I 实质上是模拟油气比,D_{III} 实质上是模拟来流的焓值,第三 Damkohler 数表征的是发动机燃料燃烧释热量与气流焓值的比值,模拟该参数可保证恰当地模拟因燃烧产生的增压。在模拟了来流马赫数和静焓的情况下,也可以认为第三 Damkohler 数表征的是发动机燃料燃烧释热量与气流总焓的比值。

在地面开展超燃冲压发动机性能试验时,静温、静压和马赫数这些参数是很难同时模拟的。首先,马赫数较难模拟,高温、组分、边界层修正等因素导致喷管设计困难,喷管调试出来的实际马赫数往往与设计马赫数有所偏差。例如,美国 8 英尺高温风洞开展 X-43A 试验时,马赫数 7 喷管实际调试得到的马赫数 6.92[3]。或者会出现开展地面试验时,设备已有的喷管并没有所需要的试验马赫数的情况[4]。既然马赫数模拟有偏差,静温、静压等的模拟就无从谈起。

在开展地面试验时必须进行权衡。如果重点关心的是超燃冲压发动机燃烧室的性能,就不去纠结发动机进气道细致的压缩过程,将第三 Damkohler 数作如下定义更具有可操作性:

$$D_{III} = \frac{\dot{m}_f}{\dot{m}_a} \cdot \frac{Q}{h_0} \qquad (8-10)$$

即使在进行地面试验时马赫数与飞行状态下有所偏差,也基本能保证燃烧室入口的马赫数与设计条件下相差无几。在模拟总焓的情况下,以燃烧室入口参数作为无量纲的来流参数,这就意味着地面试验与飞行状态下燃烧室内的无量纲结果具有一致性。通过模拟第三 Damkohler 数,即飞行器状态下的总焓必须模拟,就可以模拟因燃烧产生的增压。从而可知,在风洞试验过程中,最直接影响超燃冲压发动机性能的模拟参数是总焓和燃油当量比。在大多数情况下,马赫数和动压是第二位的影响因素,因为发动机内部压力是可以用动压进行无量纲化处理的[4]。

结合上面的推导,对试验结果做进一步分析。对于图 8-2 的试验结果,试验中发动机燃油加注是定燃油流量$(145\pm5)\,\text{g/s}$,两种状态发动机流量基本相同,根据式(8-10)可知,焓值大的$D_{\text{Ⅲ}}$较小,表现为燃烧室压力的增量(或上升)较小。

根据文献[16]可知,发动机进气道流量为

$$\dot{m}_a = \rho_\infty V_\infty A = \frac{1}{2}\rho_\infty V_\infty^2 \cdot \frac{2A}{V_\infty} = \frac{2q_\infty A}{c_\infty Ma_\infty a_\infty} \tag{8-11}$$

将式(8-11)代入式(8-9),可得

$$D_{\text{Ⅲ}} = \frac{\dot{m}_f}{\dot{m}_a} \cdot \frac{Q}{h_0} = \frac{C_\infty Ma_\infty a_\infty}{2q_\infty A} \cdot \dot{m}_f \cdot \frac{Q}{h_0} \tag{8-12}$$

由于发动机流道相同,燃油流量相同,因此,两座风洞和真实飞行环境的常量C_∞、A、$\dot{m}_f$、Q可以认为是相同的,将这几个参数的代数关系值记为常数k,$D_{\text{Ⅲ}}$就由Ma_∞、a_∞、q_∞、h_0决定。根据式(8-12)可计算出各种状态的$D_{\text{Ⅲ}}$值,如表8-3所列。

表8-3 三种状态下的 $D_{\text{Ⅲ}}$

状态	$\phi600$	$\phi850$	$\phi600$	$\phi850$
Ma	5	5	6	6
γ	1.38	1.39	1.38	1.39
M	27.43	28.82	26.87	28.87
T_∞/K	207.3	217.1	207.3	221.1
$H_t/(\text{MJ/kg})$	1.31	1.33	1.82	1.85
q_∞/kPa	91.2	88.7	74.9	68.5
$D_{\text{Ⅲ}}$	12300	12500	13100	14100

对于图8-3所示的马赫数基本相同的试验结果,根据表8-3的参数可以看出:工况1和工况2的$D_{\text{Ⅲ}}$基本相同,所以试验结果基本一致;同样,图8-4中,工况4的$D_{\text{Ⅲ}}$比工况3的$D_{\text{Ⅲ}}$略大,所以压力值略为偏高。

虽然两座风洞之间以及与真实飞行环境的来流参数有差别,但试验结果都可以依据$D_{\text{Ⅲ}}$得到解释,只要准确模拟$D_{\text{Ⅲ}}$,就能很好地模拟燃烧室压力增量。因此,综上所述,在地面高焓风洞进行超燃冲压发动机性能试验时,设备来流需要尽量模拟$D_{\text{Ⅲ}}$。从式(8-12)中可以看出,即对于来流来说需模拟马赫数、动压和焓值,而不能模拟温度和压力。但从实用角度来讲,开展发动机试验,应以总焓和燃油当量比为模拟首选,对马赫数和动压的模拟可以稍微放宽,但放宽的方式是这些参数变化不应引起$D_{\text{Ⅲ}}$太大的变化。

8.1.4 结论

综上所述,可得到一些有价值的结论,对开展相关工作具有较大的借鉴意义。具体如下:

(1) 采用"总焓+动压"模拟方式的 $\phi600$ 风洞,与"静温+静压"模拟方式的 $\phi850$ 风洞得到的超燃冲压发动机性能相差不大;$\phi850$ 风洞结果略高的主要原因是 D_{III} 不一致所致。从而说明,这两种风洞超燃冲压发动机性能试验结果可靠。

(2) 开展超燃冲压发动机研究时,风洞设备采用"焓值+动压+马赫数"的模拟方式最佳;即使采用"静温+静压+马赫数"的模拟方式,也必须保证 D_{III} 与真实飞行环境基本一致。

(3) 从实用角度讲,在进行超燃冲压发动机研究时,风洞设备可以采用"总焓+动压+油气比"的模拟准则,试验马赫数和动压可以有所偏差,但前提是这些参数所决定的 D_{III} 应基本相同。

8.2 典型前体/进气道试验

完整的进气道风洞试验往往可以同时获得流量捕获特性、压缩性能、启动及抗反压性能,而阻力及转捩特性往往需要单独开展研究。本节将介绍一些典型的进气道试验结果。

8.2.1 典型流量捕获特性/压缩性能试验

某进气道试验在中国空气动力研究与发展中心 0.6m×0.6m 跨超声速风洞(FL-23 风洞)中进行,目的是研究攻角对进气道捕获流量以及压缩性能的影响。

1. 试验模型

进气道采用二元矩形截面形式(图 8-5),设计点为马赫数 6、攻角 4.5°,工作范围为马赫数 4~6;外压缩段由四级楔面构成,内压缩段以唇罩压缩为主,隔离段上下壁面与体轴平行,前体前缘与唇口全部钝化处理。

模型中心线壁面沿程布置压力测孔,测量沿程静压;在隔离段出口处布置皮托排架,用来测量截面的参数(图 8-6);在整流段后端用皮托排架测量进气道的捕获流量。同时,在模型侧壁开了一对观察窗,试验中可以观察外压缩面及部分内压缩段的纹影波系(图 8-7)。试验模型在风洞中的安装如图 8-8 所示。

2. 试验状态及过程

试验选马赫数 4 喷管,来流参数如表 8-4 所列。

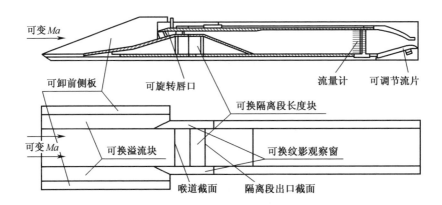

图 8-5　进气道模型主视图

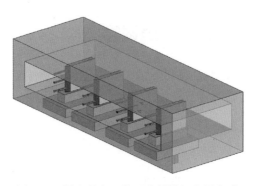

图 8-6　隔离段出口截面皮托排架布置方式

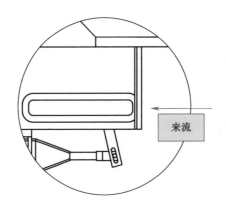

图 8-7　纹影观察位置

图 8-8 进气道模型在风洞中安装

表 8-4 试验来流参数

名义马赫数	马赫数	总压/kPa	静压/kPa	单位长度的雷诺数/m^{-1}	总温/K	静温/K
4.0	4.014	630	4.072	3.110×10^{7}	288	68

每车试验之前首先是人工调节状态,并将试验中可变状态参数输入预先编号的控制程序中,进行开车前模拟。确认无误后,关闭试验段进行自动控制的吹风试验。调节风洞在模型零攻角(攻角的改变是通过控制后支撑攻角电动机实现的)开车,待风洞流场稳定后控制攻角电动机、唇口电动机或者节流电动机的步进,使模型在风洞中的攻角、唇口或节流片到达预定状态,延时 3s 后采集该状态下压力数据。变换攻角状态,重复以上过程;等本车采集量完成后,确保模型攻角回零再关车。每车试验之后打开试验段对模型进行必要检查(如攻角移位、模型是否松动、是否有可见可感问题等)与必要的排除故障处理,同时确定下车吹风状态。

3. 试验结果及分析

图 8-9 给出了试验得到的不同攻角状态下模型子午面上的压力分布。由图 8-9 可见,随着攻角的增大,中心体与唇罩上的压力也相应增大,表现为压力分布曲线整体上移,而且沿着流向上移的幅度越来越大。这是因为攻角增大后,沿着流向压缩的增强有积累效应,下游的压缩都是在上游压缩的基础上的再压缩。

图 8-10 给出了试验得到的流量以及隔离段出口截面马赫数与总压恢复系数随攻角变化的曲线。由图 8-10 可知,随着攻角的增大,满流流量 MFR0 逐渐增大,主要原因是攻角增加导致迎风面积增大,从而增加了有效捕获面积。总体上说,在试验范围内,进气道的捕获流量随着攻角的增加而增大,但由于满流流量随攻角增加的幅度更大,所以作为二者之商,进气道的流量系数表现为随攻角增加而减小,

可见攻角的增大将增加进气道的附加阻力。出口马赫数随着攻角的增加而减小，因为进气道的总压缩随着攻角增加而增大。在试验范围内，总压恢复系数随着攻角的增加而增大。显然在低马赫数时对于一个启动的进气道，适当增加攻角有利于燃烧室的稳定工作。

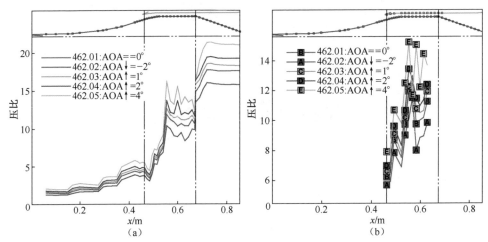

图 8-9　试验模型子午面压力分布

(a)中心体;(b)唇罩。

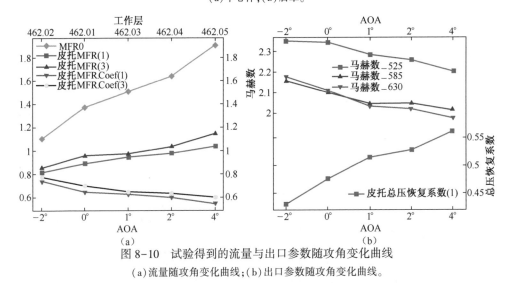

图 8-10　试验得到的流量与出口参数随攻角变化曲线

(a)流量随攻角变化曲线;(b)出口参数随攻角变化曲线。

8.2.2　典型抗反压试验

某进气道抗反压试验在 $\phi 1\mathrm{m}$ 高焓暂冲风洞上进行，通过更换喷管可以得到不同来流马赫数的流场条件。采用文氏管控制气体流量,通过改变文氏管喉道尺寸或者文氏管的上游压力,可以得到不同的燃料、氧气和空气流量,进而可对总压、总温等流场参数进行调节。模型壁面静压的测量在风洞试验段外进行,通过 $\phi 3mm \times 0.5mm$ 的空心测压管传递压力,压力传感器安装在压力测量面板上,最后由数据采集系统采集数据。试验还采用了纹影显示系统获取发动机模型进气道区域的流场结构,并利用高速相机进行记录。

1. 试验模型

试验模型喉道高度为 60mm,进气道捕获宽度为 250mm,捕获高度为 340mm,内、外压缩段总长为 16mm,隔离段长为 360mm。试验模型如图 8-11 所示。

节流装置借鉴活塞工作的原理,是一套利用活塞两端压差产生执行力的机构,由节流门、传动杆、执行机构等部分组成。执行机构如图 8-12 所示,为了实现节流门的运动,在孔 1 和孔 2 处设计了节流喉道,通过控制节流喉道的面积和上游压力控制进入执行机构活塞左右两侧液体/气体的流量,控制活塞的运动速度,从而控制节流门的运动速度。试验中可通过控制孔 1 与孔 2 之间的介质及其压力(流量)实现进气道的启动/不启动(可在同一车次中反复)。

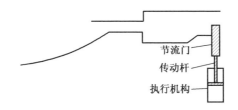

图 8-11　试验模型

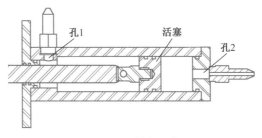

图 8-12　执行机构

2. 试验过程

图 8-13 为模型壁面典型静压测点与风洞总压信号随时间变化的曲线。

图 8-13 清楚地显示了典型试验过程。从总压信号看,风洞稳定运行时间约 5s;隔离段 1 为隔离段靠近进气道的测点,隔离段 2 为隔离段靠近燃烧室的测点,

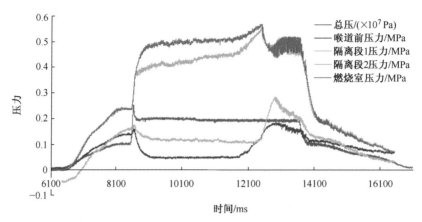

图 8-13　模型壁面典型静压测点与风洞总压信号随时间的变化曲线

其压力水平分别与喉道前测点和燃烧室测点相当。进行试验时,首先将节流门固定在进气道可以启动,并靠近进气道不启动的边缘位置,试验过程中将节流门缓慢运动至进气道不启动的位置。由于试验要求节流门要缓慢运动,而风洞的试验时间只有 5s,因此节流门运动的距离不宜过长。

从图 8-13 可以看出,风洞在约 8.6s 进入稳定运行状态,节流门在约 9.5s 时开始运动,在约 13.2s 时停止运动,在约 13.6s 时风洞关车,节流门运动时间约 3.7s,节流门总的运动距离为 10mm,运动速度为 2.7mm/s。在风洞稳定运行的时间内,各静压测点首先处在稳定状态,当节流门开始运动后燃烧室和隔离段后部测点首先受到扰动,压力逐渐升高,随着节流门缓慢运动,隔离段前部测点和喉道前测点逐渐受到扰动。当隔离段前测点受到扰动时,进气道由启动状态变为不启动状态。此时燃烧室和隔离段后部测点压力将不再上升,进气道捕获流量减少,内流道压力降低,进气道出现喘振现象。

3. 数据处理

主要的数据处理方法有以下两个方面:

(1)壁面静压的取值。如前面所述,模型壁面静压通过 ϕ3mm×0.5mm 的空心测压管传递压力,管道长度约为 3m,所以从模型表面压力建立到传感器能够测量这个压力的时间有一定的滞后。图 8-13 中记录设备总压信号的传感器由 ϕ8mm 的铜管传递压力且长度较短,可认为压力随风洞启动的建压过程中压力信号反应滞后时间较小。以总压信号为基准可以得到模型静压测点信号滞后时间约为 600ms。本书给出的壁面静压分布曲线取较为平直的区间内的平均值。

(2)进气道承受最高压力的判定。本次试验目的是获得进气道启动时能承受的最高压力。首先对进气道的启动和不启动状态进行判断。在试验中以进气道喉道前部第一个测点的壁面静压作为判断依据,当该测点压力较低且平稳时,则进气道处于启动状态;如果该测点压力升高且受扰动严重,则进气道处于不启动状态。在初始启动状态下,模型壁面的沿程静压比较平稳;随着节流门的缓慢运动,从燃烧室尾部的压力测点开始将逐步受到扰动,压力逐渐升高,扰动传到进气道喉道位置时这些受到扰动的测点压力达到最高水平;节流门继续运动,扰动将传出喉道,喉道之前的测点也受到扰动,进气道将由启动状态转为不启动状态,并逐步出现喘振现象。当扰动传到喉道位置时,模型的燃烧室至喉道部分的压力达到最高,进气道的抗反压能力达到极限,将此时的隔离段出口压力定位进气道能承受的最高反压。

4. 试验结果

试验分别在马赫数 4.5、5.5、6.0 状态下进行了进气道抗反压能力试验。首先通过理论计算得到各状态下进气道不启动时内流道的出口高度 H:当内流道出口高度大于 H 时,进气道将正常启动;当内流道出口高度小于 H 时,进气道将不启动。试验时,将节流门固定在内流道出口高度大于 H 的状态,此时内流道出口高度为 H_1,进气道处于启动状态;然后缓慢运动节流门,直到内流道出口高度小于 H,此时内流道高度为 H_2,进气道处于不启动状态。

通过计算分别得到了各状态下在不同攻角下进气道不启动时的内流道出口高度,并设计了不同的节流门初始和最终位置,见表 8-5。

表 8-5 内流道出口高度设定

Ma	H/mm	H_1/mm	H_2/mm
4.5	47	55	45
5.5	45	51	41
6.0	42	47	37

图 8-14 为不同状态下节流门在不同位置时进气道沿程壁面静压分布。从图 8-14 可以看出,马赫数 4.5、5.5 和 6.0 状态进气道能承受的最大反压分别为 0.552MPa、0.565MPa 和 0.673MPa。为便于比较,为以后的试验提供帮助,用来流的静压对进气道的最大反压进行了无量纲化处理。马赫数 4.5、5.5 和 6.0 状态下的来流静压分别为 5602Pa、3259Pa 和 2488Pa,各状态下的抗反压能力分别为来流静压的 98 倍、173 倍和 270 倍。通过比较可以看出,随着来流马赫数的升高,进气道的抗反压能力逐渐升高。

8.2.3 典型启动性能试验

试验在中国空气动力研究与发展中心超高速所 FD-22 高焓风洞中进行

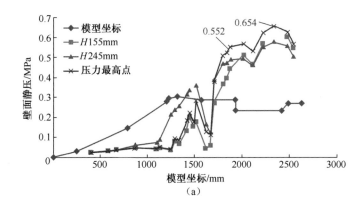

（a）

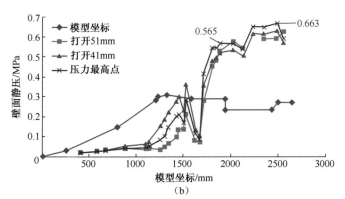

（b）

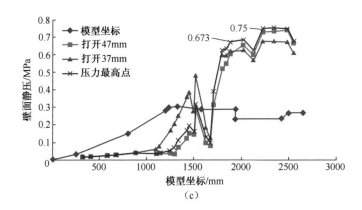

（c）

图 8-14　节流门不同位置时模型壁面静压分布

（a）马赫数 4.5 节流门不同位置时模型壁面沿程静压分布；（b）马赫数 5.5 节流门
不同位置时模型壁面沿程静压分布；（c）马赫数 6.0 节流门不同位置时模型壁面沿程静压分布。

的[19]。该风洞主要由高压气源、配气系统、加热器、轴对称喷管、试验段、扩压器、真空球罐、真空机组及冷却系统构成;风洞喷管出口直径为 600mm,可以模拟马赫数 4.0、4.5、5.0、5.5、6.0、6.5 六个不同马赫数状态,总压变化范围 1.5~5.1MPa,总温变化范围 900~1650K。有效运行时间可达到 10s,满足本研究进气道试验的需求。

1. 试验模型及测量系统

试验模型如图 8-15 所示,总长约为 1200mm,采用混压式压缩;进气道内流道宽为 120mm,喉道高度为 15mm。沿气流方向模型可分为外压缩段、内压缩段、隔离段三个部分;外压缩段为四波系压缩面,长约为 460mm,在设计状态时满足"激波封口"准则;内压缩段以唇罩压缩为主,下壁面以圆弧过渡;隔离段上下壁面与模型体轴平行。模型下壁沿子午面共布置了 19 个静压测量点(图 8-15 下图):第二压缩面 1 个,第三压缩面 2 个,第四压缩面 5 个,内压缩段 3 个,等直隔离段 8 个。

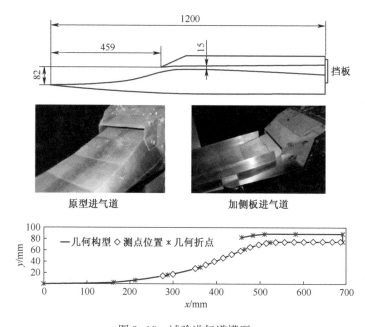

原型进气道　　　　　　加侧板进气道

图 8-15　试验进气道模型

为能够控制进气道内流道的打开与闭合,试验在内流道出口处安装了挡板。借鉴活塞工作原理,设计了一套靠气体压差产生执行力的运动执行机构,推动挡板实现内流道的开启和闭合,其安装位置及其结构如图 8-16 所示。活塞在可运动的范围内,运动方向由两边的气体压力决定,当 $p_1 > p_2$ 时,活塞向下运动,反之亦然。因此,用活塞杆推(拉)动挡板可实现内流道的关(开)。通过此套装置可以满足试验要求:试验前,活塞下部充气压力 p_2,上部不充入气体,则挡板向上顶住模型上壁面从而堵塞内流道截面;试验开始后,按照预先设置电磁阀开启时间打开电磁阀,压力为 $p_1(p_1 > p_2)$ 的高压气体通过快速阀进入活塞上部,内流道打开。

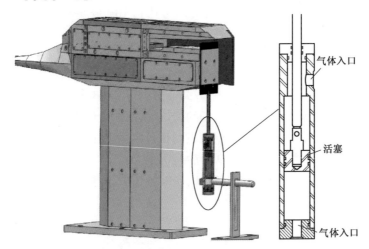

图 8-16 节流装置安装位置及其结构

试验中采用了 0.2MPa(外压缩面)、0.7MPa(内流道)压阻式压力传感器,综合测量精度为 0.5%;数据采集系统为 DH3840T、DH3840TT 可编程应变放大器,DH5932T 数据采集记录仪,采样频率 1000Hz,精度优于 0.1%FS。风洞试验段上有直径 500mm 的纹影观察窗,试验中用双镜反射式纹影系统进行录像,观察模型第四压缩面及唇口前的外流场波系结构,高速纹影帧频为 750Hz。

2. 试验状态及过程

试验研究进气道在马赫数 5、攻角 6.5°状态下的自启动性能,试验状态如表 8-6 所列。

表 8-6　试验状态

马赫数	攻角/(°)	总压/MPa	总温/K	单位长度的雷诺数/m^{-1}
5	6.5	2.6	1250	$7.216×10^6$

图 8-17 给出了试验中某些传感器信号随时间变化的曲线,其中 Pt 为风洞总压信号,p_inlet 为模型隔离段内第一点信号。从总压信号变化可以将试验分为试验前、冷流、热流和关车四个阶段。试验时,数据采集系统在风洞运行前开始采集信息;图中第一阶段无气流通过(纹影 1),传感器信号为零。风洞运行至加热器工作前为第二阶段(约 1.7s),未经燃烧的气体通过试验段,总压信号随着上升到第一台阶。此后,加热器工作,总压信号继续爬升至第二个平台,满足试验条件的风

洞流场建立。从纹影 2 中可以看出,加热器一工作,流场整体突然变暗,分析认为是由于热流吹入,流场密度变化较大造成的。第三阶段为热流阶段,约 4.5s,即试验有效时间,其中挡板在加热器工作 2s 后打开,从进气道内流道测压信号曲线可以看出,进气道内流道静压又迅速降低至第三个平台(此平台的静压值在冷流气体吹扫和热流状态挡板闭合静压之间)。第四阶段为风洞关车,此时来流气体逐渐减小,总压降低,纹影 4 流场再次变暗。由图 8-17 可见,风洞工作过程中状态分界明显,两种信号不同阶段的平台既稳定又对应。这表明,试验时序控制合理,为获得可靠的静压数据提供了保障。

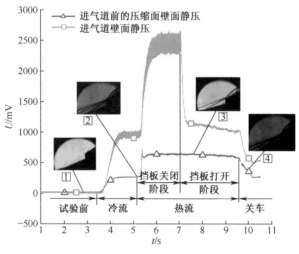

图 8-17　试验时序图

3. 试验结果与分析

图 8-18 是试验测得的下壁面静压分布曲线,矩形、三角形符号分别表示挡板打开前、后进气道静压测点数据。从挡板闭合时曲线可以看出:外压缩面沿来流方向静压值逐渐升高,进入内压缩段,静压增幅越来越大;隔离段内,静压值先略微降低(图中测点 4、5),之后又大幅升高;出口测点 6 静压值约为来流的 72 倍。挡板打开后,第二、三外压缩面的静压与挡板打开前变化不大,从第四压缩面开始,静压曲线的变化趋势完全不同,第三、四压缩面上测点静压值处于同一平台;气流进入内压缩段后,下壁面静压值起初减小,在内压缩段后部,又开始迅速升高;在隔离段中,静压值呈现波动的趋势。

比较挡板打开前、后下壁面试验静压分布曲线可知,进气道的工作状态发生了本质上的变化。挡板打开前,下壁面是圆弧膨胀面,内压缩段静压不断上升,此处的流场为亚声速。挡板打开后,内压缩段静压先降后升,此时下壁面有较强的膨胀

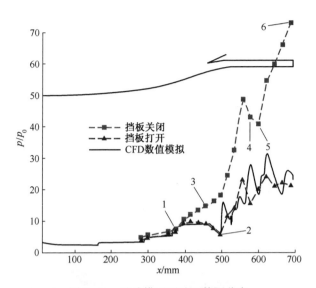

图 8-18　试验模型下壁面静压分布

波存在,流场为超声速。对比可知,挡板打开前,进气道处于不启动;状态打开挡板后,进气道入口前分离区消失(或减小),进气道从不启动状态恢复启动。启动状态的静压在隔离段内交替起伏,这是激波/膨胀波相互作用的结果。进气道不启动时静压在第二、三压缩面壁面变化不大,从第四压缩面开始升高,结合后文纹影照片可知,挡板闭合、进气道不启动时的分离区已经延伸到第四压缩面了。从分离区开始直至整个隔离段,不启动状态静压较启动状态要高出许多(试验测得为 2.4 倍),这也是进气道不启动的一个显著特征。挡板由闭合到打开,进气道从不启动状态恢复至启动状态,证明试验二元进气道在马赫数 5.0、攻角 6.5°、总压 2.6MPa 试验条件下能够自启动。图 8-18 中实线表示数值计算的结果,与试验所得下壁面静压分布的趋势是一致的,试验结果与数值模拟吻合。

　　再分析试验纹影录像,节流挡板闭合时,进气道不启动状态并不是稳定的,存在周期性的振荡。图 8-19 给出了这种振荡某一个周期内的帧图,外压缩面激波不断的重复形成-破坏-再形成的过程。显然这种周期性振荡对进气道的结构以及飞行器的控制等均不利,工程试验中应设法避免。

　　挡板打开后进气道纹影(图 8-20)波系结构迅速稳定,外压缩段存在 6 道可见激波,其中,1 是进气道前缘激波,2~4 是压缩面转角产生的主激波,5、6 是由于模型加工时连接面的缝隙引起的。纹影照片中除前缘激波外,其他三道主激波清晰可见,四道主激波交汇于唇口上方,来流在唇口处形成一道明显的唇罩外侧激波 7。进气道进口前未出现明显的分离激波,此时进气道处于启动状态。

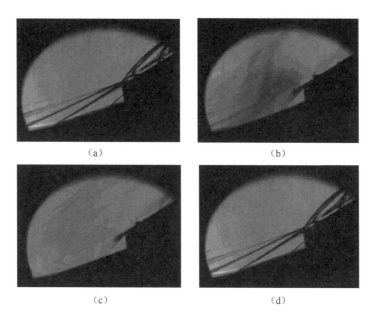

图 8-19　纹影录像中某一个振荡周期中所有帧图

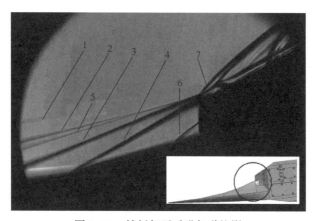

图 8-20　挡板打开后进气道纹影

8.2.4　典型转捩试验

试验在中国空气动力研究与发展中心 0.5m 高超声速风洞(FL-31 风洞)中进行,该风洞是一座下吹式常规高超声速风洞,试验马赫数 5~10,风洞前室总压调节范围为 0.3~12MPa,前室总温范围为 350~1100K,风洞试验时间可达 60~360s。另外,风洞还配备了上、下两套插入机构。

1. 试验模型及测量系统

试验模型为二元矩形截面进气道,工作范围为马赫数 5.5~6.5,进气道沿轴向全长约 1375mm,为了满足堵塞比要求,设计了 40% 的缩比模型来开展试验。

涡流发生器构型如图 8-21 所示,为了防止在第一个压缩拐角处产生流动分离,同时考虑模型结构上有足够的空间来安装涡流发生器,试验模型将涡流发生器安装在进气道的第一个压缩面,即在前缘开始沿流向 $x=88$mm 处。考虑当地边界层厚度,试验中设计了高度为 0.3mm、0.5mm、0.8mm、1.0mm、1.5mm 五种涡流发生器。

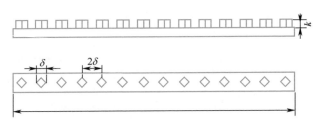

图 8-21　涡流发生器构型[20]

为了开展红外热测量,测量区域需要采用绝热材料,为此在涡流发生器的前后都安装聚四氟乙烯板(图 8-22)。采用红外热像仪来进行大面积的热流测量,转捩区域的确定主要依靠壁面热流分布来判断。该试验中使用了 THV900LW/ST 型红外热像仪,该设备属于机械扫描式红外热像仪,其主要技术指标为:测温范围 -30~$2000℃$,测温精度为 $\pm1\%$ 或 $\pm0.1℃$,帧频为 15 幅/s,像素为 272×136。红外热像仪的标定采用 HF15 型黑体。

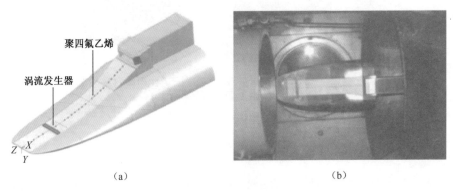

聚四氟乙烯

涡流发生器

（a）　　　　　　　　　　　　　　　（b）

图 8-22　进气道模型[21]

2. 试验结果及分析

马赫数 6.0、攻角 1° 试验中,没加涡流发生器的自然转捩结果如图 8-23 和

图 8-24所示:在涡流发生器安装位置前试验得到的壁面中心线的热流与 AHL3D 软件层流计算的热流吻合较好,在涡流发生器前流动是层流状态;在第二个拐角处热流值开始急剧增加,超过了湍流计算的热流,这说明自然转捩发生在第二个拐角附近,转捩区域在第二个拐角后结束。

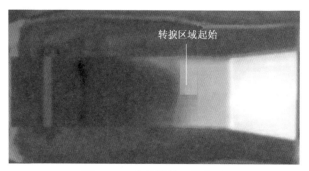

图 8-23　自然转捩红外热图

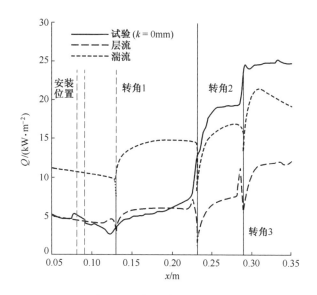

图 8-24　自然转捩沿程热流

　　随着涡流发生器高度的增加,转捩区域的起始位置逐渐向前缘移动(图 8-25、图 8-26),当涡流发生器高度为 0.8mm 和 1mm 时,转捩区域的起始位置已经紧接涡流发生器后缘。从红外热图中看不出 0.8mm 和 1mm 涡流发生器两者之间的差别,说明 1mm 高度的涡流发生器已经达到了有效高度[22]。

　　由试验纹影图(图 8-27)可见,流场在没有涡流发生器时呈现典型的四波系结

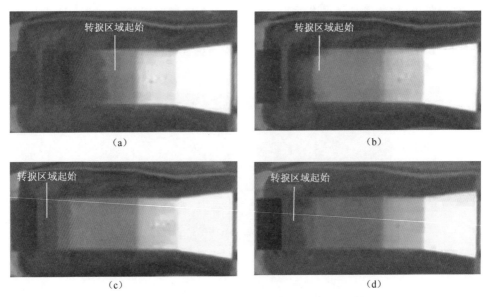

图 8-25 不同高度的涡流发生器试验红外热图[20]

（a）$k=0.3$mm；（b）$k=0.5$mm；（c）$k=0.8$mm；（d）$k=1.0$mm。

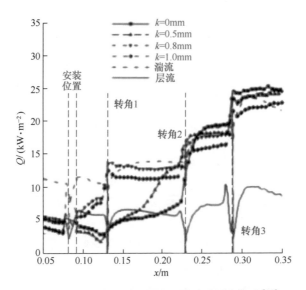

图 8-26 不同高度的涡流发生器试验沿程热流[20]

构,加入涡流发生器后产生了一道明显的附加的弱斜激波,这将会对流场有一定的干扰,计算表明涡流发生器使进气道流量捕获和总压恢复下降 3%~5%。

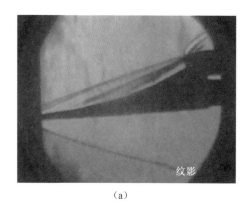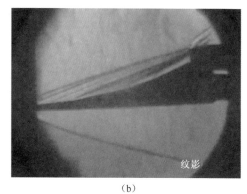

（a）　　　　　　　　　　　　　　　　　　（b）

图 8-27　试验纹影图[21]

（a）没有涡流发生器；（b）1mm 涡流发生器。

8.3　典型直连式试验结果

从 20 世纪 90 年代以来，利用直连式设备，国内多家单位开展了大量的试验研究，获得了许多有价值的研究结果[23-27]。本节选取一些典型试验，对其结果进行介绍。

8.3.1　发动机燃烧室机理研究

利用直连式设备优势，采用纹影流动显示，可对超燃冲压发动机燃烧室工作机理开展探索研究。图 8-28 是燃烧室机理研究用的试验模型和观测区域。

经过多年研究，中国空气动力研究与发展中心提出了"激波串点火"理论[28]，原理如图 8-29 所示。对保留自点火能力基础上的第一凹槽结构优化进行了有益的探索，为燃烧室设计提供了理论基础。直连式试验台研究结果表明，超燃冲压发动机燃烧室内的流动远比预想中复杂。

图 8-30 为燃烧室入口支板的燃料喷射图像，即图 8-28 所示的观测区域①。由图 8-30 可见，变动的黑色区域是由支板喷射的燃料，证明了在燃料喷射后的不同时刻，燃料跟随气流出现周期性的非定常流动。图 8-31 是燃烧室出口激波串点火直连式试验图像。

通过大量试验数据分析研究，确认了燃烧室内的波系振荡是普遍存在于超燃冲压发动机燃烧室（中国空气动力研究与发展中心所构建的发动机流道）内的气动现象。图 8-32 中国空气动力研究与发展中心不同尺度燃烧室典型压力测量数据。由图 8-32 可见，不同尺度燃烧室内压力测点均表现出周期性的压力波动，这

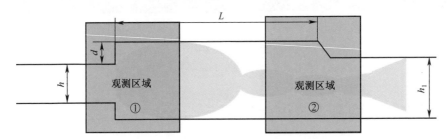

图 8-28　燃烧室机理研究用模型和观测区域

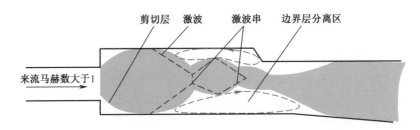

图 8-29　"激波串点火"理论示意图

图 8-30　燃烧室非定常流动

(a)$T=0$ 纹影;(b)$T=15ms$ 纹影;(c)$T=30ms$ 纹影。

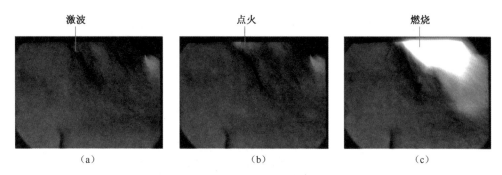

图 8-31 燃烧室出口激波串点火

与燃烧室的流动显示结果是一致的。

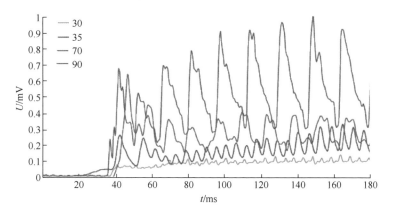

图 8-32 不同喉道尺寸燃烧室的压力振荡

8.3.2 发动机燃烧室流道筛选

除发动机燃烧室机理研究外,直连式设备还是开展燃烧室流道筛选的重要设备。例如,中国空气动力研究与发展中心利用直连式设备开展圆形燃烧室流道筛选试验。模型如图 8-33 所示。

方案 A(图 8-34)为燃烧室结构简图,显示了后掠交错侧喷支板和小型气动斜坡喷嘴的安装位置。

方案 B(图 8-35)为煤油喷注零件及在模型上的安装位置。

热工况试验时,进行了后掠交错支板(图 8-36)与小型气动斜坡组合喷注、小型气动斜坡与大型气动斜坡组合喷注的试验。其中,后掠交错支板包括侧向喷注与顺向喷注两种情况,大型气动斜坡包括菱形式、双排式与箭矢式三种情况。

针对圆截面直连式燃烧室开展了燃料喷注混合、燃烧室构型、燃料燃烧释热规

图 8-33　模型

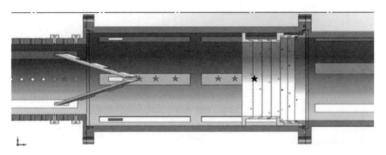

图 8-34　方案 A 详细尺寸及结构简图

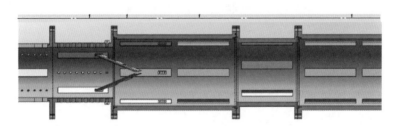

图 8-35　方案 B 详细尺寸及结构简图

律、燃烧室入口参数影响等方面的试验研究,并根据燃烧室沿程壁面压力分布、天平测量数据分析了不同方案时的燃烧室性能。可以得到以下结论:

（1）对于某圆截面燃烧室,使用支板-凹槽结构可以实现可靠点火及稳定燃烧。利用支板向燃烧室中心区域喷注燃料,可以更充分地利用核心区域的空气,获得较好的燃烧室性能。

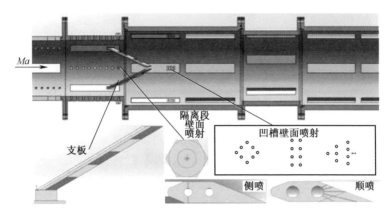

图 8-36　煤油喷注零件及其在模型上的安装

（2）燃烧室出口面积过小（构型方案 A），会造成燃烧室背压过高，较低的煤油当量比也会造成隔离段内干扰区前传到隔离段入口，造成进入燃烧室的气流参数变化，燃烧室性能较差。燃烧室出口面积扩大后（构型方案 B），燃烧室壁面压力明显下降，燃烧室性能提高。出口面积扩大的不利影响是导致燃烧室内气流速度有一定程度的增加，壁面喷注时的燃烧效果变差，但支板喷注时的燃烧效果没有明显变化。

（3）构型方案 B 在入口马赫数 3.1、2.6 条件下均能够可靠点火并稳定燃烧，相应的单位空气净推力分别为 398N（当量油气比 1.08）和 467N（当量油气比 1.22）。在入口马赫数为 2.6 条件下的总温试验中也能够实现点火及稳定燃烧。

（4）通过只使用壁面喷注的方式也可以达到燃烧室减阻的目的，但相同当量油气比时会导致燃烧室性能下降。

（5）在与支板组合喷注的前提下，壁面喷注适用于补充喷注，改善燃料的分布均匀性，此时可以适当降低对壁面喷注的穿透需求。如果完全使用壁面喷注，则需要综合考虑不同穿透深度相互组合的喷注方式，优化不同径向位置处煤油的分布均匀性。

（6）支板喷注的煤油更容易进入支板的影响区域，更容易与空气混合；壁面喷注煤油增混效果不明显。

（7）燃料喷注位置向上游移动，并不能实现更好的混合，反而会因为支板喷注的煤油在支板下游很近的区域开始燃烧造成隔离段内受干扰区域也向上游移动，最终导致燃烧室性能较差。

（8）由下游向燃烧室特定位置截面聚集拍摄的方式获得了燃烧室内火焰分布特性，支板与大型气动斜坡组合喷注，当量油气比 1.08 时火焰几乎充满燃烧室截面。

8.3.3 圆形燃烧室直连式试验

中国空气动力研究与发展中心提出的圆形燃烧室是在矩形燃烧室的基础上发展起来的。该圆形燃烧室在继承矩形燃烧室自点火能力优势的同时,不可避免地继承了凹槽阻力过大的问题。此外,由于圆形燃烧室的固有特性,燃料掺混的问题相比于矩形燃烧室面临更大的困难。特别是随着圆形燃烧室尺寸的增大,燃料掺混的问题愈加严峻。无论是矩形燃烧室,还是圆形燃烧室,均是一种壁面燃烧模式。燃料经支板喷射与气流混合,随后进入凹槽点火燃烧,火焰由凹槽向中心传播。此种燃烧模式不可避免地带来严重的壁面热防护问题。

一般而言,在超燃冲压发动机研究中,凹槽是重要的火焰稳定器[29-33]。中国空气动力研究与发展中心结合自己的实际特点,利用恰当的凹槽设计,实现了液态煤油的自点火。具备自点火能力的凹槽,具有良好的鲁棒性,摆脱了复杂的强迫点火装置,是中国空气动力研究与发展中心特色的关键技术之一。

在超声速气流中,为实现液态燃料的掺混、雾化、汽化乃至点火燃烧,必须迫使燃料在气流中驻留足够的时间,同时部分气流被滞止以提供燃料点火所需的高温区。因此,具备自点火能力的凹槽,相对于单纯稳焰凹槽,明显较长(驻留时间需求)、较深(高温区需求),带来阻力过大的问题。在矩形燃烧室的优化过程中,这一缺点对发动机性能的评估带来不利影响。由图 8-37 可见,圆形燃烧室凹槽截面区域与主流截面区域面积比为 75%,与矩形凹槽截面与主流面积比相当。因此,圆形燃烧室同样存在凹槽阻力偏大的问题。

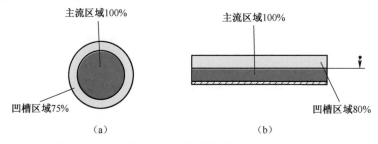

图 8-37 不同燃烧室构型凹槽区域与主流区域对比

为了促进燃料向中心区域的混合,在大燃烧室研究中引入了支板。支板的作用是将燃料较为均匀地喷射进入流场。

相对于矩形燃烧室,圆形燃烧室结构对支板要求更为苛刻。如图 8-38 所示,小尺度时,矩形燃烧室支板需求高度为 15mm,圆形燃烧室支板需求高度为 30mm;大尺度时,矩形燃烧室支板需求高度为 30mm,圆形燃烧室支板需求高度为 93mm。

这是由于矩形燃烧室的面积增大主要体现在长度的增加,高度仅增大 1 倍,因此支板的高度也增大 1 倍。圆形燃烧室的直径增大 2 倍,因此对支板的需求也增大 2 倍。

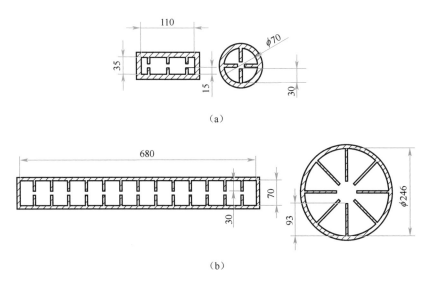

（a）

（b）

图 8-38　不同面积条件下矩形燃烧室与圆形燃烧室对支板的需求(单位:mm)

保持支板总堵塞比条件下(投影总堵塞比 15%),以 8 支支板计算(单支支板的宽度为 10mm),支板的强度不满足需求(图 8-39)。增加支板的强度,必须增大支板宽度(20mm)。维持支板数量相等前提下,堵塞比必然增大。

等效应力/(N/m²)
- 522778112.0
- 479213280.0
- 435648448.0
- 392083584.0
- 348518752.0
- 304953920.0
- 261389056.0
- 217824224.0
- 174259376.0
- 130694528.0
- 87129688.0
- 43564844.0
- 0.8
→屈服力:295593984.0

图 8-39　支板强度校核图

此外,由于燃料的穿透深度受到"小孔+高压"方式的限制,存在一定极限。依据直连式试验研究结果,小孔($\phi0.3mm$)条件下,$8\sim10MPa$喷射压力下,燃料的穿透深度均维持在12mm左右。因此,支板的控制区域存在最大范围(图8-40)。

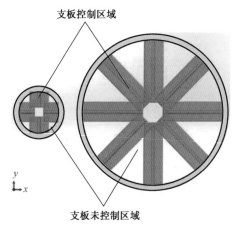

图 8-40　不同尺度条件下支板控制区域对比

由图8-40可见,随着圆形燃烧室尺度的增大,支板控制区域所占比例减小,支板未控制区域明显增大。这意味着燃料与主流的掺混存在一定问题。因此,圆形燃烧室相对于矩形燃烧室,燃料掺混问题更为严峻,特别是大尺度条件下,上述问题可能是限制发动机性能提升的主要问题。

8.4　全流道超燃冲压发动机典型试验结果

从20世纪90年代开始,国内多个科研单位针对不同尺度的全流道超燃冲压发动机开展了大量的风洞试验[34-40],本节简单介绍 CARDC 在 $\phi600mm$ 脉冲燃烧风洞上开展的某全流道超燃冲压发动机性能试验。

8.4.1　全流道超燃冲压发动机试验模型

试验模型喉道高度为30mm,由进气道、隔离段、燃烧室和尾喷管四部分组成,模型除了前缘和唇口采用不锈钢以外,其余各部分均采用超硬铝材料。由于内型面及注油位置需经常调整,模型整体采用全框架、积木式结构。

试验模型在隔离段中间的上、下壁面隔离段出口,隔离段出口上、下壁面,燃烧室上壁面等直段、燃烧室上壁面扩张段入口、第一凹槽与第二凹槽之间等处设置了注油位置,这些位置既可以用支板加注也可以用壁面喷注,既可以采用支板+壁面同时喷注也可以设置不同时序加以控制。

模型进气道为曲面压缩进气道。隔离段采用等直设计。燃烧室入口为突扩台阶,上壁面为等直段加扩张段。尾喷管为双壁型面喷管,其进口高度随燃烧室出口高度的不同而有所改变,出口高度保持不变。

8.4.2　全流道超燃冲压发动机试验过程

全流道超燃冲压发动机性能试验的开展一般包含以下几个步骤:

(1) 试验方案及试验大纲评审。主要由技术专家参加,对试验所涉及的试验模型、测试手段、实施方法、安全措施及其他有关方面进行评审,确保模型强度达标、测试方法有效、实施方案合理、安全措施到位,防止在试验过程中出现模型或试验设备损坏、试验进度严重拖拉及人员伤亡等情况的发生。

(2) 风洞设备流场校测。根据试验所涉及的试验状态对设备进行调试并开展流场校测,确保试验前风洞设备流场满足指标要求,不会影响后续试验的开展。

(3) 试验前准备。完成发动机模型的组装、除油除锈、压力传感器校准及安装、热流及温度传感器安装、天平安装、供油系统安装及发动机模型在风洞内的安装到位,使用相关仪器测量攻角及偏航角是否符合要求,对控制系统、数据采集系统、各类传感器及所有阀门子系统开展静态调试,确保试验过程中各系统可靠工作。

(4) 试验班前会。主要由课题组成员、风洞运行组成员及研究室和机关领导参加,课题负责人介绍试验前期准备情况,试验实施方案、人员分工及可能出现的风险及处理办法,并回答其他参会人员所提问题。

(5) 试验实施。按试验方案开始实施。

(6) 试验班后会。主要由课题组成员、风洞运行组成员及研究室和机关领导参加,课题负责人介绍试验实施情况,出现的问题及处理办法,并回答其他参会人员所提问题。

(7) 试验报告编写。编写试验研究报告,并完成课题资料归档。

8.4.3　全流道超燃冲压发动机数据处理

1. 压力

压力测量时一般把压力扫描器或压力传感器作为感受元件。对于压力传感器,当前电压值 v_i 乘以灵敏度 ε_i 可以得到对应的压差值 Δp_i,则当前的绝对压力值 p_i 是初始状态压力值 p_{iv} 与压强差值 Δp_i 之和,即

$$p_i = p_{iv} + v_i \varepsilon_i \tag{8-13}$$

压力传感器工程量值处理如图 8-41 所示。

压力系数分布是指各测点所测压力值在空间坐标上无量纲的表示。压力系数为

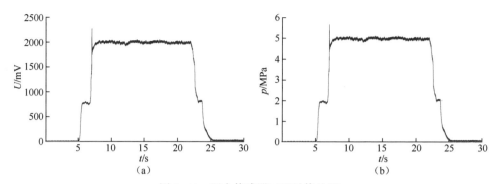

图 8-41　压力传感器工程量值处理
(a)压力传感器原始信号;(b)压力传感器工程量值处理结果。

$$C_{pi} = \frac{p_i - p_\infty}{q_\infty} \tag{8-14}$$

式中　C_{pi}——模型表面 i 点的压力系数;

　　　p_i——模型表面 i 点测得的压力;

　　　p_∞——试验段来流静压;

　　　q_∞——试验段来流动压。

2. 温度

温度测量一般通过标准热电偶和标准热电阻作为感温元件。对于标准热电偶,其输出是毫伏量级热电势,根据测量热电势值 v_i 查分度表或插值计算即可读出温度值;也可以将测量热电势值 v_i 代入式(8-15)计算得到温度值。一般而言,经验公式是分段拟合的多项式,随标准热电偶型号不同,分段拟合的温度范围、拟合系数也都不同。

$$T_i = a_5 v_i^5 + a_4 v_i^4 + a_3 v_i^3 + a_2 v_i^2 + a_1 v_i + a_0 \tag{8-15}$$

式中　a_i——多项式拟合系数($i=1,2,\cdots,5$)。

标准热电阻温度传感器在使用温度范围内具有良好的线性度,使用温度范围的上限 T_{ih}、下限 T_{il} 分别对应于名义输出范围的上限 v_{ih}、下限 v_{il}。因此,标准热电阻温度传感器的灵敏度值为

$$\varepsilon_i = \frac{T_{ih} - T_{il}}{v_{ih} - v_{il}} \tag{8-16}$$

测量电压值 v_i 在 v_{ih} 和 v_{il} 之间作线性插值,可得到插值温度,即

$$T_i = \frac{T_{ih} - T_{il}}{v_{ih} - v_{il}}(v_i - v_{il}) + T_{il} \tag{8-17}$$

热电偶工程量值处理如图 8-42 所示。

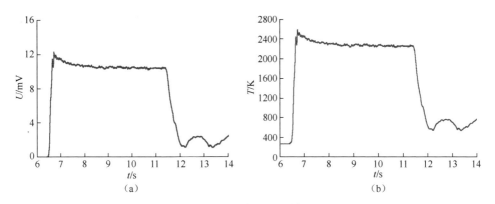

（a）　　　　　　　　　　　　　　　（b）

图 8-42　热电偶工程量值处理

（a）热电偶测量原始信号；（b）热电偶工程量值处理结果。

3. 热流

热流测量时一般把热流传感器作为感受元件,对于常用的薄膜热流传感器、同轴热电偶及零点量热计等传感器,当前电压值 v_i 通过式(8-18)处理后得到热流随时间的分布曲线,将该曲线进行滤波即得到最终的热流分布曲线,在感兴趣的部分取平均值即可到热流值 q。

$$q(t_n) = \frac{2(\rho c_p k)^{1/2}}{\pi^{1/2}} \sum_{i=1}^{n} \frac{T_i - T_{i-1}}{(t_n - t_i)^{1/2} + (t_n - t_{i-1})^{1/2}} \qquad (8\text{-}18)$$

式中　$q(t_n)$——t_n 时刻的热流;

　　　$(\rho c_p k)^{1/2}$——热流传感器的集总热参数;

　　　t_i——i 点的时间;

　　　T_i——t_i 时刻的温度。

热流传感器工程量值处理如图 8-43 所示。

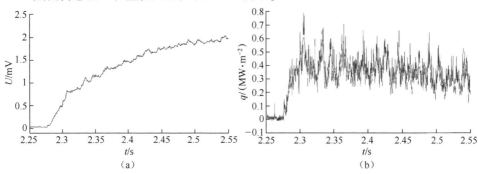

（a）　　　　　　　　　　　　　　　（b）

图 8-43　热流传感器工程量值处理

（a）热流传感器原始信号；（b）热流传感器工程量值处理结果及滤波结果。

4. 力/力矩

力/力矩测量时一般把专用的风洞天平或力传感器作为感受元件。天平或传感器输出电压值 Δv_j 曲线低通滤波后,通过式(8-19)(分量可以是 1~6)迭代(一般要求迭代 7 次)得到力/力矩随时间变化曲线。在该曲线上取试验有效时间段的平均值即可得到力/力矩的载荷值。也可在电压曲线上取试验有效时间段内的平均电压值,代入迭代通式直接得到力/力矩的载荷值。

$$F_i = F_{0i} + \sum_{j=1}^{6} a_i^j \Delta v_j \qquad (8-19)$$

式中 F_i——某个方向的力/力矩;

$\quad\quad F_{0i}$——天平校准时该方向力/力矩的零点基值;

$\quad\quad a_i^j$——其他六个方向的力/力矩对该方向力/力矩的关系系数;

$\quad\quad \Delta v_j$——六个方向的传感器输出电压值。

天平工程量值处理如图 8-44 所示。

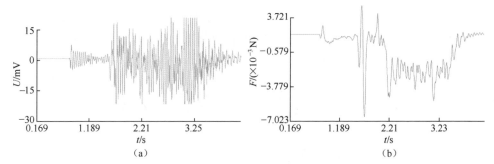

图 8-44 天平工程量值处理

(a)天平原始信号;(b)力/力矩处理结果。

气动力/力矩系数处理根据天平测量出的作用在模型上的力和力矩计算得出。

法向力系数:

$$C_N = \frac{N}{q_\infty S} \qquad (8-20)$$

轴向力系数:

$$C_A = \frac{A}{q_\infty S} \qquad (8-21)$$

横向力系数:

$$C_Y = \frac{Z}{q_\infty S} \qquad (8-22)$$

绕模型重心的俯仰力矩系数:

$$C_{Mz} = (M_Z + N \cdot \Delta l_x + A \cdot \Delta l_y)/(q_\infty SL) \tag{8-23}$$

绕模型重心的偏航力矩系数：

$$C_{My} = (M_y - Z \cdot \Delta l_x)/(q_\infty SL) \tag{8-24}$$

绕模型重心的滚转力矩系数：

$$C_{Mx} = (M_x + Z \cdot \Delta l_y)/(q_\infty SL) \tag{8-25}$$

式中　q_∞ ——来流动压（Pa）；

　　　S ——参考面积（m^2）；

　　　L ——力矩参考长度（m）；

　　　A,N,Z ——天平测量的轴向力、法向力、横向力（N）；

　　　Δl_x ——模型重心与天平校心之间的轴向距离（天平校心在前为正，反之为负）（m）；

　　　Δl_y ——模型重心与天平杆轴线上下之间的距离（天平校心在上为正，为负）（m）。

5. 当量油气比

油气比 f 是燃料与进气道捕获的含氧气体组成的混气中二者的质量之比，即 $f = m_f/m_{in}$。试验前，通过对进入模型发动机的进气道捕获流量和燃料流量进行准确测量，就可以得出试验中燃烧的油气比。在实际使用中，用当量油气比 ϕ 代替油气比 f，当量油气比是实际燃料量与所需理论燃料量之比，定义式为

$$\phi = \xi \cdot m_f/m_{in} \tag{8-26}$$

式中　ξ ——恰当油气比倒数，即完全燃烧 1kg 燃料理论上需消耗 ξkg 进气道捕获的含氧气体，对于航空煤油燃料与燃烧风洞试验气流而言，ξ 随风洞来流参数而异；

　　　m_{in} ——进气道捕获流量（kg/s）；

　　　m_f ——燃料流量（kg/s）。

$\phi = 1$，表示燃料与进气道捕获的含氧气体是按化学恰当比混合的；$\phi > 1$ 表示富油；$\phi < 1$ 表示贫油。

6. 推力收益

在进气道正常工作状态下，天平测量得到的冷态（天平轴向力）X_{cold} 与热态（天平轴向力）X_{hot} 之差就是发动机工作时的推力收益（N），即

$$\Delta F = X_{cold} - X_{hot} \tag{8-27}$$

7. 燃料比冲

发动机的性能指标可以用燃料比冲 I_{sp}（N·s/kg）来表示，计算公式为

$$I_{sp} = (\Delta F - X_n)/m_f \tag{8-28}$$

式中 X_n——全流道超燃冲压发动机内阻(N)。

8.4.4 全流道超燃冲压发动机试验结果

分别在马赫数4.5、5.0、5.5及6.0状态下开展了全流道超燃冲压发动机性能试验。首先,在马赫数6.0设计状态下开展点火性能及释热方案筛选等试验,确定性能较优的发动机燃烧室型面方案;其次,在马赫数4.5、5.0及5.5非设计状态下开展性能验证试验,确认性能是否满足技术指标要求,如果不满足需重复前两项试验内容;最后,得到最终的发动机燃烧室构型、点火方案及性能数据。

表8-7及图8-45~图8-48为某全流道超燃冲压发动机的试验结果。从图8-45~图8-48和表8-7可以看出,超燃冲压发动机比冲性能能够达到技术指标要求,燃烧室燃烧曲线饱满,压比较高,燃烧室燃烧产生的反压没有绕出隔离段,进气道正常启动。

表8-7 全流道超燃冲压发动机性能试验结果

Ma	攻角/(°)	捕获流量 m_{in} /(kg/s)	当量油气比 φ	冷流阻力 X_{cold} /N	热流阻力 X_{hot} /N	推力收益 ΔF/N	比冲 I_{sp} /(N·s/kg)
4.5	0	2.87	1.04	2300	+540	2840	10519
5.0	2.2	2.80	1.11	2310	+400	2710	9348
5.5	2.2	2.35	1.09	2000	+100	2100	8599
6.0	4.5	1.93	1.13	1570	+180	1750	7913
注:+代表正推力							

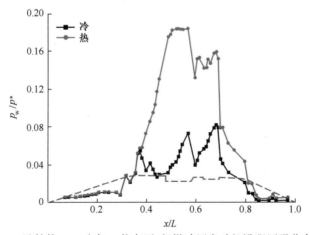

图8-45 马赫数4.5、攻角0°状态下,超燃冲压发动机沿程压强分布曲线

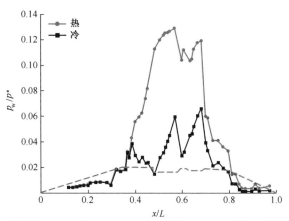

图 8-46　马赫数 5.0、攻角 2.2°状态下,超燃冲压发动机沿程压强分布曲线

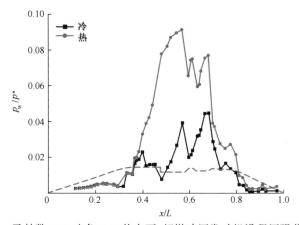

图 8-47　马赫数 5.5、攻角 2.2°状态下,超燃冲压发动机沿程压强分布曲线

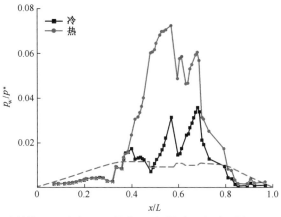

图 8-48　马赫数 6.0、攻角 4.5°状态下,超燃冲压发动机沿程压强分布曲线

参考文献

［1］ Erdos J I.Ground Testing Abilities, inabilities and Options for Scramjet Developmen［C］//AIAA Paper 1997-3014,1997

［2］ Segal C,超燃冲压发动机的过程和特性［M］.张新国,等译.北京:航空工业出版社,2012.

［3］ Huebner L D, Rock K E, Witte D W,et al. Hyper-X Engine Testing in the NASA Langley 8-Foot High Temperature Tunnel［C］//AIAA Paper 2000-3605,2000.

［4］ Voland R T, Auslender A H, Smart M K, et al. CIAM/NASA Mach 6.5 Scramjet Flight and Ground Test［C］// AIAA Paper 1999-4848,1999.

［5］ Pellett G L, Bruno C, Chinitz W. Review of Air Vitiation Effects on Scramjet Ignition and Flameholding Combustion Processes t［C］// AIAA Paper 2002-3880,2002.

［6］ Guy R W, Rogers R C, Puster R L, et al. The NASA Langley Scramjet Test Complex［C］// AIAA Paper 1996-3243,1996.

［7］ Boyce R R, Wendt M, Puall A, et al. Supersonic combustion-a shock tunnel and vitiation-heated blowdown tunnel comparison［C］// AIAA Paper 1998-0941,1998.

［8］ Stalker R J,Paull A, Mee D J, et al. Scramjets and Shock Tunnels-the Queensland Experience［J］. Progress in Aerospace Sciences,2005（41）:471-513.

［9］ McDaniel J C , Krauss R H, Whitehurst W B, et al. Test Gas Vitiation Effects in a Dual-mode Combustor［C］// AIAA Paper 2003-6960,2003.

［10］ 陈亮,等.实验气体污染对超音速燃烧性能影响的数值模拟研究［J］.弹箭与制导学报.2011,31（3）:142-145,150.

［11］ 郭帅帆,宋文艳,李建平,等.乙醇燃烧加热空气污染物对煤油超燃的影响［J］.航空动力学报 2011,26:1921-1927.

［12］ 郭帅帆,宋文艳,李建平, 等.燃烧加热污染空气对超燃发动机性能的影响研究［J］. 推进技术, 2013,34（4）:493-498.

［13］ 邢建文,李卫强,肖保国.不同燃料燃烧加热对超燃冲压发动机性能影响分析与评估［J］. 推进技术,2013,34（12）: 1636-1642.

［14］ Anderson J D. Hypersonic and high-temperature gas dynamics ［M］. Washington:AIAA ,2013.

［15］ 曾汉才,等. 燃烧技术［M］.武汉:华中理工大学出版社,1990.

［16］ Heiser W H, Pratt D T. Hypersonic airbreathing propulsion［M］. Washington:AIAA ,2002.

［17］ 王发祥. 高速风洞试验［M］. 北京:国防工业出版社,1999.

［18］ 路波. 高速风洞测力试验数据处理方法［M］. 北京:国防工业出版社,2014.

［19］ 李向东,邓和平,白菡尘. 流量匹配法在高温高超风洞燃烧加热器总温测量和校核中的初步应用［R］. 中国计量测试学会,2006.

［20］ 赵慧勇,易淼荣. 高超声速进气道强制转捩装置设计综述［J］. 空气动力学学报, 2014, 32（5）:4.

［21］ 赵慧勇,周瑜, 倪鸿礼,等. 高超声速进气道边界层强制转捩试验［J］. 实验流体力学, 2012, 26（1）:1-6.

［22］ 张子明, 倪鸿礼, 赵慧勇. 高超声速进气道钻石型强制转捩装置的转捩准则研究［J］. 推进技术, 2017（09）:15-21.

[23] 杨阳, 刘伟雄, 乐嘉陵, 等. 直连式脉冲燃烧高温风洞的设计[J]. 西南交通大学学报, 2008, 43(3): 387-391.

[24] 张小庆, 杨富荣, 鲍伟义, 等. 直连式脉冲燃烧风洞启动过程研究[J]. 实验流体力学, 2009, 23(2): 63-67.

[25] 赵芳. 低总温直连式空气加热器数值仿真与试验研究[D]. 长沙: 国防科技大学, 2012.

[26] 乐嘉陵. 吸气式高超声速技术研究进展[J]. 西南科技大学学报, 2011, 31(4): 641-649.

[27] 邓维鑫, 乐嘉陵, 杨顺华, 等. 脉冲风洞发动机试验多油位多时序高精度燃料供应系统[J]. 实验流体力学, 2013(3): 70-76.

[28] 白菡尘, 刘伟雄, 贺伟, 等. 氢燃料双模态冲压模型发动机 M6 的试验研究[J]. 实验流体力学, 2002, 16(4): 1-6.

[29] 刘欧子, 胡欲立, 蔡元虎, 等. 超声速燃烧凹槽火焰稳定的研究动态[J]. 推进技术, 2003, 24(3): 265-271.

[30] 陈坚强, 司徒明. 带双凹槽燃烧室中超声速流场的数值模拟[J]. 空气动力学学报, 2004, 22(4): 395-398.

[31] 肖隐利. 超燃燃烧室凹槽流动特性研究[D]. 西安: 西北工业大学, 2005.

[32] 黄生洪, 徐胜利, 刘小勇. 煤油超燃冲压发动机两相流场数值研究(Ⅱ)导流型凹槽对增强掺混和火焰稳定的影响初探[J]. 推进技术, 2005, 26(1): 10-15.

[33] 刘欧子, 蔡元虎, 胡欲立, 等. 凹槽火焰稳定器结构对煤油超声速燃烧的影响[J]. 推进技术, 2005, 26(4): 354-359.

[34] 乐嘉陵, 胡欲立, 刘陵. 双模态超燃冲压发动机研究进展[J]. 实验流体力学, 2000, 14(1): 1-12.

[35] 贺武生. 超燃冲压发动机研究综述[J]. 火箭推进, 2005, 31(1): 29-32.

[36] 李建平, 宋文艳, 柏韧恒, 等. 变几何超燃冲压发动机优化设计研究[J]. 世界科技研究与发展, 2012, 34(1): 50-54.

[37] 余勇. 超燃冲压发动机燃烧室工作过程理论和试验研究[D]. 长沙: 国防科技大学, 2004.

[38] 刘兴洲. 中国超燃冲压发动机研究回顾[J]. 推进技术, 2008, 29(4): 385-395.

[39] 丁猛, 梁剑寒, 刘卫东, 等. 碳氢燃料超燃冲压发动机进气道与燃烧室匹配性能试验研究[J]. 航空学报, 2005, 26(1): 27-31.

[40] 刘兴洲. 超燃冲压发动机性能初步研究[J]. 航空发动机, 2007, 33(2): 1-4.

第9章 风洞试验技术发展与展望

9.1 变马赫试验技术

真实的飞行器飞行包括起飞、巡航和降落等阶段,是一个连续加减速过程。在这一过程中,飞行器和发动机将承受持续的载荷,具有时间效应,因而在固定马赫数的风洞中难以实现,需要能够提供马赫数连续变化流场的风洞。这一直是空气动力学风洞的研究热点和难点之一。国外可变马赫数风洞建设早在20世纪50年代和60年代就提出并实施[1-4],国内则以中国空气动力研究与发展中心为代表,在20世纪70年代末建成了首个小尺度连续变马赫数跨声速风洞[5,6]。

9.1.1 试验设备现状

变马赫数风洞的发展过程中出现了多种方案,比较实用的是基于可变形线的柔性喷管技术,这是目前国内外广泛应用的一种技术。

代表性的变马赫数风洞主要有[4]美国NASA艾姆斯研究中心的3.35m×3.35m跨声速风洞。该风洞建于1954年,采用了单支点半柔壁喷管,马赫数为0.4~1.4。

美国空军阿诺德工程发展中心的16英尺超声速推进风洞-PWT16S,如图9-1所示。该风洞为目前世界上最大的可变马赫数超声速风洞,采用了柔壁喷管,试验段尺寸为4.88m×4.88m,马赫数为1.5~4.75,目前仍在使用。

多支点柔壁喷管的型面精度更高。1960年建成的荷兰NLR1.2m超声速风洞采用了多支点半柔壁喷管,风洞试验段尺寸为1.2m×1.2m,马赫数为1.2~4.0,沿试验段中心线马赫数分布误差为±0.005,最高雷诺数可达$75×10^6$。

其他国外代表性的变马赫数风洞主要有:法国莫当的S3跨/超声速风洞,马赫数为0.1~3.8;德国航空航天研究院(DLR)1m×1m跨/超声速风洞(TWG),马赫数为0.5~2.0。

国内方面,中国空气动力研究与发展中心于 1979 年建成首个能够连续可变马赫数的 FL-24 半回流、暂冲式风洞[5,6],具有跨声速和超声速两个并列试验段。试验段尺寸为 1.2m×1.2m,喷管为多支点多驱动全柔壁喷管,可实现马赫数为 0.4~3.0,雷诺数为(1.0~4.2)×10⁶,如图 9-2 所示。2010 年 6 月,国内首座 2m 超声速风洞在中国空气动力研究与发展中心建成。该风洞喷管段为多支点全柔壁喷管,试验段尺寸为 2m×2m,为目前亚洲最大的超声速风洞,如图 9-3 所示。

图 9-1　美国空军阿诺德工程发展中心 16 英尺跨声速风洞试验段

图 9-2　中国空气动力研究与发展中心 1.2m 超声速风洞

9.1.2　展望

随着高超声速飞行器研制的进展,为风洞实现更宽范围的变马赫数试验技术提出了更高的要求和技术挑战。但是,随着飞行马赫数的提高,介质的总温和总压变化范围进一步增大。现有的可变马赫数喷管技术难以完全适应新的技术要求,

图 9-3　中国空气动力研究与发展中心 2m 超声速风洞

迫切需要发展新型可变马赫数喷管技术。近年来,一种型面旋转连续可调风洞方案可以获得出口马赫数连续变化的出口流场,其结构简单、易于调节、响应迅速,已成为国内外的研究热点,具有很好的发展前景。从国内公开的相关报道来看,李东霞等[7]给出了马赫数 4~7 的型面旋转变马赫数风洞喷管的设计结果,范志鹏等[8]给出了马赫数 2~4 范围内可调喷管的设计结果。相信未来两三年内会完全实现。另外,有一种尚未成熟的新型连续可调风洞方案,该方案仅用一套风洞喷管,通过机械调节使得喷管型线绕出口旋转而改变喉道面积,在此过程中喷管出口面积保持不变,喷管膨胀比不断变化,从而能够获得马赫数连续变化的风洞流场。这种连续可调风洞方案易于调节、流场品质良好、流场响应快,具有很好的应用前景,目前国内尚在研制中。

9.2　清洁空气高马赫数高焓试验技术

　　为了消除加热设备污染带来的试验偏差,使飞行器能在接近实际飞行条件的超声速或高超声速气流中开展试验,需要建造清洁空气高马赫数高焓试验平台。不同于常规燃烧加热风洞,该试验台必须采用特定加热器对气流进行快速升温,特别对高马赫数状态,如 $Ma>6$ 时,总温模拟要求在 1600K 以上,这对设备提出了很高的连续能量输入要求。

　　目前,最实际和常用的清洁空气的连续式能量添加方式主要有电弧加热、蓄热加热、电阻加热等[9-11]。电弧加热器通过高压直流电弧的辐射、传导和对流综合传热的能量添加来产生高温气流,加热能力可达 3000K 以上;但也存在一定的氮氧化物、电极污染问题。蓄热加热器通过与高温蓄热材料单元的对流换热来加热气流,原理上没有引入污染组分、杂质,理论上可以供应完全满足物理化学特性的高温空气。电阻加热器通过大功率电阻元件的发热来加热气流,可以产生纯净试验空气;但常规材料难以达到较高温度条件。以上三种加热方式中,蓄热加热器和电阻加热器产生的试验空气较为"清洁",试验流动参数与真实飞行环境差别最小,得到的试验数据能较为准确地反映真实飞行状态性能。目前,国内超燃冲压发动机地面试验大都采用污染加热方式,尚无模拟飞行马赫数大于 5 的高温清洁空气风洞,亟待研制建设与发展。

9.2.1 再生蓄热式加热器研制现状

蓄热式加热器是蓄热加热清洁空气风洞的关键部件。蓄热式加热器的基本原理:高温燃气通过蓄热器时,蓄热材料吸收其热量并将热量通过热沉蓄积起来。当低温气体通过蓄热器时,蓄热材料将热量传递给低温气体,提高其温度到蓄热温度。蓄热材料的最高耐热温度决定了蓄热式加热器的最高加热温度。

图 9-4 为典型的高温风洞蓄热式加热器结构。其内部主要由蓄热体阵列、隔热层、压力容器外壳、燃烧加热系统(预热)以及相关测量控制仪器等部分组成。蓄热体阵列由特定蓄热材料制成,位于压力容器的中心位置,其外围由隔热层包围。加热器的主要作用是将一定质量流量的空气加热至特定的温度范围,并稳定维持一段时间(通常为几秒到上百秒),从而为高温风洞试验提供气流总温模拟的能力。

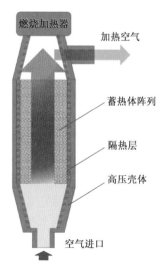

图 9-4 典型的高温风洞蓄热式加热器结构

根据蓄热式加热器特点,一次风洞试验要分预热、增压和试验运行三个阶段进行。在预热阶段,通过高温燃气加热或者电加热方式将热能储存在蓄热阵内,直到指定预热温度水平。在增压阶段,加热器出口阀门关闭,通过气源向加热器内充入试验空气,直到指定平衡压力条件。在试验运行阶段,空气从下到上流经加热器蓄热阵发生对流换热而得到升温,气流以接近于蓄热阵出口端温度的水平离开加热器。试验空气通过加热器蓄热阵后的温度,在很大程度上取决于蓄热阵顶部区域的温度水平,主要受限于蓄热材料与隔热材料的最大使用温度。出口气流温度随时间有所衰减,衰减程度主要取决于气流质量流量和蓄热阵高度方向的温度梯度,直到出口气流温度低于要求时结束。

一般而言,预热阶段的加热速率较低,时间以小时计;试验阶段的气流吸热率要高得多,试验时间以秒计。目前常用高温蓄热材料为高熔点、密度大、热容大的耐火氧化物陶瓷,如氧化铝/氧化锆等。加热器最大使用温度不仅取决于蓄热材料本身特性,而且取决于蓄热单元外形的设计。在高温风洞中常用的两类蓄热单元外形是卵石床蓄热加热器使用的卵石形和空心砖型蓄热加热器使用的空心砖型,试验空气是从卵石之间的缝隙或者空心砖中垂直通孔流过时发生对流换热而得到加热。

由于蓄热式加热器通过气流与蓄热材料单元之间强制对流换热方式产生加热作用,在加热过程中没有引入污染组分,也没有发生试验气体的化学变化,理论上可供应完全满足物理化学特性要求的纯净试验气体。结合蓄热式加热技术的应用经验和研究进展,总结蓄热式加热技术应用的关键问题及其发展趋势如下:

(1) 高性能、耐高温蓄热材料开发是蓄热式加热技术应用和发展的关键问题。目前,高纯氧化铝是 2000K 以下蓄热加热器的最佳材料选择,已经得到了广泛应用。更高的温度采用新型氧化锆蓄热材料,理论上使用温度可达 2500K 以上,是模拟马赫数 8 纯净空气试验状态最具潜力的选择。

(2) 空心砖型蓄热阵是蓄热加热器结构设计技术的发展趋势。相比早期应用的卵石床蓄热式加热器,空心砖型蓄热阵在最大使用温度、抗热应力、防止蓄热阵漂浮和粉尘污染等方面具有很大技术优势,提高了加热器性能,因此后期的蓄热加热器设计均逐渐采用空心砖型蓄热阵设计方案。

(3) 蓄热式加热方式可能对气流产生一定的粉尘污染,需要通过优化的蓄热阵结构几何设计方案加以抑制消除。如目前采用空心砖型蓄热阵方案、结合优化的蓄热阵几何结构设计可大大降低加热器的粉尘生成率,甚至消除粉尘。

(4) 预热/再热系统是蓄热式加热系统的重要组成部分,高效、清洁的预热方式也是保证试验空气纯净度的关键所在。截至目前,蓄热加热器的预热方式大多为高温燃气预热,系统成本和复杂度较高,而且会在蓄热阵内残留有燃烧产物(如积炭)。为寻求经济高效清洁的预热方式,以美国为代表的西方国家正在大力研究高温电热元件在蓄热加热器预热中的应用。目前,在较小尺寸加热器中已得到实现,应用于全尺寸加热器运行仍需解决多项关键技术,可以预计电预热方式将是蓄热式加热器未来应用发展的一个重要趋势。

(5) 从各国的发展状况来看,基本上在 20 世纪就已建成了一批不同级别的基于蓄热式加热技术的高温纯净空气设备[11],具备了一定的纯净空气试验能力;但由于材料发展限制,仍普遍受限于模拟马赫数 6 或 6.5 以内。因此,目前各国均有计划发展新型蓄热材料技术,以提高蓄热式加热器能力,直接定位马赫数 8 状态的模拟[9]。

9.2.2　展望

蓄热式加热是目前高温纯净空气风洞最具潜力与优势的加热方式,其中空心砖型蓄热式加热器是蓄热纯净空气加热器应用和发展的趋势,采用高纯氧化铝材料时可使用至 2000K,采用新型氧化锆材料可以使用至 2500K 以上,并辅以纯净的预热方式,是目前条件下获取高温纯净试验空气的理想方案,其模拟能力有望拓展至马赫数 8 状态。

9.3　其他高马赫数高焓流动方案

一般来讲,高超声速飞行器预期的飞行高度为 30～100km,飞行马赫数为 5～30,要求高超声速流动的总温和总压分别高达 10000K 和 100MPa,模拟这样极限的飞行条件极具挑战性。为了开展高超声速流动研究,几十年来高超声速地面试验设备的研制获得了高度重视,成功地发展出各种不同类型的试验装备,如美国 NASA 的 HYPULSE,Calspan-UB 研究中心的 LENS,俄罗斯 TSNIIMASH 研究院的 U-12,德国亚琛工业大学的 TH2-D,中国科学院力学研究所的 JF12,德国 DLR 研究院的 HEG,日本 KAKUDA 国家航天试验中心的 HIEST,NASA 兰利研究中心的 8-ft HTT,NASA 艾姆斯研究中心的电弧加热风洞等[12-18]。

在众多高超声速试验装备的研制中,激波管类的脉冲设备以其能够模拟的总温、总压高,运行成本低,在先进超高速地面试验设备发展中占有主流地位[12]。近年来,欧美国家投入大量经费,以扩展激波风洞的尺度、提升性能指标,旨在尽可能地复现高超声速飞行条件。

9.3.1　高马赫数试验方法研究现状

一般来讲,对 $Ma>8$ 的高马赫数试验,激波风洞几乎是目前唯一的试验技术。激波风洞的基本原理是应用适当强度的入射激波压缩被驱动段内的试验气体,产生满足流动条件要求的驻室状态。产生高压、高声速驱动气体是激波风洞研制的重要关键技术。已经发展的高焓激波风洞主要应用三种驱动方式：①加热轻气体（如氢气、氦气）；②自由活塞；③爆轰驱动方式。其中，加热轻气体方式主要考虑产生高声速的驱动气体，自由活塞和爆轰驱动主要产生高压状态的驱动气体。

1. 加热轻气体驱动的激波风洞

加热轻气体驱动方式主要采用高声速的轻气体，再利用加热进一步提高声速。国际上应用加热轻气体驱动方式的激波风洞有美国 Calspan-UB 研究中心 LENS 系列激波风洞[13,14]和俄罗斯 TSNIIMASH 研究院的 U-12 大型激波风洞[14,15]。

LENS-Ⅰ采用电加热氢气或氦气；LENS-Ⅱ直接采用氢气/氮气作为驱动气体。U-12 是一座巨型激波风洞，长达 200 多米，可采用轻气体和氢氧燃烧驱动模式。这些风洞的主要性能参数如表 9-1 所列。

表 9-1　国外大型激波风洞尺寸以及主要性能指标

名称	驱动段长度/m	驱动段内径/mm	被驱动段长度/m	被驱动段内径/mm	模拟马赫数	驻室总温/K	喷管出口直径/mm	试验时间/ms
LENS-Ⅰ	7.71	226	18.5	200	7~8	<8300	914	5~18
LENS-Ⅱ	18.3	600	30.5	600	3~7	<2000	1550	30~80
U-12	120	500	180	500	4.8~10.55	<3000	500~1400	25~220

LENS 系列激波风洞的研制起始于 1986 年，研制目的是提供高质量、长时间的试验气流，应用于高雷诺数和高马赫数的复杂湍流流动。为配合 NASP 计划开展超燃冲压发动机的研究，对风洞进行了改进以复现马赫数 6~15 的飞行条件。该激波风洞主要模拟的流动参数为来流总焓、环境压力和飞行速度。作为 NASA 主要的试验装备，也能够开展高超声速飞行器的气动热和气动光学研究。

LENS-Ⅰ的被驱动段长为 18.5m，内径为 200mm。驱动段采用电加热，长为 7.71m，内径为 226mm，最高运行压力为 200MPa。驱动气体为氦气和氢气，能够满足界面缝合运行条件的气流速度高达 4.6km/s。

LENS-Ⅱ的被驱动段长为 30m，内径为 600mm。驱动器段长为 18.5m，内径为 600mm，应用氢氮混合气作为驱动气体来匹配运行条件，试验运行时间长达 30~80ms。

LENS-X 是大型膨胀风洞，目的是产生低解离度的空气，能产生 2.5~4.6km/s 的高超声速气流，也具有模拟总压 700MPa、流速 7km/s 超高速流动的能力。LENS-X 是利用 LENS-Ⅱ的主要部件装配的，长大约 60m，采用一个修改的 LENS-Ⅱ喷管把试验段与被驱动段连接起来。LENS 系列的高焓激波风洞采用双模片技术,保证了风洞试验状态具有良好的可重复性,如图 9-5 所示。

图 9-5　美国 LENS-X 风洞

俄罗斯中心机械工程研究院的 U-12 激波管建于 1956 年,也能够作为弹道靶运行。U-12 是一座巨大的激波风洞,能够模拟的飞行马赫数为 2~20,研制目的是应用于气动物理、化学动力学进程、激波运动和气体动力学问题研究。激波风洞的高压段长为 120m,内径为 500mm;低压段长为 180m,内径为 500mm;真空段长为 23m,内径为 3.2m,容积为 180m^3;最高驱动气体压力为 20MPa,试验气体压力为 1Pa~5MPa,真空段压力为 1Pa~0.7MPa。U-12 激波风洞有两个喷管:型面喷管出口直径为 3m;8°锥型喷管的喉道直径为 52~500mm,出口直径为 960~1400mm。应用空气、氢气、氮气、氩气和氧化碳作为试验气体;采用的驱动气体有氢气、氦气、空气和氮气。风洞模拟低马赫数流动时用压缩气体驱动,中马赫数流动用加热气体,高马赫数流动用燃烧驱动。能够应用的最大试验模型长为 3m,直径为 0.8m;在马赫 6 的条件下试验时间长达 200ms。U-12 激波风洞的运行费用非常昂贵,低压段和高压段的长径比也大大超过常规尺度,相关试验研究结果报道不多,它的研制为大型高超声速激波风洞的建造做了很有意义的探索。

2. 自由活塞驱动激波风洞

自由活塞驱动激波风洞是利用高速运动的自由活塞压缩产生高压驱动气体的驱动方式。Stalker[16] 首次提出应用自由活塞压缩产生驱动气体,在激波管里产生更强的入射激波。Stalker 的研究表明,该技术是可实现的、确实能够产生高焓气源,因此自由活塞驱动方式已经得到了广泛应用。已经建造的主要自由活塞驱动激波风洞有澳大利亚国立大学的 T3、昆士兰大学的 T4、日本国家航天实验中心的 HEK 和 HIEST、美国加利福尼亚理工学院的 T5、德国 DLR 的 HEG。已经发展的这些自由活塞驱动激波风洞为高超声速研究提供了一系列重要的试验数据[14]。

在目前发展的自由活塞驱动激波风洞中,日本国家航天实验中心(角田)的 HIEST(图 9-6)以其尺度最大、技术成熟及试验时间长而具有代表性。HIEST 的压缩管长为 42m,内径为 600mm;激波管长为 17m,内径为 180mm;活塞质量分别为 220kg、290kg、580kg 和 780kg;锥型喷管出口直径为 1.2m,喉道直径为 24 ~ 50mm;型面喷管出口直径为 0.8m,喉道直径为 50mm。驻室最高压力为 150MPa,最高焓值为 25MJ/kg,稳定试验时间在 2ms 以上(低焓值条件下试验时间可以更长一些)。HIEST 的主要性能范围:流动速度为 3 ~ 7km/s;飞行马赫数为 8 ~ 16,动力学压力为 50 ~ 100kPa。应用 HIEST,日本国家航天试验中心开展了一系列的超高速流动试验,如真实气体效应对日本太空飞行器(Hope-X)俯仰力矩的影响、热化学反应流动的表面催化效应、马赫数 8 的超燃冲压发动机试验等。

图 9-6 日本国家航天实验中心(角田)的 HIEST 风洞

自由活塞驱动高焓激波风洞技术的发展是成功的,已经成为高超声速激波风洞的主流装备。但是,这种技术能够产生的高超声速流动的实验时间太短、定常性差。例如,HIEST 的压缩段和激波管总长 60m,能提供的试验时间仅仅为 2ms 多,而且在这段试验时间里驻室压力变化高达 20% ~ 30%。另外,自由活塞驱动激波风洞技术相对复杂,自由活塞的运动控制困难,风洞运行成本高,是自由活塞驱动技术发展的主要问题。

3. 爆轰驱动激波风洞

爆轰驱动是应用可燃混合气爆轰产生的化学能来压缩试验气体的一种驱动技术。Bird[17] 提出了应用爆轰驱动激波管产生高焓气源的基本概念,并对驱动段末端和主膜处起爆的模式分别进行了计算分析。他的研究结果表明,驱动段上游末端起爆的爆轰驱动方式(也称为正向爆轰驱动),由于泰勒稀疏波的干扰,入射激波速度不断下降,造成波后流动无定常区,不能满足激波风洞的要求。在主膜处起爆的方法被称为反向爆轰驱动模式,这时爆轰波向上游传播,极高的反射压力给设备运行带来了危险。俞鸿儒等[18]提出应用反向驱动模式时,应该在驱动段末端添设卸爆段,以消除反射的超高压造成的危险及其对下游试验流场的干扰。这种概念使得反向爆轰能够作为实用的激波风洞驱动技术产生高压气源,并于 1996 年研制成功了 JF10 爆轰驱动高焓激波风洞,如图 9-7 所示。JF10 爆轰驱动高焓激波风洞的驱动段长为 10.152m,内径为 150mm;被驱动段长为 12.5m,内径为 100mm;卸爆段长为 4.343m,内径为 250mm。风洞配置了锥型喷管、出口直径为 500mm。JF10 风洞的建造为开展高超声速气动力/热、真实气体效应、气动物理等问题的研究创造了基本条件。

(a) (b)

图 9-7 爆轰驱动高焓激波风洞
(a)JF10;(b)JF12。

2012 年,中国建成了更大尺度的 JF12 激波风洞(图 9-7(b))[18],该风洞以中国独创的反向爆轰驱动方法为核心,克服了自由活塞驱动技术的弱点,集成了五大关键创新技术。JF12 激波风洞整体性能优于国外同类产品,可复现 25~40km 高空、马赫数 5~9 高超声速飞行条件,且试验时间能达到 100ms。

9.3.2 展望

高超声速科技具有广阔的军民两用背景,已经成为 21 世纪航空航天领域的制高点,其研究对一个国家的科学技术发展、国民经济提升、综合国力的增强将产生重大影响。作为一种必不可少的关键支撑技术,高超声速流动模拟技术研究是非常重要的。

高超声速试验装备几十年的研制与发展表明,激波风洞以其能够产生的试验气流总温、总压高,运行成本低,在 $Ma>8$ 的超高速流动地面试验模拟设备中占有重要地位。轻气体驱动激波风洞能够产生的试验气流稳定、重复性好;但是大量轻气体的运输、存储、加热与排放是风洞运行和进一步发展的主要困难。自由活塞技术的驱动能力强,风洞尺度容易扩展;但是运行技术复杂,试验气流稳定时间短是自由活塞驱动方式的主要问题。爆轰驱动激波风洞能提供的试验气流时间长、运行成本低、扩展性好,是一种具有良好发展前途的高超声速激波风洞。到目前为止,尽管高超声速激波风洞的研制已经取得了重大进展,但是获得的试验气流距离满足飞行条件要求的自由流马赫数、自由流雷诺数、流动速度、飞行高度、来流总焓、跨过激波的密度比、试验气体组分、壁温与总温比和化学反应进程等条件还有很大差距。从激波风洞的发展来看,长时间、大尺度的激波风洞技术有着重要的工程需求,在不远的将来将会取得突破性进展。

参考文献

[1] Erickson L L, Kassner D L, Guist L R. Investigation of Flexible Nozzle Wall-Flutter Incidents in the NASA-AMES Research Center 11-by 11-Foot Transonic Wind Tunnel[C] // AIAA Paper 1979-0797:360-382.

[2] Richard M Bishop Sverdrup Technology Inc., AEDC group. New AEDC Wind Tunnel Capabilities[C]. 38th Aerospace Sciences Meeting and Exhibit, Reno, 2000.

[3] Erdmann S F. A New Economic Flexible Nozzle for Supersonic Wind Tunnels[J]. J. of Aircraft, 1971(5): 58-60.

[4] 范洁川,等. 世界风洞[M]. 北京:航空工业出版社,1992.

[5] 鲁川. 我国自主设计的亚洲最大超声速风洞开工[J]. 华东电力,2007(4):35.

[6] 中国人民解放军总装备部. 高低速风洞气动与结构设计[M].北京:国防工业出版社,2003.

[7] 李东霞,顾洪斌,陈强,等.变马赫数高超声速喷管方案设计[C].第四届高超声速科技学术会议,北京,2011.

[8] 范志鹏,徐惊雷,吕郑,等.型面旋转变马赫数风洞喷管的优化设计[J].航空学报,2014,35(5):1216-1225.

[9] 罗飞腾,宋文艳,李卫强.高温纯净空气风洞加热技术的应用与发展[J].世界科技研究与发展, 2010, 32 (6):827-831.

[10] 李龙飞,王延涛,杨伟东,等.超声速燃烧地面试验的蓄热式加热器及其关键技术[J].火箭推进,2012,38 (2): 16-19.

[11] 王建臣,林宇震,刘伟,等.蓄热式加热纯净空气直连台试验能力研究[J].推进技术,2014,35(10):1393-1397.

[12] 姜宗林,俞鸿儒.高超声速激波风洞研究进展[J].力学进展, 2009, 39 (6):766-776.

[13] Holden M S. Design, development and calibration of the LENS facility[R]//AFOSR-TR 94-0161, 1994.

[14] Holden M S, Parker R A. LENS hypervelocity tunnels and application to vehicle testing at duplicated flight condi-tions, advanced hypersonic test facilities[J].Progress in AIAA, 2002, 198: 73-110.

[15] Lu F K, Marren D E. Advanced hypersonic test facilities[M].Reston:AIAA ,2002.

[16] Stalker R J. A study of the free-piston shock tunnel[J]. AIAA J., 1967, 5: 2160-2165.

[17] Bird G A. A note on combustion driven tubes. Royal Air-craft Establishment[R]// AGARD Rep. 1957-5, 1957.

[18] 俞鸿儒,赵伟,袁生学.氢氧爆轰驱动激波风洞的性能[J].气动实验与测量控制, 1993, 7 (3):38-42.